ERGEBNISSE DER
ANGEWANDTEN MATHEMATIK

UNTER MITWIRKUNG DER SCHRIFTLEITUNG DES
„ZENTRALBLATT FÜR MATHEMATIK"

HERAUSGEGEBEN VON L. COLLATZ UND F. LÖSCH

5

KONTINUUMSTHEORIE DER VERSETZUNGEN UND EIGENSPANNUNGEN

VON

DR. EKKEHART KRÖNER

MIT 39 ABBILDUNGEN

SPRINGER-VERLAG

BERLIN · GÖTTINGEN · HEIDELBERG

1958

ISBN-13: 978-3-540-02261-9   e-ISBN-13: 978-3-642-94719-3
DOI: 10.1007/978-3-642-94719-3

Vorwort

Selten hat sich eine neue Idee so fruchtbar ausgewirkt wie die Entdeckung von G. I. Taylor, E. Orowan und M. Polanyi aus dem Jahre 1934, wonach die plastische Verformung der Metalle mit Hilfe der Versetzungen erfolgt. Diese grundlegende Erkenntnis ist heute längst Allgemeingut der Mechanik und Physik geworden, zahllose früher völlig rätselhafte Erscheinungen im festen Körper konnten seither mit Hilfe der Versetzungen erklärt werden.

Schon in seiner ersten Arbeit über Versetzungen erkannte Taylor auch, daß Versetzungen immer Anlaß zu Eigenspannungen geben und konnte von dieser Vorstellung her eine qualitative Erklärung für die beobachtete Verfestigung verformter Metalle geben, die heute noch zutrifft. Im Zuge der Entwicklung einer Kontinuumstheorie ist man zu einer erweiterten Auffassung des Begriffs der Versetzung gelangt, und es gilt heute der Satz: Die Versetzung ist die elementare Eigenspannungsquelle. Die Begründung und Erläuterung dieses Satzes nimmt eine wichtige Stellung in diesem Bericht ein.

Das Auftreten einzelner Versetzungen ist eine nur vom atomistischen Aufbau des Festkörpers her zu verstehende physikalische Erscheinung. Das Zusammenwirken sehr vieler Versetzungen ergibt die makroskopisch beobachteten plastischen Formänderungen und Eigenspannungen. Diese hat man durch eine Kontinuumstheorie zu beschreiben. Wir wollen sie „Kontinuumstheorie der Versetzungen" nennen.

Im I. und II. Abschnitt wird der Standpunkt des idealen Kontinuums bezogen. Von diesem Standpunkt aus ist die Kontinuumstheorie der Versetzungen eine exakte Theorie.

Die realen Körper sind keine idealen Kontinua. Die wichtigsten Werkstoffe, z. B. alle Metalle, sind, zumindest in kleinen Bereichen, kristallin aufgebaut. Im III. Abschnitt ist der betrachtete Körper daher ein Kristall. Die Anwendung kontinuumstheoretischer Methoden auf reale Körper bedeutet immer einen Verlust an Exaktheit. Der dadurch auftretende prinzipielle Fehler bleibt jedoch in den allermeisten Fällen wesentlich unter den sonstigen, aus physikalischen Gründen immer auftretenden Unsicherheiten.

Viele Probleme der Festkörperphysik beziehen sich auf Verhalten und Eigenschaften der einzelnen Versetzung. Auch solche Fragen lassen sich oft mit Methoden der Kontinuumstheorie behandeln. Daher enthalten der II. und III. Abschnitt auch manches über die singuläre Versetzung.

Man kann einem Körper mit Versetzungen einen natürlichen Zustand in einem nicht-Riemannschen Raum mit Torsion zuordnen und sich so die umfangreichen Hilfsmittel der Differentialgeometrie zunutze machen. Dieses Vorgehen scheint vor allem dort angebracht, wo man mit einer linearen Theorie nicht mehr auskommt. Über die nicht-Riemannsche Geometrie der Versetzungen wird im IV. Abschnitt berichtet. Der V. Abschnitt schließlich bringt einige Anwendungen.

Dynamische Probleme werden in diesem Bericht nur am Rande besprochen. Desgleichen verzichten wir auf eine Behandlung der z. B. in den neuen Lehrbüchern von Hill [65] oder Prager und Hodge [119] ausführlich gebrachten speziellen Probleme der phänomenologischen Plastizitätstheorie.

Es gibt heute schon mehrere ausgezeichnete Schriften über Versetzungen in Kristallen, die folgenden Werke seien genannt: Die vor allem geometrische Fragen betonende Darstellung von Read [121], die mehr mathematische Darstellung von Nabarro [110], die besonders die physikalischen Fragen behandelnden Werke von Cottrell [21], Seeger [134, 135], Friedel [55], Seitz, Koehler und Orowan [144], Haasen und Leibfried [62]. Alle diese Darstellungen gehen vom atomistischen Standpunkt aus. Im Gegensatz dazu soll hier der Kontinuumsaspekt der Versetzungen hervorgehoben werden. Viele wichtige Ergebnisse der atomistischen Versetzungstheorie werden daher übergangen oder nur gestreift. Trotzdem können und wollen wir nicht vermeiden, von Atomen zu sprechen. Das Bild der Versetzung gewinnt dadurch viel an Anschaulichkeit. Vor allem aber kommt man auch bei der Betrachtung atomarer Vorgänge oft nicht ohne die Methoden der Kontinuumstheorie aus.

Wir glauben, daß von den neuen Ergebnissen der Festkörpermechanik gerade der Kontinuumsversion der Versetzungen eine besondere Bedeutung zukommt: Sie stellt eine Brücke zwischen den Ergebnissen der atomistischen und phänomenologischen Plastizitätsforschung dar. Sie könnte darüber hinaus das Bindeglied werden, das die beiden großen Kreise, welche sich um den Fortschritt der Mechanik bemühen, die Mechaniker und Mathematiker einerseits und die Festkörperphysiker andererseits, zusammenhält. R. Grammel [60] ist kürzlich nachdrücklich für eine enge Zusammenarbeit dieser beiden Gruppen eingetreten. Auch der vorliegende Bericht möchte in diesem Sinne verstanden werden.

Viel Unterstützung ist mir zuteil geworden, von der ich nur das Wichtigste erwähnen kann: An erster Stelle sei Herrn Prof. U. Dehlinger für seine ständige Hilfe und Anteilnahme herzlich gedankt, insbesondere auch für Diskussionen zur Systematik, die sich im Aufbau dieser Schrift widerspiegeln. Für einige Besprechungen, u. a. die Verständlichkeit der Darstellung betreffend, bin ich Herrn Prof. R. Grammel sehr dankbar. Weiter danke ich herzlich Herrn Prof. E. Fues für sein Interesse und seine wegweisende Kritik, Herrn Dr. A. Seeger dafür, daß er mir seine reiche Erfahrung in der Versetzungstheorie jederzeit zur Verfügung stellte, meinem Mitarbeiter, Herrn Dr. G. Rieder, der wesentlichen Anteil an der Entwicklung der Theorie hat, für zahlreiche Diskussionen und sorgfältige Durchsicht des Manuskripts, Herrn Dr. P. Haasen für Lesen der Korrekturen und einige wichtige Hinweise. Ferner möchte ich Herrn Prof. F. Lösch für die mir gegebene Möglichkeit zu diesem Bericht und für redaktionelle Hilfe herzlich danken. Die Abfassung des Berichts wurde von der Deutschen Forschungsgemeinschaft und dem Max-Planck-Institut für Metallforschung in Stuttgart unterstützt. Schließlich sei noch die gute Zusammenarbeit mit Verlag und Druckerei erwähnt.

Stuttgart, im Dezember 1957.

E. Kröner

Inhaltsverzeichnis

Seite

Einleitung 1

I. Abschnitt. Versetzungen im Kontinuum: Geometrie 11

§ 1. Versetzung und Volterrasche Distorsion 11
§ 2. Plastische und elastische Distorsion 15
§ 3. Die geometrische Grundgleichung der Kontinuumsmechanik des Festkörpers 20
§ 4. Versetzungswanderung und plastische Distorsion 26
§ 5. Die invarianten Bestandteile der Distorsionsfelder . . . 28
§ 6. Der geometrische Ursprung der Temperaturspannungen, der magnetischen Spannungen und der Konzentrationsspannungen 32
§ 7. Die spannungsfreien Strukturkrümmungen 35
§ 8. Die Grenzflächenbedingungen für die Distorsionen . . . 40
§ 9. Die Grenzflächenbedingungen für die Deformationen, flächenhafte Inkompatibilitätsverteilungen 43
§ 10. Einiges über große Distorsionen 45
§ 11. Bestimmung der Distorsionen eines Körpers mit Versetzungen 47

II. Abschnitt. Versetzungen im Kontinuum: Statik 50

§ 12. Der Spannungsfunktionstensor 51
§ 13. Lösung des Summationsproblems bei Eigenspannungen . 55
§ 14. Die elastische Energie und das Variationsproblem des Mediums mit Eigenspannungen 61
§ 15. Die bei Eigenspannungen auftretenden Randwertprobleme und ihre Behandlung mit Spannungsfunktionen 66
§ 16. Erweiterung auf elastische Anisotropie, Doppelkräfte . . 68
§ 17. Die elastizitätstheoretische Behandlung der singulären Versetzung 71
§ 18. Die elastische Energie der singulären Versetzung . . . 78
§ 19. Die Kräfte auf Versetzungen und andere elastische Singularitäten. Die Versetzung als elementare Eigenspannungsquelle 85

III. Abschnitt. Versetzungen im Kristall 94

§ 20. Allgemeines 94
§ 21. Die geometrische Grundgleichung im Kristall: Die mikroskopische Theorie 97
§ 22. Die geometrische Grundgleichung im Kristall: Übergang zur makroskopischen Theorie 104
§ 23. Ebene Versetzungsanordnungen im Kristall 109
§ 24. Die Versetzungstypen des kubisch flächenzentrierten Kristalls 114

Seite

§ 25. Die nicht-lineare Behandlung der singulären Versetzung nach Peierls 119

IV. Abschnitt. Nicht-Riemannsche Geometrie der Versetzungen . . 125

§ 26. Die Theorie von Kondo und Mitarbeitern 126
§ 27. Die Theorie von Bilby, Bullough und Smith . . . 132
§ 28. Diskussion 136

V. Abschnitt. Anwendungen 139

§ 29. Die Verfestigung der kubisch flächenzentrierten Metalle . 140
§ 30. Eine Näherungsmethode zur Berechnung der Selbstenergie singulärer Versetzungen 146
§ 31. Fremdatome als elastische Dipole und Polarisationszentren 148
§ 32. Anwendungen des Spannungsfunktionstensors χ' auf rotationssymmetrische und dreidimensionale Probleme . . 156

Anhang. Die Zerlegung der Tensorfelder 2. Stufe 165

Literaturverzeichnis 169

Sachverzeichnis 178

Einleitung

Die ursprüngliche Kontinuumsmechanik, wie sie von Navier, Cauchy, Poisson, Stokes u. a. entwickelt wurde, bestand aus den Teilgebieten Elastizitätstheorie und Hydrodynamik. In ersterer interessierte man sich für die Reaktionen, insbesondere die Spannungen, welche bei einem festen Körper, der von „außen" durch Kräfte — evtl. auch Drehmomente — beansprucht wird, wachgerufen werden. In letzterer untersuchte man vor allem die Bewegung der Flüssigkeit.

Relativ früh wurden von Duhamel und Neumann auch schon die Temperaturspannungen in die Elastizitätstheorie einbezogen. Diese haben indessen immer dadurch eine Sonderstellung behalten, als sie nicht dem Kirchhoffschen Eindeutigkeitssatz der Elastizitätstheorie unterworfen waren, welcher aussagt, daß im Bereich der linearen Elastizitätstheorie die Spannungen eines einfach zusammenhängenden Körpers durch die von außen angreifenden Kräfte eindeutig bestimmt sind. Der Kirchhoffsche Satz gilt nur unter der Voraussetzung, daß d e St. Venants Kompatibilitätsbedingungen für die elastischen Deformationen im ganzen Körper erfüllt sind. Im Falle der Temperaturspannungen gelten gerade diese Bedingungen nicht, wodurch sich deren Sonderstellung erklärt.

In der zweiten Hälfte des 19. Jahrhunderts wurden von Tresca, de St. Venant, Levy u. a. plastische Vorgänge im Kontinuum untersucht. Diese „phänomenologische" Plastizitätstheorie, die später von v. Mises, Prandtl, Reuss, Prager, Hencky, Nadai u. a. weiterentwickelt wurde, steht gewissermaßen zwischen der Elastizitätstheorie und der Hydrodynamik. So enthält die resultierende Deformation (wir nennen sie auch Gesamtdeformation ε^G) des plastischen Körpers einen elastischen Anteil ε, welcher wie in der gewöhnlichen Elastizitätstheorie Anlaß zu Spannungen gibt, während ein zweiter Anteil, den wir als plastische Deformation ε^P bezeichnen, zwar die Form des Körpers ändert, aber keine Spannungen hervorruft. Solche Deformationen hat man in reiner Form in Flüssigkeiten. Insgesamt ist also

$$\varepsilon^G = \varepsilon + \varepsilon^P. \tag{1}$$

Da mindestens ein Teil der Spannungen nach erfolgter plastischer Verformung ohne äußere Kräfte bestehen bleibt, können die elastischen Deformationen ε offenbar nicht die Kompatibilitätsbedingungen erfüllen. Man sieht hier eine Gemeinsamkeit zwischen Temperaturspannungen und den Eigenspannungen nach plastischer Verformung.

Es ist prinzipiell möglich, sich vor Durchführung der plastischen Verformung ein Volumenelement (etwa an der Oberfläche des Körpers) zu markieren und die Deformation, die es gegenüber dem Anfangszustand erlitten hat, auszumessen. Dies wäre die Deformation ε^G. Schneidet man das Volumenelement nun aus und läßt es sich entspannen, so nimmt es nicht seine ursprüngliche Form an, sondern es behält die plastische Deformation ε^P. Jetzt befindet sich dieses Element wieder wie zu Anfang in seinem „natürlichen" Zustand, wie er seit Cauchy, Green u. a. in der Elastizitätstheorie benützt wird. Das Element hat zwar seine Form geändert, nicht aber seinen Zustand[1]. Eine Funktion, die etwas über den betrachteten Körper aussagt, soll dann eine „Zustandsfunktion" oder „Zustandsgröße" genannt werden, wenn man sie zu einer bestimmten Zeit eindeutig experimentell messen kann, ohne daß die Vorgeschichte des Körpers bekannt ist. Der Anteil ε^P der Gesamtdeformation ist danach keine Zustandsfunktion, während die elastische Deformation ε eine solche ist. Die Unterscheidung von Zustandsfunktionen und den Zustand nicht ändernden Funktionen ist von großer Bedeutung und wird uns noch oft beschäftigen.

Es ist erst in den letzten Jahren offenbar geworden, daß die Kontinuumsmechanik mit ihren drei Zweigen Elastizitätstheorie, Plastizitätstheorie und Hydrodynamik, jedenfalls in dem bisherigen Umfang, nicht ausreicht, um alle makroskopisch meßbaren mechanischen Eigenschaften eines Körpers zu beschreiben. Ein einfaches Beispiel mag dies

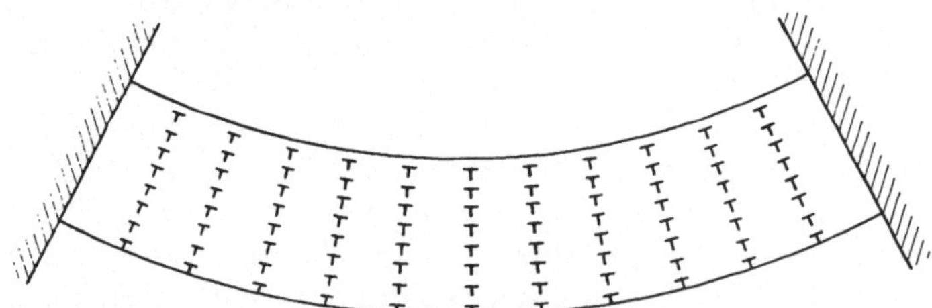

Abb. 1. Die Symbole ⊤ stehen für Stufenversetzungen, sie brauchen erst in § 23 beachtet zu werden

erläutern: Ein Stab sei in zwei starre Wände eingespannt und werde nun elastisch oder auch teilweise plastisch in die Stellung der Abb. 1 gebogen. Die beiden Wände sollen weiterhin in dieser Stellung bleiben und der Stab erwärmt werden. Durch das Erwärmen wird die kritische Schubspannung des Stabes vermindert (definiert als diejenige Schub-

---

[1] Diese Aussage gilt nur dann streng, wenn die plastische Verformung ohne (plastische) Volumenänderung abläuft, vgl. § 2.

spannung, bei der ein merkliches Fließen des Materials einsetzt). D. h. es kann ein Fließen im Innern des Stabes stattfinden, durch das allmählich die elastischen Deformationen durch plastische ersetzt werden. Nach genügend langem Halten auf der erhöhten Temperatur werde der Stab wieder auf Raumtemperatur abgekühlt und die Einspannung weggenommen. Man beobachtet dann praktisch kein Rückbiegen des Stabes, die Formänderungen sind bleibend geworden. Man kann Volumenelemente ausschneiden und stellt fest, daß keine (makroskopischen) Eigenspannungen vorhanden sind[1]. Trotzdem reagiert der Stab z. B. auf eine erneute Formänderung anders als ein gleichgeformter Stab „ohne Vorgeschichte". Man könnte nun einzelne Volumenteile des Stabes herausschneiden und ihre kritische Schubspannung messen. Man würde dann feststellen, daß sich der Körper in einem ganz bestimmten Verfestigungszustand befindet. Man kann indessen die stattgefundene Zustandsänderung auf eine andere Weise charakterisieren, die sich leichter kontinuumsmäßig darstellen läßt. Durchstrahlt man nämlich den Stab mit Röntgenlicht, oder, falls er durchsichtig ist, auch mit sichtbarem Licht, so stellt man Beugungseffekte fest, die ihren Ursprung in einer Krümmung der ursprünglichen Atomgitterebenen des Stabes haben. Eine Deutung der Experimente ergibt, daß man diese Krümmung makroskopisch als Funktion des Ortes eindeutig messen kann, demnach ist diese spannungsfreie Krümmung der Netzebenen kennzeichnend für den Zustand des Stabes. In der bisherigen Kontinuumsmechanik wurden solche Krümmungen nirgends beschrieben .

Um derartige geometrische Veränderungen des Körpers zu erfassen, muß man die drei Deformationstensoren von Gl. (1) durch Addition von Drehtensoren ω^G, ω, ω^P zu allgemeinen asymmetrischen Tensoren 2. Stufe β^G, β, β^P ergänzen, welche wir durchgehend als „Distorsionstensoren" bezeichnen werden.

Die Verfestigung kann heute noch nicht korrekt in der Kontinuumsmechanik behandelt werden. Die Forschung der letzten 20 Jahre hat indessen ergeben, daß sie ihren Ursprung in den Eigenspannungen hat, die sich während der plastischen Verformung im Material ausbilden. Eine genaue Kenntnis der Eigenspannungen sollte daher im Prinzip gestatten, die Verfestigung des Materials zu berechnen. Weiter hat sich gezeigt, daß man sämtliche Eigenspannungen, ferner die Netzebenenkrümmungen (somit auch die Verfestigung) auf dieselbe physikalische Größe zurückführen kann, die Versetzung. Diese ist indessen nicht nur

---

[1] Die weiter unten genannten Netzebenkrümmungen sind mit Eigenspannungen verbunden, die in mikroskopischen Bereichen ihr Vorzeichen wechseln und daher bei dem genannten Aufschneideexperiment nicht festgestellt werden können. Diese Eigenspannungen führen ebenso wie die makroskopischen zu einer Verfestigung (s. u.).

für die Zustandsänderung des Körpers maßgebend, sondern auch für die nichtzustandsändernden Anteile seiner gesamten Formänderung. Danach bedarf es offenbar einer Kontinuumstheorie der Versetzungen, um die noch klaffenden Lücken der Kontinuumsmechanik zu schließen. Diese Kontinuumstheorie der Versetzungen sollte nach obigem eine Theorie der Eigenspannungen enthalten, ferner eine Theorie der spannungsfreien Netzebenkrümmungen, wie sie zuerst von Nye [113] aufgestellt wurde. Daneben muß sie jedoch auch den Zusammenhang zwischen der Versetzungsbewegung und der plastischen Verformung beschreiben. Damit leitet sie aber bereits über zu der phänomenologischen Plastizitätstheorie. So erhält man nebeneinander und ineinander übergreifend die Elastizitätstheorie, Theorie der Versetzungen und Plastizitätstheorie als Teile einer alle mechanischen Erscheinungen im festen Körper umfassenden Kontinuumsmechanik des Festkörpers.

Es bleibt noch zu sagen, wie man die Temperaturspannungen und andere Spannungen, die weder auf äußere Kräfte noch auf plastische Verformung zurückgehen (wir nennen die Spannungen infolge Magneto- und Elektrostriktion) in diese Kontinuumsmechanik einzuordnen hat. Erwärmt man einen Körper gleichmäßig auf eine höhere Temperatur, so erleiden seine Punkte Verschiebungen, ohne daß dadurch rücktreibende Kräfte geweckt werden. Dasselbe ist auch für die plastische Verformung charakteristisch. Es liegt daher nahe, den Fall der Verformung durch Temperaturfelder als eine Art plastischer Verformung anzusehen, wir wollen sie „quasiplastisch" nennen. Man kann dann weiter die Temperaturspannungen auf gewisse „Quasiversetzungen" zurückführen und erhält so nach Kröner [82] eine Theorie der Temperaturspannungen, welche gewissermaßen eine Kontinuumstheorie der Quasiversetzungen ist. Diese Übereinstimmung ist nicht nur formal, sondern physikalisch begründet, und es erscheint so ganz natürlich, auch die Temperaturspannungen (und die anderen oben genannten Spannungen) in die Kontinuumstheorie der Versetzungen einzubeziehen. Die Behandlung der besonders interessanten Aufgaben, in denen man gleichzeitig z. B. Temperaturspannungen und Eigenspannungen nach plastischer Verformung hat, wird auf diese Weise wesentlich erleichtert.

Die ganze Kontinuumsmechanik des Festkörpers ist nun in einigen wenigen Gleichungen enthalten. Für den stationären Zustand sind dies die Gleichungen[1]

$$\text{Div } \boldsymbol{\sigma} + \mathfrak{F} = 0, \qquad \text{Rot } \boldsymbol{\beta} = \boldsymbol{\alpha}, \tag{2}$$

---

[1] Wir denken uns die Grenzflächenbedingungen in diese Gleichungen einbegriffen, indem wir zulassen, daß $\mathfrak{F}$ und $\boldsymbol{\alpha}$ flächenhaft (und auch linienhaft oder punktförmig) entarten. Falls man auch äußere Drehmomente zuläßt, treten noch weitere Gleichungen hinzu.

wo σ und β der Spannungstensor bzw. der elastische Distorsionstensor, $\mathfrak{F}$ und α die Dichte der äußeren Kräfte bzw. Versetzungen (einschließlich Quasiversetzungen) sind. Hierzu tritt die Gleichung für die elastische Energiedichte (= Verzerrungsenergiefunktion oder elastisches Potential)[1]

$$e = \frac{1}{2}\,\sigma_{ij}\,\varepsilon_{ij} \tag{3}$$

und die Materialgleichung, als welche bei kleinen Deformationen i. allgemeinen das Hookesche Gesetz zu nehmen ist. Für diesen Fall läßt sich der Eindeutigkeitssatz der Kontinuumsmechanik des Festkörpers beweisen: Durch Angabe der äußeren Kräfte $\mathfrak{F}$ und Versetzungen α sind die Spannungen und elastischen Distorsionen des Körpers eindeutig bestimmt. Hieraus folgt sofort: Alle Eigenspannungen rühren von Versetzungen her. Im Fall großer Distorsionen gilt dies indessen nicht, wie das Beispiel der umstülpbaren Halbkugelschale zeigt [160].

Zu Beginn der zwanziger Jahre konzentrierte sich das Interesse der Festkörperphysiker auf den kristallinen Aufbau, den unsere meisten Werkstoffe, insbesondere die Metalle, aufweisen. Diese sind in Bereichen von im Mittel mindestens 10^{-3} cm Durchmesser (entsprechend etwa 10^{15} Atomen!) kristallin („vielkristallin") aufgebaut. Mit Methoden, die damals entwickelt und inzwischen stark verbessert wurden, gelingt es heute, von vielen Stoffen fast beliebig große „Einkristalle" zu züchten. Sie sind für die experimentelle und theoretische Forschung von größter Bedeutung, haben jedoch auch in der Technik wichtige An.wendungen gefunden, z. B. in den Transistoren der Nachrichtentechnik.

Der Begriff der Versetzung wurde nun zuerst 1928 von Prandtl [108] — noch in vager Form — zur Erklärung der anelastischen Erscheinungen in Metallen herangezogen. 1929 konnte Dehlinger [29] bei der Untersuchung der Rekristallisation, d. i. die Kornneubildung, welche man nach starker plastischer Verformung beobachtet, die ihren Ursprung in den dabei auftretenden starken Eigenspannungen hat, zeigen, daß diese Eigenspannungen auf gewisse fehlerhafte Bereiche innerhalb der sonst völlig regelmäßigen Anordnung der Atome im Kristall zurückzuführen sind, und daß diese Bereiche (meta-)stabil sein können. Dehlinger nannte seine Eigenspannungsquellen „Verhakungen", sie sind nichts anderes, als zwei nahe beieinander liegende Versetzungen entgegengesetzten Vorzeichens. Es war damit erklärt, inwiefern in einem kristallin aufgebauten Medium überhaupt Eigenspannungen möglich sind. Durch diese Untersuchungen wurde die Aufmerksamkeit be-

---

[1] Wir benützen durchgehend die Summationskonvention: Über doppelt vorkommende Indices wird von 1 bis 3 summiert. Die verwendete Tensorsymbolik ist im Anhang erklärt.

sonders auf die Störungen der regelmäßigen Atomanordnung gelenkt. Solche Störungen nennt man „Gitterfehler", sie spielen in der heutigen Festkörperphysik eine entscheidende Rolle.

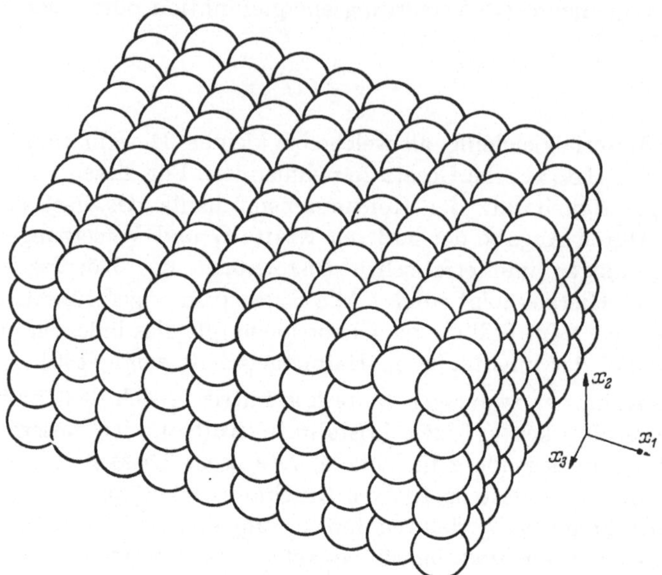

Abb. 2. Idealkristall, kubisch primitives Gitter

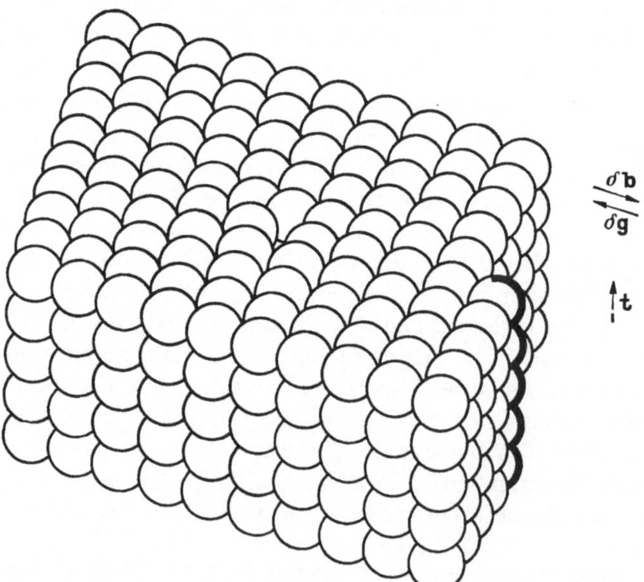

Abb. 3. Kristall von Abb. 2 nach Einwanderung einer Stufenversetzung von x_1 her

1934 wurde unabhängig von Orowan [114], Polanyi [118] und Taylor [149] ein Gitterfehler beschrieben, den wir an Hand von Abb. 2 und 3 erläutern. Abb. 2 zeigt einen völlig regelmäßig aufgebauten Kristall, „Idealkristall" genannt. Abb. 3 zeigt denselben Kristall nach Einwanderung einer Störung von der x_1-Richtung her. Die Störung ist dadurch charakterisiert, daß eine der Netzebenen im Innern des Kristalls aufhört. Man nennt die Randlinie solch einer „Extranetzebene" heute eine „Stufenversetzungslinie oder „Stufenversetzung"

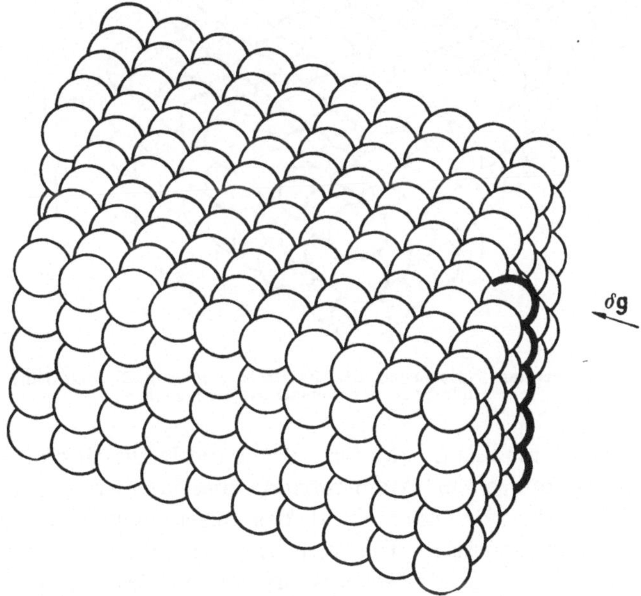

Abb. 4. Die Stufenversetzung von Abb. 3 ist in $-x_1$-Richtung aus dem Kristall herausgewandert

(edge dislocation) schlechthin. Abb. 4 zeigt denselben Kristall, nachdem die Störung nach links herausgewandert ist. Durch das einmalige Hindurchwandern der Versetzung durch den Kristall sind die obere und untere Kristallhälfte gegeneinander um einen Atomabstand verschoben worden. Den Vektor, der die Relativverschiebung in der Gleitebene angibt, nennen wir „Gleitvektor" δg. Er steht senkrecht auf der Stufenversetzungslinie. Hat an dem Kristall eine Schubspannung σ_{31} gelegen, so ist bei dem Durchwandern Arbeit geleistet worden. Infolgedessen bedeutet eine solche Schubspannung eine treibende Kraft für die Versetzung. Die genannten Autoren bemerkten nun, daß die Wanderung einer Stufenversetzung bei verhältnismäßig kleinen Spannungen möglich sein mußte. Abb. 3 gibt einen gewissen optischen Eindruck davon, daß die an die Versetzung grenzenden Atome leichter beweglich sein sollten, als die übrigen.

Bereits 1926 hatte Frenkel [54] mit Hilfe eines atomaren Modells ausgerechnet, daß eine Abgleitung, welche den Übergang des Kristalls der Abb. 2 nach 4 darstellt, dann eine Schubspannung der Größenord-

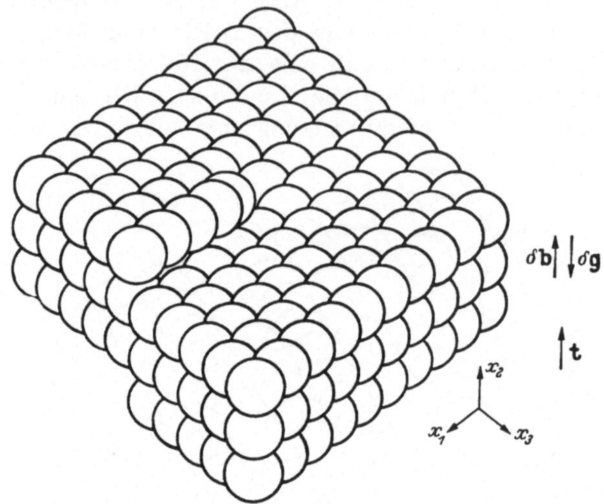

Abb. 5. Die obersten Netzebenen des Kristalls von Abb. 2 nach Einwanderung einer Schraubenversetzung von x_1 her

nung des Schubmoduls G erfordert, wenn die beiden betroffenen Netzebenen starr um einen Atomstaband übereinander hinweg gleiten. Experimentell wird eine um mehr als das tausendfache kleinere kritische Schubspannung gemessen. Der von Orowan, Polanyi und Taylor vorgeschlagene Plastizitätsmechanismus sollte tatsächlich zu einer niedrigeren kritischen Schubspannung führen[1].

---

[1] Nach Dehlinger [31] reichen diese rein mechanischen Überlegungen nicht aus, um zu beweisen, daß wirklich das starre Abgleiten zweier Netzebenen nicht stattfinden kann. Es müssen vielmehr thermodynamisch statistische Betrachtungen angewandt werden, insbesondere der Satz, daß im festen Körper nur Vorgänge niedrigster Reaktionsordnung stattfinden können. Angewandt auf unseren Fall heißt das: Es ist extrem unwahrscheinlich, daß durch Temperaturschwankungen gerade die Atome der einen Netzebene gleichzeitig eine so überhöhte Energie haben, daß sie dann gleichzeitig den Gleitschritt machen, was einem starren Abgleiten der betreffenden Netzebenen gleichkommen würde. Solche Überlegungen sind unerläßlich, wenn man nun theoretisch die kritische Schubspannung unter Annahme des Versetzungsmechanismus berechnen will. Seeger [137] hat gezeigt, daß bei Nichtbeachtung der Temperaturschwankungen die kritische Schubspannung, welche man rein mechanisch berechnen würde, manchmal um mehr als 100% zu groß herauskommt.

Wegen ihrer Wichtigkeit für solche Probleme sei noch eine neue Arbeit von Donth [164] erwähnt, der gezeigt hat, daß man bei einer statistischen

Burgers [12] hat 1939 einen weiteren Gitterfehler beschrieben, welcher bewirkt, daß die ursprünglichen Gitterebenen nun nach Art einer Schraubenfläche zusammenhängen (Abb. 5). Die Schraubenachse heißt heute „Schraubenversetzung"(slinie) (screw dislocation). Man sieht, daß auch diese Schraubenversetzung verhältnismäßig leicht beweglich sein wird. Man kann sich denken, daß sie in Abb. 5 etwa von der x_1-Richtung her eingewandert ist. Abb. 6 und 7 zeigen den Kristall nach Abwanderung der Schraubenversetzung von Abb. 5 in $-x_1$- bzw. x_3-Richtung. Insgesamt sind wieder bestimmte Kristallteile gegeneinander abgeglitten. Der Gleitvektor steht hier aber parallel zur Schraubenversetzungslinie. Burgers hat weiter gezeigt, daß es auch Versetzungen gibt, deren Gleitvektor schräg zur Linienrichtung der Versetzung steht. Solche Versetzungen faßt man zweckmäßig oft als Überlagerung einer Schrauben- und Stufenversetzung in der gleichen Linie auf, so daß derartige Versetzungen nichts grundsätzlich Neues bedeuten.

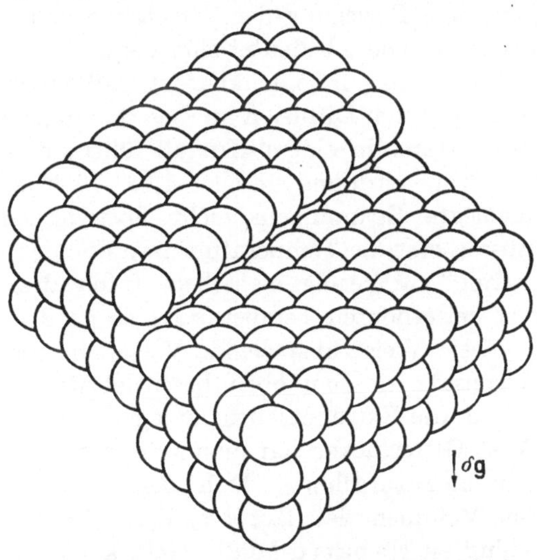

Abb. 6. Die Schraubenversetzung von Abb. 5 ist in $-x_1$-Richtung aus dem Kristall herausgewandert

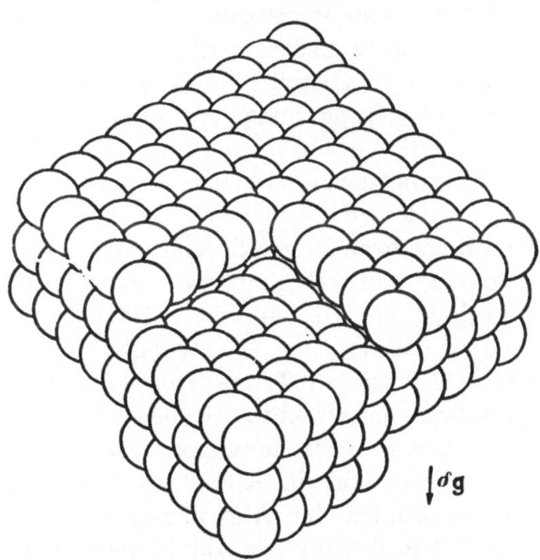

Abb. 7. Die Schraubenversetzung von Abb. 5 ist in x_3-Richtung aus dem Kristall herausgewandert

Behandlung der Versetzungen von den Kolmogoroffschen Gleichungen der statistischen Prozesse ausgehen sollte, da die Voraussetzungen für die Anwendung einer Arrheniusgleichung im Falle der Versetzungen nicht gegeben sind.

Hingegen sind die Bewegungsmöglichkeiten der Versetzung noch nicht vollständig besprochen. Es bleibt noch als wesentliche Möglichkeit, eine Bewegung der Versetzung von Abb. 3 in x_3-Richtung zu betrachten. Diese bedeutet eine Vergrößerung der Extranetzebene, welche in der Praxis nur so denkbar ist, daß Atome aus der Umgebung der Versetzung durch Diffusion an diese herangeholt werden. Der Platzwechsel eines Atoms in einem Kristall führt immer über eine Energieschwelle der Größenordnung 1 eV ($= 1,63 \cdot 10^{-18}$ mkg), welche durch von außen angelegte Spannungen nicht überwunden werden kann[1]. Vielmehr müssen erst die Temperaturschwankungen die benötigte „Aktivierungsenergie" zur Verfügung stellen. Infolgedessen·kann eine solche Diffusion erst bei erhöhten Temperaturen in großem Maße stattfinden. Die sich in dieser Weise abspielende Versetzungsbewegung heißt „Klettern" im Gegensatz zu dem oben beschriebenen „Gleiten". Jedes Atom, das sich an die Extranetzebene anlagert, hinterläßt eine sog. „Gitterlücke". Diese Gitterlücken hat man zu dem makroskopisch zu messenden Volumen hinzuzurechnen. D. h. beim Klettern der Versetzung ändert sich das Volumen des Körpers, diese Bewegungsart wird daher im Anschluß an Nabarro [108] „nicht-konservativ" (in bezug auf das Volumen) genannt, während die Gleitbewegung auch „konservativ" heißt.

Klettert eine Versetzung z. B. in x_3-Richtung ganz durch den Kristall von Abb. 2, so· bedeutet dies, daß eine neue Netzebene gebildet und demnach der Kristall in x_1-Richtung verlängert wurde. Danach sollte eine reine Zugspannung ($\sigma_{11} > 0$) auf die Versetzung einen Zwang zum Klettern in x_3-Richtung ausüben. Eine Druckspannung möchte dagegen die Extranetzebene abbauen, was aber nur solange möglich ist, bis alle Gitterlücken in der Umgebung der Versetzung mit den Atomen der Extranetzebene aufgefüllt sind. Man sieht, daß das Volumen eines Körpers auch plastisch geändert werden kann, die im Abschnitt I zu entwickelnde Theorie wird diese Möglichkeit enthalten.

Das Klettern der Versetzungen spielt sicher für viele Vorgänge im festen Körper bei Temperaturen nicht allzu tief unter der Schmelztemperatur eine wichtige Rolle, wir nennen Rekristallisation und Entstehung von Gußspannungen.

Ein Blick auf die Abb. 2 bis 7 zeigt, daß man Eigenspannungen in den Zuständen der Abb. 3 und 5 erwarten sollte, während sich die Kristalle in den übrigen Abbildungen im natürlichen Zustand befinden[2].

---

[1] Makroskopisch ist 1 eV eine winzige Energie. Diese muß jedoch in einem Raum von nur einigen 10^{-24} cm lokalisiert werden, und dies ist offenbar von außen her durch angelegte Spannungen nicht möglich.

[2] Genau genommen unterscheidet sich z. B. der Zustand in Abb. 2 und 4 dadurch, daß infolge der Stufenbildung der Kristall von Abb. 3 eine veränderte Oberflächenspannung hat. Diese brauchen wir für unsere Zwecke nicht zu beachten. Man vgl. z. B. die Diskussion von Nabarro [110], S. 332.

Wir werden in § 1 die nahe Verwandschaft dieser Eigenspannungszustände mit denjenigen von Volterraschen Distorsionen zeigen. Aufbauend auf den Arbeiten von Volterra hat Burgers 1939 [12] eine Elastizitätstheorie der singulären Versetzung im Kontinuum geschaffen, nach welcher die Eigenspannungen, herrührend von Versetzungen, berechnet werden konnten. An diese grundlegende Arbeit haben sich zahlreiche spezielle elastizitätstheoretische Rechnungen über Versetzungen angeschlossen.

Nunmehr kann das folgende Bild vom Ablauf der plastischen Verformung im Metall gegeben werden: Unter dem Einfluß der von außen angelegten Spannungen bilden sich zusätzlich zu den immer schon in den Kristalliten vorhandenen Versetzungen[1] große Mengen neuer Versetzungen. Diese wandern entsprechend den auf sie ausgeübten Kräften, wobei sie die makroskopisch beobachteten Formänderungen hervorrufen. Dabei bilden sich gemäß der zunehmenden Zahl der Versetzungen in steigendem Maße Eigenspannungen aus, welche die Bewegungen der Versetzungen zu behindern bestrebt sind, wie zuerst von Taylor [149] vorgeschlagen wurde. Dieser Effekt führt zur Verfestigung des Materials.

I. Abschnitt

Versetzungen im Kontinuum: Geometrie

§ 1. Versetzung und Volterrasche Distorsion

Zu Beginn dieses Abschnitts soll die enge Verbindung zwischen der Versetzung und der Volterraschen Distorsion klargestellt werden.

Es sei f eine zumindest teilweise im Innern des einfach zusammenhängenden Mediums endende ebene[2] Fläche mit dem (dimensionslosen) Normaleneinheitsvektor $n(x)$ am Orte x. $t(x)$ sei der Tangenteneinheitsvektor der nach der Rechtsschraubenregel orientierten Randlinie von f. Man denke sich den in spannungsfreiem Ausgangszustand vorliegenden Körper längs der Fläche f aufgeschnitten, danach dem positiven Schnittufer von f relativ zum negativen die infinitesimale plastische Verschiebung $\delta g(x)$ erteilt. Wir wollen die Verschiebung δg in zwei Stufen

---

[1] Diese entstehen schon beim Wachstum der Kristalle, welches sie im allgemeinen erst ermöglichen. Vgl. § 29.

[2] Die Beschränkung auf ebene Flächen erleichtert die Darstellung, ist aber nicht notwendig. Man sieht leicht, daß die wesentlichen Ergebnisse dieses Paragraphen, insbesondere die Definition der Versetzung, auch im Falle gekrümmter Flächen f gelten.

durchführen, indem wir sie in ihre beiden Komponenten parallel ($\delta g^{||}$) und senkrecht ($\delta g^{\perp}$) zu f zerlegen. Nach der Parallelverschiebung $\delta g^{||}$ liegen beide Seiten der Fläche f noch lückenlos aneinander.

Für die nun folgende zu f senkrechte Verschiebung $\delta g^{\perp}$ hat man zwei Fälle zu unterscheiden: 1. Die beiden Seiten von f werden auseinander geschoben. Für diesen Fall verfügen wir, daß der so entstandene Hohlraum mit Materie derselben Art und Dichte wie der übrige Körper ausgefüllt wird. 2. Falls indessen $\delta g^{\perp}$ eine Verschiebung der beiden Schnittufer aufeinander zu bedeutet, soll gerade so viel Materie von einem der beiden Schnittufer abgetragen werden, daß diese Verschiebung möglich wird. Nach Durchführung der Operationen denken wir alles verwachsen und die Kräfte, welche die Verschiebungen erzeugt haben, entfernt, so daß wieder ein einheitlicher, einfach zusammenhängender Körper vorliegt, in dem natürlich Eigenspannungen hinterblieben sind. Diese sind, abgesehen vom Material und der Form des Körpers, durch die Lage der Fläche f, d. h. durch n, sowie durch die erfolgte „eingeprägte" oder „plastische" Relativverschiebung δg bestimmt.

Wir bemerken noch, daß nach einem bekannten Satz von Colonnetti [18] das Volumen des Körpers im Endzustand sich von demjenigen im Ausgangszustand um das Volumen der neu eingezwängten bzw. weggenommenen Materie, also um $\delta V = \iint_f n \cdot \delta g \, df$ unterscheidet.

Dieser Satz gilt nur im Bereich der linearen Elastizitätstheorie und auch da nur für homogene Körper (also z. B. nicht für Körper, die aus zwei homogenen Teilen mit verschiedenen elastischen Konstanten bestehen).

Längs der Fläche f ändern sich im allgemeinen die elastischen Deformationen und Drehungen der Volumenelemente des Körpers unstetig, was zuerst von Weingarten [157] und später ausführlich von Somigliana [147] untersucht wurde[1]. Haben jedoch beide Schnittufer eines Flächenstückes Δf von f lediglich eine starre Verschiebung eingeprägt bekommen, so gehen die Deformationen stetig durch Δf. Damit auch die Drehungen stetig durch Δf gehen, ist zusätzlich notwendig, daß $\delta g = \text{const}$ in Δf.

Soll der Körper am Ende der Operationen wieder einfach zusammenhängend sein, also nirgends einen Riß aufweisen, so können nicht die Schnittufer der ganzen Fläche f starr gegeneinander verschoben werden. Zu den Versetzungen kommt man durch die folgende Vorschrift: Es sei δg fast über die ganze Fläche f konstant, nur am Rande von f nehme es sehr rasch auf Null ab. Abb. 8 zeigt den Verlauf von $|\delta g|$ über eine der Einfachheit halber als kreisförmig begrenzt angenom-

---

[1] Die älteren Ergebnisse der Eigenspannungstheorie sind von Nemenyi [111] referiert worden. Diese Arbeit enthält viel auch heute noch Lesenswertes.

mene (ebene) Fläche f. Wir definieren nun als Versetzungslinie die Randlinie der Fläche f, oder genauer, das dyadische Produkt $-t\,\delta g \equiv -(t_i\,\delta g_j)$, wo mit δg die konstante Verschiebung über den größten Teil der Fläche gemeint sein soll[1].

Noch genauer hätte man zu sagen: Es gibt hier nicht eine singuläre Linie $-t\,\delta g$, sondern einen quasisingulären Streifen der sehr kleinen

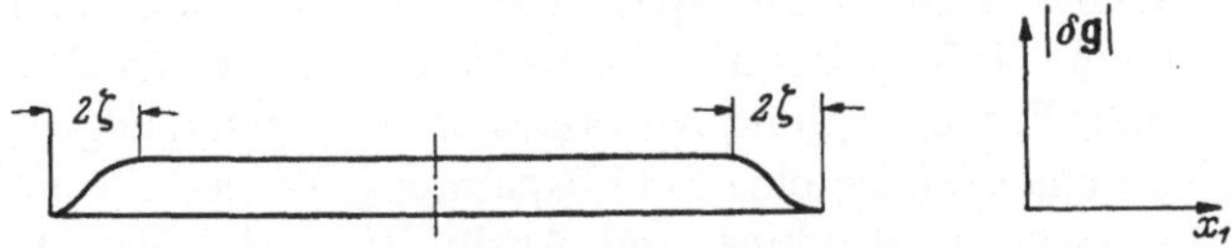

Abb. 8. Zur Erzeugung einer Versetzung im Kontinuum

Breite 2ζ (Abb. 8). Wir ergänzen daher die obige Definition, indem wir hinzufügen, daß diese für den Limes $\zeta \to 0$ gelten soll[2].

Eine zweite Vorschrift führt zu den Volterraschen Distorsionen. Es wird festgesetzt, daß von vornherein (oder spätestens nach dem Aufschneiden längs f) die Randlinie von f mit einem Hohltorus vom Radius $> \zeta$ umgeben wird. Dann ist der Körper allerdings nicht mehr einfach zusammenhängend, und die Fläche f grenzt überall an seine Oberfläche. Hierdurch ist eine starre Verschiebung der Schnittufer der ganzen Fläche f möglich geworden. Setzt man $\delta g = $ const, so erhält man einen sog. Volterraschen Distorsionszustand 1. Art, den man offenbar in größerer Entfernung vom Hohltorus nicht von dem durch eine Versetzung hervorgerufenen Zustand unterscheiden kann (Prinzip von de St. Venant). Auf dieser Erkenntnis basieren die Burgersschen Arbeiten über die Elastizitätstheorie der Versetzungen.

Auf den Volterraschen Distorsionszustand 2. Art, bei dem die starre Relativverschiebung eine starre Rotation der Schnittufer ist, kommen wir in § 7 zu sprechen. Er ist von unserem Standpunkt nicht von der gleichen Bedeutung wie der durch $\delta g = $ const gekennzeichnete Zustand.

Aus der Definition der Versetzung folgt:

1. Die Versetzung als Randlinie einer Fläche kann nur auf der Oberfläche des Körpers enden.

2. Da die Deformation und die Drehung die Fläche f stetig passieren, kann diese nach der Bildung der Versetzungslinie nicht mehr experimentell aufgefunden werden. Alle durch t berandeten Flächen

---

[1] Das Minuszeichen ist konventionell, um mit der meist verwendeten Vorzeichenkonvention von Frank [47] in Übereinstimmung zu kommen (§ 21).

[2] Dann erhält die Funktion δg den Charakter einer Heavisideschen Sprungfunktion in der Ebene, in der f liegt.

können demnach als Schnittflächen gedient haben, um die Versetzung bzw. den Distorsionszustand zu erzeugen. D. h. dieser ist bereits durch die Randlinie t und die Relativverschiebung δg vollständig bestimmt.

Angenommen, es hätte während der Operation der Relativverschiebung eine von äußeren Kräften herrührende Spannung an dem Körper gelegen. Dann hätte diese Spannung bei der Verschiebung Arbeit leisten können. Infolgedessen üben Spannungen auf den Körper Kräfte im Sinne einer Erzeugung und Ausbreitung von Versetzungen aus. Liegt besonders in einer Ebene eine Schubspannung, so besteht eine Tendenz zur konservativen Bildung und Ausbreitung der Versetzung (d. h. $\delta g \parallel$ zur Fläche), während eine Normalspannung senkrecht zur Ebene eine Tendenz zur nicht-konservativen Bildung und Ausbreitung einer Versetzung bedeutet ($\delta g \perp$ zur Fläche). Ob tatsächlich solche Vorgänge allein durch Anlegen äußerer Spannungen an den Körper

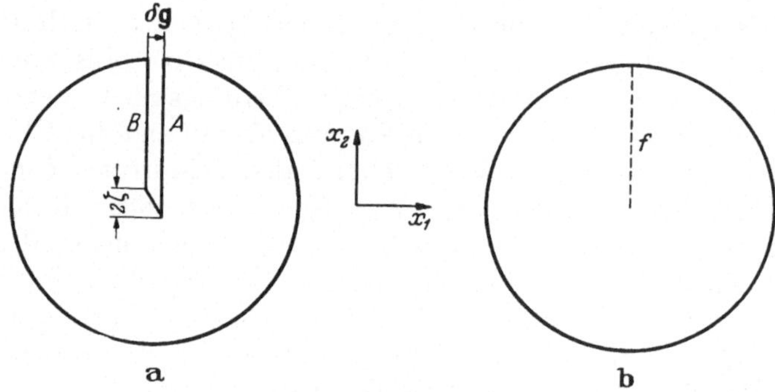

Abb. 9. Zur Erzeugung einer geraden Stufenversetzung im Kontinuum. Man denke sich den Schlitz in a durch Herausnahme von Materie aus einem Vollzylinder entstanden

erzwungen werden, wird von den Köhäsionskräften der Materie abhängen. Insbesondere wird dann zur nicht-konservativen Bildung und Ausbreitung einer Versetzung eine Diffusion von Materie nötig sein. In der Einleitung war beschrieben, daß diese Vorgänge die Grundmechanismen der plastischen Verformung im realen Körper sind. Wir setzen dies daher auch für unser ideales Kontinuum voraus.

Wir bezeichnen in Anlehnung an die Ausführungen der Einleitung das konservative Ausbreiten einer Versetzung als Gleiten, die zugehörige Fläche f als Gleitebene. Das nicht-konservative Ausbreiten nennen wir Klettern, die zugehörige Fläche f die Kletterebene. Zusammenfassend sprechen wir auch vom Wandern der Versetzung längs ihrer Wanderfläche. Wir sagen weiter, eine Versetzung hat Stufencharakter, wo $t \perp \delta g$, und Schraubencharakter, wo $t \parallel \delta g$. Wo t schräg zu δg liegt, hat sie gemischten Charakter. Abb. 9 und 10 zeigen die Erzeugung einer reinen Stufen- und Schraubenversetzung. Offenbar ist die rein nicht-konservativ gebildete Versetzung eine Stufenversetzung. Dies entspricht der in der Einleitung getroffenen Feststellung, daß im Kristall nur Stufenversetzungen klettern. Die konservativ gebildete Versetzung hat im allgemeinen gemischten Charakter. Dies entspricht dem Befund, daß im Kristall sowohl Schrauben- als auch Stufenversetzungen gleiten. Diese Ausführungen zeigen deutlich, daß der hier verwendete Versetzungsbegriff nichts anderes ist,

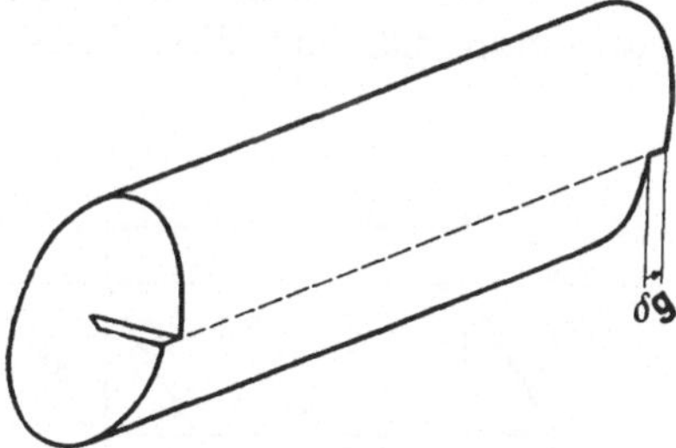

Abb. 10. Zur Erzeugung einer Schraubenversetzung im Kontinuum

als eine Übertragung des Versetzungsbegriffs vom Kristall auf das Kontinuum.

§ 2. Plastische und elastische Distorsion

Zunächst eine Bemerkung über das ideale Kontinuum. Es sei einfachheitshalber angenommen, daß dieses im Ausgangszustand homogen vorliege. Dagegen wäre es eine Einschränkung von prinzipieller Bedeutung, wenn man auch Isotropie voraussetzen würde. Wir meinen hier nicht die elastische Isotropie, diese ist für die geometrischen Untersuchungen dieses Abschnitts völlig unwesentlich. Es muß vielmehr die Möglichkeit berücksichtigt werden, daß das Medium geometrisch anisotrop ist. Dies bedeutet, daß an jedem Punkt des Mediums drei linear unabhängige, ausgezeichnete Richtungen existieren, von denen vorauszusetzen ist, daß ihre Winkel gegenüber drei Normalrichtungen im Raum irgendwie gemessen werden können. Diese geometrische Struktur muß deswegen gefordert werden, weil die realen Körper, auf welche nachher die Kontinuumstheorie angewendet werden soll, diese Struktur haben. Man weist sie dort z. B. röntgenographisch nach.

Wir nehmen an, daß diese Struktur eine Eigenschaft des einzelnen Volumenelements im Kontinuum sei. Als Ausgangszustand werde derjenige spannungsfreie Zustand des Mediums definiert, bei dem die ausgezeichneten Richtungen aller Volumenelemente einander parallel sind. Im Endzustand hat man dann eine gewisse Orientierungsverteilung, welche Zeugnis von den stattgefundenen Drehungen der Volumenelemente gibt (s. u.). Einfachheitshalber nehmen wir an, daß die ausgezeichneten Richtungen im Ausgangszustand orthogonal zueinander seien. Der in Kristallen zu denken gewohnte Leser möge sich das Kontinuum etwa als kubisch primitiven Kristall mit verschwindender Gitterkonstante veranschaulichen.

Man kann nun die im letzten Paragraphen beschriebenen Operationen an sehr vielen Flächen f stattfinden lassen. Wenn diese unendlich dicht liegen, und die zugehörigen Relativverschiebungen δg stetig verteilt sind, kann man auf diese Weise stetig verteilte, rein plastische oder

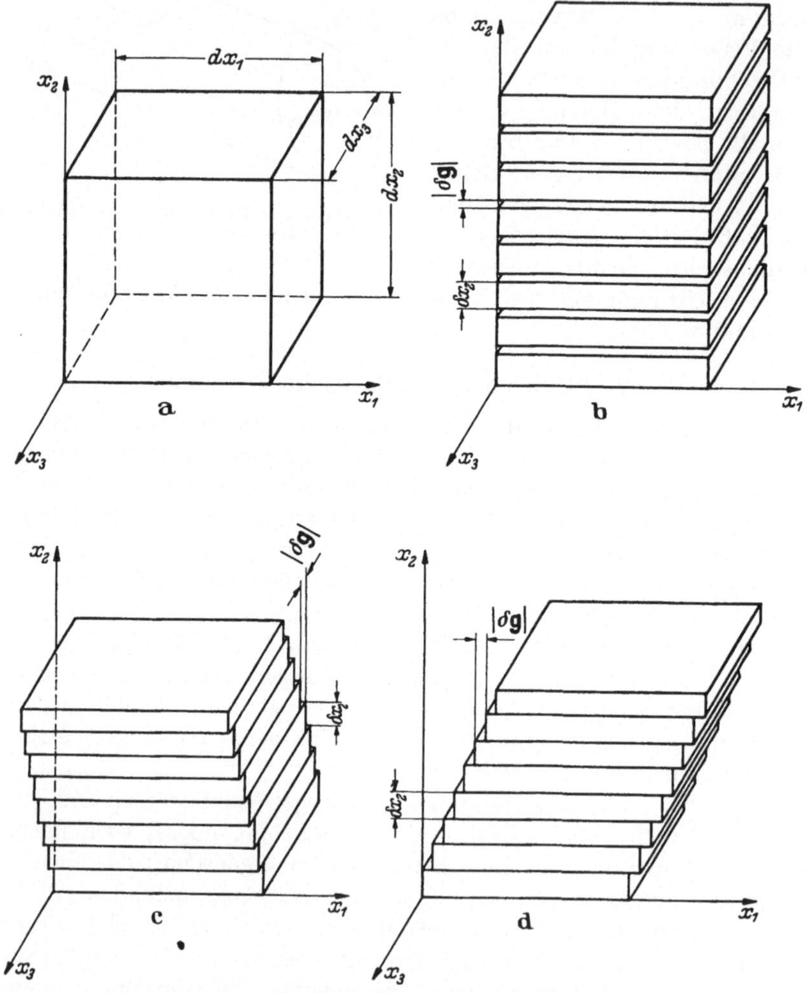

Abb. 11. Zur Definition des makroskopischen Tensors der plastischen Distorsionen

auch gemischt plastisch-elastische Formänderungen des Körpers realisieren. Der erste Vorgang möge an Abb. 11 veranschaulicht werden. Diese zeigt ein isoliert gedachtes Volumenelement dV im Ausgangszustand (a). Dieses soll längs Flächen df im Abstand δx_2 senkrecht zur

x_2-Richtung durchschnitten und darauf je zwei Nachbarschichten die Relativverschiebung δg gegeben werden. Man denke sich den Grenzübergang $\delta x_2 \to 0$, $\delta g \to 0$ bei Konstanthalten von $\delta g/\delta x_2$ durchgeführt. Im Falle von Abb. 11b sollen die Lücken mit Materie aus demselben Volumenelement derart ausgefüllt werden daß die Dichteverteilung in diesem homogen bleibt. Am Schluß sei alles wieder verwachsen. Insgesamt ist dann das Volumenelement in Abb. 11b homogen plastisch gedehnt (und dabei „verdünnt") und in Abb. 11c und d homogen plastisch geschert worden.

Wir bezeichnen allgemein mit dg_j die (plastische) Relativverschiebung der Begrenzungsflächen des Volumenelements auf der $+x_i$-Seite gegenüber derjenigen auf der $-x_i$-Seite und definieren den asymmetrischen Tensor der plastischen Distorsionen $\boldsymbol{\beta}^P \equiv (\beta_{ij}^P)$ durch die Beziehung

$$dg_j = \beta_{ij}^P \, dx_i, \tag{I. 1}$$

wo dx_i die relative Lage der betr. Begrenzungsflächen kennzeichnet und auf den Anfangszustand bezogen werden soll. Die plastischen Distorsionen, welche den Abb. 11b bis d entsprechen, sind danach mit β_{22}^P, β_{23}^P, β_{21}^P zu bezeichnen. Die Diagonalkomponenten des plastischen Distorsionstensors β_{ij}^P sind also plastische Dehnungen, die übrigen Komponenten plastische Scherungen, wobei der erste Index die Gleitebenen, der zweite die Gleitrichtung angibt.

Es ist nun besonders wichtig zu bemerken, daß bei der plastischen Distorsion die Orientierung der Volumenelemente nicht geändert wird. Man schließt dies aus der Art, wie die Distorsionen in Abb. 11 zustande kommen[1]. Daher ist der Unterschied zwischen den Scherungen β_{21}^P und β_{12}^P nicht etwa eine starre Drehung, sondern eine „plastische Drehung" des Volumenelements unter Erhaltung seiner Orientierung (Abb. 12a, b). Diese Aussage gilt für kleine Distorsionen. Dann beschreibt der symmetrische Teil von β_{ij}^P eine reine plastische Deformation ε_{ij}^P und der antisymmetrische Teil eine reine plastische Drehung ω_{ij}^P, beides unter Erhaltung der Orientierung. Auch für große Distorsionen gilt die Aufteilung der Distorsionen in Deformation und Drehung[2]

$$\beta_{ij}^P = \varepsilon_{ij}^P + \omega_{ij}^P. \tag{I. 2}$$

---

[1] Man fasse das Volumenelement von Abb. 11a etwa als unendlich dicht liegende Schar von materiellen Linien auf, die in x_2-Richtung verlaufen. Die Operationen, die zu den Abb. 11b bis d führen, ändern offenbar die Richtung dieser Linien nicht. Man kann die Erhaltung der Orientierung auch einfach postulieren, weil die realen Körper, auf welche die Theorie später angewendet wird, diese Eigenschaft zeigen.

[2] Die additive Zusammensetzung von Deformation und Drehung gilt bei großen Distorsionen nur, wenn dx_i in Gl. (I. 1) auf den Ausgangszustand bezogen wird. Vgl. § 10.

Hier hat man aber unter ω_{ij}^{P} den bekannten asymmetrischen Tensor für große Drehungen (Versor) [34][1] zu verstehen. ε_{ij}^{P} bleibt dagegen symmetrisch. Siehe auch § 10.

Die bisher betrachteten Verformungen der Volumenelemente erfolgten spannungsfrei. Nunmehr kommen wir zu dem Fall der elastischen Verformung. da_j sei die elastische Relativverschiebung der Begrenzungsflächen wie oben. Dann definieren wir den asymmetrischen Tensor der elastischen Distorsionen $\boldsymbol{\beta} \equiv (\beta_{ij})$ durch die Gleichung

$$da_j = \beta_{ij}\, dx_i. \tag{I. 3}$$

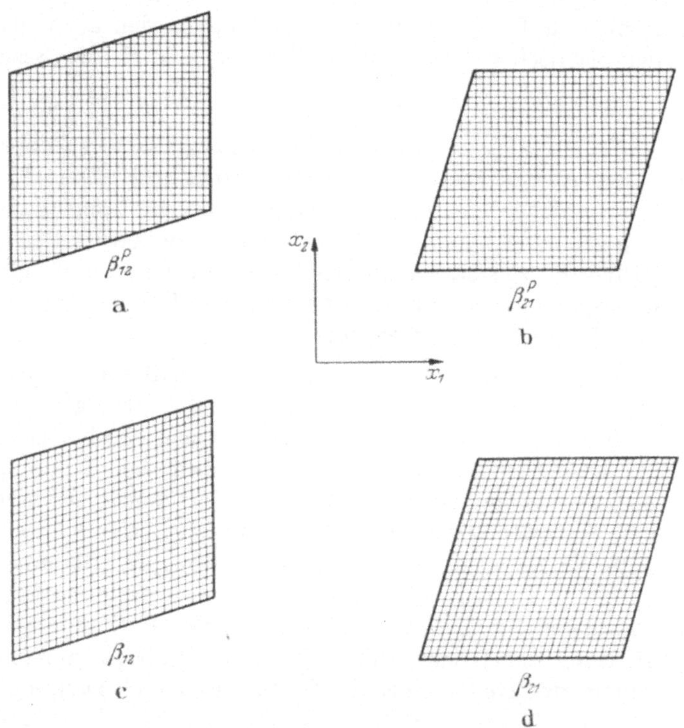

Abb. 12. Bei der plastischen Distorsion bleibt die Orientierung erhalten (a, b), bei der elastischen Distorsion wird sie im allgemeinen verzerrt und gedreht (c, d)

Die β_{ij} beschreiben dieselben Änderungen der Form und Lage des Volumenelements wie die β_{ij}^{P}, jedoch besteht ein wesentlicher geometrischer Unterschied: Bei der elastischen Scherung wird der ursprünglich rechte Winkel zwischen den betr. Vorzugsrichtungen um den Scherwinkel ge-

---

[1] Bd. I, S. 78.

ändert. Infolgedessen ist jetzt der Unterschied zwischen β_{21} und β_{12} bei kleiner Distorsion eine starre Drehung des Volumenelements (Abb. 12c, d). Zerlegt man wieder β_{ij} in symmetrischen und antisymmetrischen Teil

$$\beta_{ij} = \varepsilon_{ij} + \omega_{ij}, \tag{I. 4}$$

so ist ε_{ij} der gewöhnliche Deformationstensor der Elastizitätstheorie und ω_{ij} der Tensor, welcher die (starre) Drehung des Volumenelements beschreibt. Im Falle großer Distorsionen gilt dasselbe wie oben.

Es macht keine prinzipielle Schwierigkeit, die elastische Deformation eines Volumenelements im Endzustand zu messen, indem man dieses herausschneidet und sich entspannen läßt. Danach sind seine ausgezeichneten Richtungen wieder orthogonal zueinander, und man kann zusätzlich die Orientierung des Elements gegenüber einer Normalorientierung messen. Führt man dies an allen Elementen durch, so kann man die stattgefundenen Drehungen bis auf eine allen Elementen gemeinsame konstante Drehung angeben. Dies bedeutet, daß die elastische Deformation eine Zustandsfunktion ist, während dasselbe nicht für die Drehungen, sondern für deren örtliche Ableitungen gilt. Diese beschreiben offenbar eine Krümmung der Struktur. Da die elastischen Deformationen und Strukturkrümmungen eindeutig aus dem elastischen Distorsionstensor folgen, kennzeichnet dieser den Zustand des Mediums nach der Verformung eindeutig. Hingegen ist es unmöglich, allein vom Endzustand aus die stattgefundenen plastischen Distorsionen, Deformationen oder Drehungen zu messen. Dies kommt daher, daß durch eine rein plastische Distorsion wie in Abb. 11 der Zustand eines Volumenelements nicht geändert wird. Man vgl. auch die Einleitung.

Im allgemeinen Fall wird ein Volumenelement gleichzeitig plastisch und elastisch distordiert sein.

$$ds_j^G = da_j + dg_j \tag{I. 5}$$

sei die gesamte Relativverschiebung der Begrenzungsflächen des Volumenelements wie oben. Dann definieren wir den Tensor der Gesamtdistorsionen $\boldsymbol{\beta}^G \equiv (\beta_{ij}^G)$ durch die Gleichung

$$ds_j^G = \beta_{ij}^G \, dx_i. \tag{I. 6}$$

Er ist durch die Beziehung

$$\beta_{ij}^G = \beta_{ij} + \beta_{ij}^P \tag{I. 7}$$

zunächst hinreichend charakterisiert. Gl. (I. 7) ist auch im Falle großer Distorsionen korrekt, wenn man dx_i immer auf den Ausgangszustand bezieht (§ 10).

§ 3. Die geometrische Grundgleichung der Kontinuumsmechanik des Festkörpers

Wir beschreiben w. u. ein Gedankenexperiment, welches als Grundexperiment der Kontinuumstheorie der Versetzungen zu gelten hat[1].

Legt man von außen eine genügend große Spannung an ein plastisches Medium, so können sich Versetzungen bilden und wandern und damit plastische Distorsionen der Volumenelemente des Körpers hervorrufen. Diese Versetzungen können z. B. an der Oberfläche des Körpers aus diesem heraustreten, es können sich auch Versetzungen entgegengesetzten Vorzeichens im Innern des Körpers gegenseitig annihilieren, und es können Versetzungen nach erfolgter Wanderung im Medium stecken bleiben und eine „Versetzungsdichte" bilden. Wir nehmen an, daß diese Versetzungen nicht innerhalb, sondern zwischen den Volumenelementen stecken bleiben. Da die Größe der Volumenelemente gegen Null gehen soll, erhalten wir auch dann eine jedenfalls makroskopisch stetige Verteilungsfunktion der Versetzungen, wenn die von außen angelegten Spannungen stetig waren. Wie auch sonst in der Kontinuumsmechanik vorausgesetzt wird, sollen die Distorsionen im Bereich vieler Volumenelemente dV merklich homogen sein, was bedeutet, daß die Versetzungen innerhalb solcher Bereiche geradlinig verlaufen.

Je nach den Spannungen, die man an den Körper anlegt, wird nun jedes Volumenelement eine ganz bestimmte Versetzungswanderung erleiden, und diese wird man irgendwie zahlenmäßig als Funktion des Ortes der Volumenelemente, bezogen etwa auf den Ausgangzustand, beschreiben können (§ 4). Nunmehr denken wir uns den Körper im Ausgangszustand in seine Volumenelemente auseinandergeschnitten und an jedem Element unabhängig von den anderen Elementen die ihm zukommende Versetzungswanderung durchgeführt. M. a. W. wir prägen jedem Element eine plastische Distorsion $\beta^P(x)$ ein. Danach sind die Elemente jedenfalls frei von Spannungen und auch ihre Orientierung ist erhalten geblieben. Es gibt nun zwei Möglichkeiten:

1. Die Volumenelemente passen sich nach Durchführung der plastischen Distorsion noch lückenlos aneinander, es besteht nirgends ein Riß. Dann kann man sie alle ohne Zwang wieder verwachsen denken und erhält den Körper in dem Zustand, wie er sich auch ergeben hätte, wenn man vor der Versetzungswanderung nicht auseinander geschnitten hätte. Insbesondere ist der Körper auch frei von Eigenspannungen und Strukturkrümmungen. Es hat sich also durch die Versetzungs-

---

[1] Experimente dieser Art, in denen allein die Deformation (nicht die Drehung) berücksichtigt wurde, sind in der Literatur mehrfach beschrieben. Vgl. Föppl [44], Reißner [122], v. Laue [87].

wanderung nicht der Zustand, sondern nur die Form des Körpers geändert.

2. Die Volumenelemente passen nach der Verformung nicht mehr aneinander. Abb. 13 zeigt ein Beispiel, in dem der Zusammenhang der Elemente dadurch zerstört wurde, daß von oben und links her einwandernde, sich senkrecht zur Papierebene erstreckende Versetzungen zwischen den Volumenelementen stecken geblieben sind, so daß die oberen Elemente von mehr Versetzungen getroffen und daher stärker geschert wurden als die unteren, während aus dem gleichen Grunde die linken Elemente stärker gedehnt wurden, als die rechten. Will man dann die Elemente zu einem kompakten Ganzen vereinigen, so muß man sie elastisch so distordieren, daß sie wieder lückenlos zusammenpassen. Hierzu sind im allgemeinen elastische Deformationen und Drehungen nötig. Bei ersteren bilden sich Spannungen aus, die letzteren geben Anlaß zur Drehung der Orientierung. Nun denke man sich alles wieder verwachsen und die Kräfte, welche die ela-

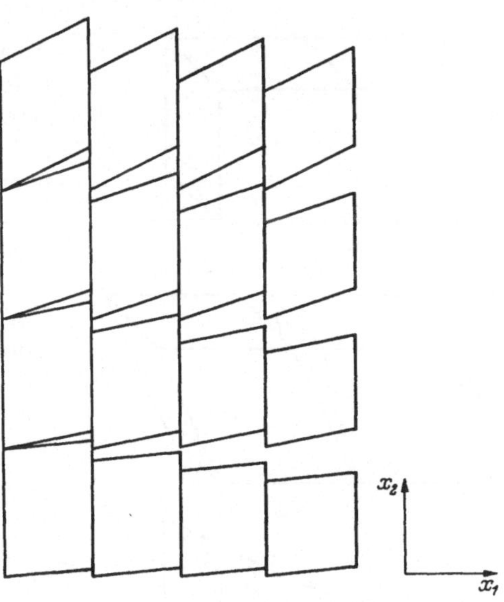

Abb. 13. Eine plastische Distorsion, die ohne gleichzeitige elastische Distorsion durchgeführt wird, zerstört im allgemeinen den Zusammenhang des Körpers

stischen Deformationen erzwungen haben, weggenommen. Dann wird im allgemeinen noch eine Entspannung des Körpers in einen Zustand möglichst niedriger elastischer Energie stattfinden. Jedoch können die Spannungen nur dann völlig verschwinden, wenn allein starre Drehungen der Volumenelemente genügt hätten, um den durch die plastische Distorsion gestörten Zusammenhang wieder herzustellen. Am Ende hat man natürlich denjenigen Zustand erreicht, den man auch erhält, wenn man den Körper vor der Versetzungswanderung nicht auseinanderschneidet.

Dieses Gedankenexperiment muß nun quantitativ ausgewertet werden. Beiden Möglichkeiten ist gemeinsam, daß der Körper im Endzustand kompakt sein und nirgends Risse zeigen soll. Dies heißt, daß jedenfalls die Gesamtdistorsion β^G eine solche Funktion des Ortes ist, die den Zusammenhang der Volumenelemente gewahrt läßt. Diese

Forderung bedeutet eine Einschränkung für die zulässigen Funktionen β^G welcher die Funktionen β^P ebenfalls im Fall 1, nicht aber im Fall 2 unterworfen sind. Wir zeigen jetzt, daß

$$\left(\epsilon_{ijk}\frac{\partial}{\partial x_j}\beta^G_{kl}\right) \equiv \mathrm{Rot}\ \beta^G = 0 \qquad (\text{I. 8})$$

eine notwendige Bedingung dafür ist, daß die Zusammenhangsverhältnisse zwischen den Volumenelementen nicht geändert werden.

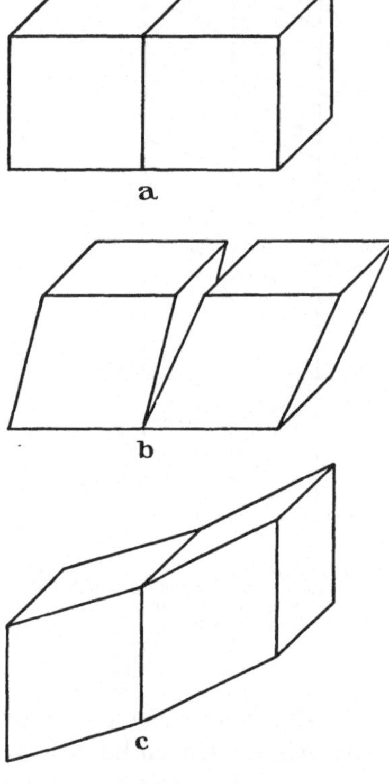

Abb. 14a zeigt zwei Elemente im Ausgangszustand. Der Zusammenhang zwischen beiden bleibt dann gewahrt, wenn die rechte Grenzfläche des linken und die linke Grenzfläche des rechten Elements genau die gleiche Verschiebung erleiden. Dies bedeutet, daß die Komponenten β^G_{2j} und β^G_{3j} in beiden Elementen dieselben sein müssen, während die Komponenten β^G_{1j} sich ändern dürfen. Als Beispiel ist in Abb. 14b und c gezeichnet, wie es aussieht, wenn die Elemente eine verschiedene Distorsion β^G_{21} bzw. β^G_{12} erleiden. Hiernach folgt, daß $\partial\beta_{2j}/\partial x_1 = \partial\beta_{3j}/\partial x_1 = 0$ notwendig für die Wahrung des Zusammenhangs ist[1]. Von da schließt man sofort auf die notwendige Bedingung (I. 8). Dann ist offenbar ds^G_j in Gl. (I. 6) ein vollständiges Differential, d. h. es existiert eine Funktion s^G, welche die Gesamtverschiebung der Punkte des Körpers (bis auf eine starre Translation) mißt. Es ist dann

Abb. 14. Koordinatensystem wie in Abb. 13

$$\beta^G_{ij} = \partial s^G_j/\partial x_i \equiv (\mathrm{Grad}\ s^G)_{ij}. \qquad (\text{I. 9})$$

In dem oben beschriebenen Fall 1 ist wegen $\beta = 0$ $\beta^P = \beta^G$, also wird auch dg_j in Gl. (I. 1) ein vollständiges Integral und

$$\beta^P = \mathrm{Grad}\ g \equiv \mathrm{Grad}\ s^P. \qquad (\text{I. 10})$$

---

[1] Diese ist dann auch hinreichend, wenn man stetige Gesamtverschiebungen voraussetzt. Hierauf soll nicht weiter eingegangen werden. Eine nicht verschwindende Funktion Rot β^G könnte man als „Rißdichte" bezeichnen. So etwas erhält man z. B., wenn man beim Walzen eines Metallstücks die Stiche zu groß wählt.

In diesem Fall erhält man also eine reine plastische Verschiebung s^P der Punkte des Kontinuums, bei welcher dessen Zustand nicht geändert wird. Dieser Fall ist von erheblicher praktischer Bedeutung für die plastische Verformung. Wir kommen darauf später zurück.

Nunmehr definieren wir versuchsweise den asymmetrischen Tensor der Versetzungsdichte $\alpha \equiv (\alpha_{ij})$ durch den Ausdruck

$$\alpha \equiv - \operatorname{Rot} \boldsymbol{\beta}^P \qquad\qquad (\text{I. } 11)$$

und zeigen als nächstes, daß diese Definition mit derjenigen der einzelnen Versetzung in § 1 konsistent ist.

Abb. 15 zeigt einen Körper, in den eine kleine Anzahl von Versetzungen hineingewandert ist, von denen angenommen sei, daß sie die Papierebene senkrecht durchstoßen. Ge-
zeichnet sind die Wanderflächen der Versetzungen, und zwar ausgezogen, wenn die am Ende jeder Wanderfläche sitzende Versetzung die Fläche F mit willkürlich orientierter Randlinie $\mathfrak{C}$ durchstößt, andernfalls gestrichelt. Die Wanderflächen seien so orientiert, daß sie von $\mathfrak{C}$ in ihrer positiven Richtung durchstoßen werden. Nun

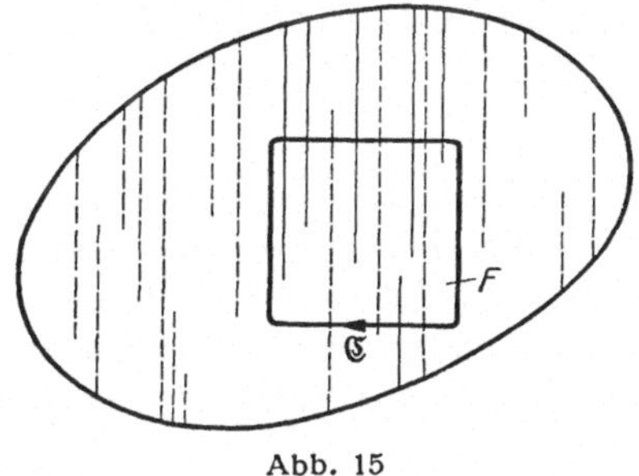

Abb. 15

gehen wir längs $\mathfrak{C}$ einmal herum und addieren an jeder Wanderfläche die von der Versetzungswanderung herrührende Relativverschiebung $\delta\boldsymbol{g}$ ihrer positiven Seite gegenüber der negativen. Einfachheitshalber nehmen wir an, daß $\delta\boldsymbol{g}$ für alle Wanderflächen gleich sei[1]. Man sieht sofort, daß die gestrichelten Flächen zu der Summe nicht beitragen, da sie zwei entgegengesetzt gleiche Beiträge liefern. Infolgedessen ist

$$\boldsymbol{b} \equiv - \sum_{\mathfrak{C}} \delta\boldsymbol{g} \qquad\qquad (\text{I. } 12)$$

ein direktes Maß für die Anzahl und Art der die Fläche F durchstoßenden Versetzungen. Wir bezeichnen $\boldsymbol{b}$ als den „Gesamt-Burgers-Vektor" dieser Versetzungen[2]. Im Falle, daß der Umlauf $\mathfrak{C}$ nur eine Versetzung umläuft, ist $\boldsymbol{b} = -\delta\boldsymbol{g}$ der Burgers-Vektor dieser einzelnen Versetzung.

Wir hatten in § 1 gezeigt, daß der Zustand eines Mediums mit einer Versetzung durch Angabe des Linienverlaufs $\boldsymbol{t}$ und des Gleitvektors $\delta\boldsymbol{g}$ vollständig bestimmt ist. Nun sehen wir, daß man an Stelle des Gleit-

---

[1] Dies bedeutet keine Einschränkung der Allgemeinheit unserer Betrachtungen, wie aus der folgenden Rechnung hervorgeht.

[2] Zu Ehren von J. M. Burgers, der in einer grundlegenden Arbeit den Umlaufvektor $\boldsymbol{b}$ zur Kennzeichnung einer Versetzung eingeführt hat [12].

vektors auch den Burgers-Vektor angeben kann. Man beachte den wesentlichen Unterschied zwischen diesen beiden Vektoren: δg gibt an, daß durch eine Versetzung, welche entlang einer Fläche wandert, die positive Seite dieser Fläche gegenüber der negativen um δg verschoben wird. Wo keine Versetzung gewandert ist, hat man dagegen $\delta g = 0$. δg ist also ein an die Wanderfläche der Versetzung gebundener Vektor und behält insbesondere auch dann seinen Sinn, wenn die Versetzung aus dem Medium ausgetreten ist, also gar nicht mehr existiert. Dagegen ist b nur zusammen mit dem Umlauf $\mathfrak{C}$ bzw. der umlaufenen Fläche F definiert und sagt daher etwas über die Verteilung der Versetzungen im Körper aus.

Im Falle hinreichend dicht verteilter Versetzungen kann man die Summe in Gl. (I. 12) durch ein Integral ersetzen:

$$b = - \oint_{\mathfrak{C}} \delta g. \qquad (\text{I. 13})$$

Handelt es sich um infinitesimale Flächen ΔF^1, so nennen wir den resultierenden Burgers-Vektor Δb. Wenn man diesen für jedes beliebig orientierte Flächenelement ΔF an jedem Ort des Mediums kennt, weiß man offenbar, wie viele Versetzungen von jeder Sorte an jedem Punkt des Mediums verlaufen. Der Ausdruck

$$\alpha_{ij} = \Delta b_j / \Delta F_i \qquad (\text{I. 14})$$

soll daher als „Tensor der Versetzungsdichte" oder kurz als „Versetzungstensor" definiert werden. Da die Versetzungsdichte ein Tensorfeld ist, genügt es, an jedem Punkt den Burgers-Vektor für drei senkrecht zu den cartesischen Koordinatenachsen orientierte Flächenelemente zu kennen. Mißt man z. B. für die Fläche ΔF_1 einen Burgers-Vektor mit alleiniger Komponente ΔB_1 und für ΔF_2, ΔF_3 keinen Beitrag, so hat man offenbar Linienrichtung und Burgers-Vektor parallel, nach § 1 stellen also die Diagonalkomponenten von α_{ij} Schraubenversetzungen in $i (= j)$-Richtung dar. Entsprechend erkennt man, daß die übrigen Komponenten von α_{ij} Stufenversetzungen in i-Richtung mit Burgers-Vektor in j-Richtung bedeuten. Insgesamt gibt also der erste Index α_{ij} die Linienrichtung, der zweite die Richtung des Burgers-Vektors an. Den Gesamt-Burgers-Vektor aller eine beliebige Fläche F durchstoßenden Versetzungen nennen wir auch „Versetzungsfluß" durch F, er folgt aus Gl. (I. 14) offenbar zu

$$b = \iint_F dF \cdot \alpha. \qquad (\text{I. 15})$$

---

[1] ΔF muß wesentlich größer als dF sein, damit eine Versetzungsdichte durch ΔF definiert ist. Läßt man zuerst dF gegen Null gehen, so kann man anschließend auch den Grenzübergang $\Delta F \to 0$ durchführen.

Andererseits berechnen wir ihn aus Gl. (I. 13) zu

$$\boldsymbol{b} = -\oint_{\mathfrak{C}} \delta\boldsymbol{g} = -\oint_{\mathfrak{C}} d\boldsymbol{g} = -\oint_{\mathfrak{C}} d\boldsymbol{x} \cdot \dot{\boldsymbol{\beta}}^P = -\iint_F d\boldsymbol{F} \cdot \mathrm{Rot}\,\boldsymbol{\beta}^P. \qquad (I.\,16)$$

Hierbei ist benützt, daß $\int \delta\boldsymbol{g}$ integriert über einen Weg dx_i natürlich $d\boldsymbol{g}$ ergibt (Abb. 11); dieses ist nach Gl. (I. 1) ersetzt und schließlich der Stokessche Satz angewandt. Da die Fläche F beliebig war, schließt man aus dem Vergleich mit Gl. (I. 15) direkt auf Gl. (I. 11).

Von Gl. (I. 7), (I. 8) und (I. 11) folgt sofort die „geometrische Grundgleichung der Kontinuumsmechanik" zu [1]

$$\mathrm{Rot}\,\boldsymbol{\beta} = \boldsymbol{\alpha}. \qquad (I.\,17)$$

Sie ist nach dem oben Gesagten wie folgt zu verstehen: Findet eine Versetzungswanderung bzw. plastische Distorsion $\boldsymbol{\beta}^P$ so statt, daß Versetzungen mit einer Dichte $\boldsymbol{\alpha}$ im Medium stecken bleiben, so würde die Distorsion $\boldsymbol{\beta}^P$, wenn sie allein stattfinden könnte, den Zusammenhang des Körpers zerstören. Dem widersetzen sich die Kohäsionskräfte des Mediums, es bilden sich gleichzeitig in solcher Weise elastische Distorsionen $\boldsymbol{\beta}$ aus, daß der Körper kompakt bleibt. Gl. (I. 17) gilt auch für große Distorsionen, falls man $\boldsymbol{\alpha}$ und $\boldsymbol{\beta}$ auf den Ausgangszustand bezieht und auch die Differentiationen im Ausgangszustand vornimmt. Man vgl. § 10.

Aus Gl. (I. 17) folgt sofort die zuerst von Nye [13] angegebene Beziehung

$$(\partial\alpha_{ij}/\partial x_i) \equiv \mathrm{Div}\,\boldsymbol{\alpha} = 0. \qquad (I.\,18)$$

Da der erste Index von α_{ij} die Linienrichtung der Versetzung angibt, bedeutet diese Gleichung offenbar nichts anderes, als daß Versetzungslinien im Innern eines Mediums nicht aufhören können. Dies hatten wir schon in § 1 hervorgehoben.

Aus Gl. (I. 5) folgt, da ds^G ein vollständiges Differential ist, die Beziehung $\oint d\boldsymbol{a} = -\oint d\boldsymbol{g}$ für einen beliebigen geschlossenen Umlauf. Danach folgt aus Gl. (I. 13) auch

$$\boldsymbol{b} = \oint_{\mathfrak{C}} d\boldsymbol{a} = \oint_{\mathfrak{C}} d\boldsymbol{x} \cdot \boldsymbol{\beta}. \qquad (I.\,19)$$

In dieser Form hat Burgers [12] den Umlaufvektor $\boldsymbol{b}$ eingeführt.

---

[1] Gl. (I. 17) oder gleichwertige Formulierungen wurden unabhängig von Kondo [73, 74], Bilby, Bullough und Smith [3, 4, 5] und von Kröner [81, 82, 84] angegeben. Die erstgenannten Autoren gaben von vornherein Formulierungen, die auch für große Distorsionen gelten (vgl. § 26 bis 28), während vom Verf. solche Distorsionen erst später einbezogen wurden. Die hier gegebene Ableitung ist von Kröner und Rieder. Gl. (I. 17) lautet in cartesischen Koordinaten

$$\partial\beta_{31}/\partial x_2 - \partial\beta_{21}/\partial x_3 = \alpha_{11},\ \partial\beta_{32}/\partial x_2 - \partial\beta_{22}/\partial x_3 = \alpha_{12},$$
$$\partial\beta_{33}/\partial x_2 - \partial\beta_{23}/\partial x_3 = \alpha_{13}\ \text{usw.}$$

Schließlich erwähnen wir noch die weitgehende Analogie, welche zur Theorie der Magnetfelder stationärer Ströme besteht, und die bei der Auffindung der geometrischen Grundgleichung wertvolle Dienste geleistet hat [81]. Die analogen Größen sind: Elektrische Stromstärke i und Burgers-Vektor b; Stromdichte j und Versetzungsdichte α; Magnetfeld H und Distorsionsfeld β. Für später setzen wir hinzu: Magnetische Induktion B und Spannungsfeld σ. Die zu den Gln. (I. 15), (I. 17) und (I. 18) analogen Gleichungen sind $i = \iint d\boldsymbol{F} \cdot \boldsymbol{j}$, rot $\boldsymbol{H} = \boldsymbol{j}$, div $\boldsymbol{j} = 0$.

§ 4. Versetzungswanderung und plastische Distorsion

Die geometrische Grundgleichung (I. 17) enthält nur Zustandsgrößen und ist daher zur Beschreibung des Zustands nach erfolgter plastischer Verformung geeignet. Es fehlt dagegen noch eine quantitative Beschreibung des Zusammenhangs zwischen der Versetzungswanderung und der hierdurch hervorgerufenen plastischen Distorsion. In der hierfür maßgebenden Gleichung werden offenbar keine Zustandsgrößen vorkommen.

Man kann sich die Distorsionen der Abb. 11 durch Versetzungen erzeugt denken, deren Linienrichtung die x_3-Richtung war, und die in x_1-Richtung gewandert sind. Die Richtung der zugehörigen Burgers-Vektoren war dann x_2, x_3, x_1 in Abb. 11b, c, d (wir achten im Moment nicht auf Vorzeichen). Eine vollständige Untersuchung muß die neun unabhängigen Versetzungskomponenten und die drei unabhängigen Wanderungsrichtungen berücksichtigen. Demnach sind 27 verschiedene Versetzungswanderungen zu untersuchen.

Wir beschreiben eine Versetzungswanderung allgemein, indem wir an jedem Ort x 27 Größen N_{ijk} angeben, welche die Zahl der bei x in i-Richtung gewanderten α_{jk}-Versetzungen (pro Längeneinheit senkrecht zum Linienverlauf und zur Wanderungsrichtung gemessen) bedeuten. Dabei nehmen wir einfachheitshalber an, daß alle Versetzungen gleichen Betrag b des Burgers-Vektors b haben, es macht keine Schwierigkeit, auch den Fall mit verschiedenen Burgers-Vektoren zu behandeln.

In N_{ijk} bedeuten also

1. Index Wanderungsrichtung
2. Index Linienrichtung $\Big\}$ der Versetzungen.
3. Index Richtung des Burgers-Vektors

$j = k$ sind Schraubenversetzungen, $j \neq k$ Stufenversetzungen. Dann entspricht, wie aus den Betrachtungen am Schluß von § 1 folgt,

$$i \neq j = k \qquad \text{dem Gleiten der Schraubenversetzungen}$$
$$k = i \neq j \qquad \text{dem Gleiten der Stufenversetzungen}$$
$$i \neq j \neq k, \ k \neq i \quad \text{dem Klettern der Stufenversetzungen.}$$

$i = j$ ist eine Wanderung der Versetzungen in Richtung ihrer Linien und ergibt keine Distorsion. Wir brauchen diese Wanderung daher nicht zu betrachten.

Damit sind alle 27 Komponenten von N_{ijk} erfaßt. Aus der Vektoreigenschaft der Wanderungsrichtung und der Tensoreigenschaft der Versetzungen folgt, daß die N_{ijk} die Komponenten eines Tensors 3. Stufe sind, er soll „Versetzungswanderungstensor" heißen.

Weiterhin schreiben wir $\bar{1} \equiv -1$ usw. Dann ergibt z. B. eine N_{123}-Wanderung dieselbe Distorsion wie eine $N_{\bar{1}\bar{2}3}$, $N_{1\bar{2}\bar{3}}$ und $N_{\bar{1}2\bar{3}}$-Wanderung. Die freie Wahl der positiven Seiten der Wanderflächen treffen wir in diesem Paragraphen so, daß diese die $+ x_i$-Seiten sind. Die Wanderungen, welche die plastischen Distorsionen in 11b bis d hervorrufen, sind dann

$$b: N_{1\bar{3}2} \text{ bzw. } N_{\bar{1}32} \text{ oder auch } N_{312} \text{ bzw. } N_{3\bar{1}2}$$

$$c: N_{1\bar{3}3} \text{ bzw. } N_{\bar{1}33} \text{ oder auch } N_{313} \text{ bzw. } N_{3\bar{1}3}$$

$$d: N_{1\bar{3}\bar{1}} \text{ bzw. } N_{\bar{1}31} \text{ oder auch } N_{311} \text{ bzw. } N_{3\bar{1}1}.$$

Die Angaben sind vollständig, ihre Nachprüfung auf Grund der Vorzeichenkonvention[1] von § 1 sei dem Leser empfohlen. Gibt man der Kante des Volumenelements die Länge 1, so ist $N_{ijk}\, \delta g$ zahlenmäßig gleich dem Betrag des Gesamt-Gleitvektors der durch das Volumenelement gewanderten Versetzungen und damit auch zahlenmäßig gleich der Distorsion, welche die Wanderung N_{ijk} hervorruft. Wir wollen diese Distorsion vorübergehend mit β_{ijk}^P bezeichnen.

Man entnimmt unseren Beispielen, daß Versetzungswanderungen, die antisymmetrisch bezüglich der ersten beiden Indices sind, dieselbe Distorsion ergeben. Da, wie oben bemerkt, zu der Wanderung N_{iik} keine Distorsion gehört, erhält man jetzt (Kröner und Rieder [84]) $\langle \delta g = -b \rangle$

$$\beta_{ijk}^P = -\,(N_{ijk} - N_{jik})\, b \qquad (\text{I. 20})$$

als invariant formulierten Zusammenhang zwischen Versetzungswanderung und plastischer Distorsion. Als antisymmetrischer Tensor dritter Stufe hat β_{ijk}^P neun unabhängige Komponenten und läßt sich daher in üblicher Weise durch einen Tensor zweiter Stufe ersetzen:

$$\beta_{ijk}^P = \epsilon_{ijl}\,\beta_{lk}^P, \qquad \beta_{kl}^P = \frac{1}{2}\,\epsilon_{ijk}\,\beta_{ijl}^P. \qquad (\text{I. 21})$$

Man prüft die Richtigkeit dieser Beziehungen leicht nach, indem man in der zweiten Gl. (I. 21) β_{ijl}^P nach Gl. (I. 20) ersetzt und die sich so er-

---

[1] Linienrichtung der Versetzung $\parallel$ Rechtsschraubenrandlinie der Wanderfläche (nach der Wanderung).

gebende Gleichung

$$\beta^P_{kl} = - \epsilon_{ijk} N_{ijl} \, b \qquad\qquad (\text{I. 22})$$

auf die Beispiele b bis d anwendet.

Wir nehmen nun an, daß eine Versetzungswanderung N_{ijk} sich dadurch ändert, daß mit einer konstanten Dichte Versetzungen stecken bleiben. Die Abnahme der z. B. in einer Breite dx_2 in x_1-Richtung gewanderten Versetzungen auf einer Strecke dx_1 ist natürlich gleich der Zahl der nach erfolgter Wanderung ein Flächenelement $dF = dx_1\, dx_2$ durchstoßenden Versetzungen. D. h. es ist [84]

$$b \frac{\partial N_{ijk}}{\partial x_i} = - \alpha_{jk}, \qquad\qquad (\text{I. 23})$$

und wegen $\dfrac{\partial N_{jik}}{\partial x_i} = 0$ (d. h. auch die wandernden Versetzungen hören im Innern des Körpers nicht auf) folgt mit Gl. (I. 20)

$$\frac{\partial \beta^P_{ijk}}{\partial x_i} = \alpha_{jk}\,. \qquad\qquad (\text{I. 24})$$

In Worten: Die plastische Distorsion ändert sich in der Wanderungsrichtung, wenn aus der wandernden Schar heraus Versetzungen mit einer Dichte α_{jk} stecken bleiben. Abb. 13 war ein Beispiel hierfür. Ersetzt man β^P_{ijk} in Gl. (I. 24) durch β^P_{ij}, so ergibt sich sofort Gl. (I. 11).

Der Versetzungswanderungstensor ist enger als die bisher aufgetretenen Größen mit dem eigentlichen Vorgang der plastischen Verformung verbunden. Darin liegt wohl seine Hauptbedeutung. Man kann ihn etwa nach der Zeit differenzieren und so einen Versetzungsgeschwindigkeitstensor definieren, der vielleicht einen geeigneten Ansatzpunkt für eine spätere Versetzungsdynamik darstellen mag. Z. B. liegt es nahe, ein Reibungsgesetz für die Versetzungswanderungen zu bilden, nach dem die Reibungskraft (welche schließlich der treibenden Kraft das Gleichgewicht hält und so eine konstante Versetzungsgeschwindigkeit bewirkt) dem Versetzungsgeschwindigkeitstensor proportional ist.

§ 5. Die invarianten Bestandteile der Distorsionsfelder

In diesem Paragraphen wird ein unendlich ausgedehntes Medium vorausgesetzt. Die Distorsionen seien stetig und zweimal differenzierbar verteilt und mögen im Unendlichen verschwinden. Dann sind die Zerlegungen

$$\boldsymbol{\beta}^P = \text{Grad } \boldsymbol{s}^P + \text{Rot } \boldsymbol{\zeta}^P \qquad\qquad (\text{I. 25})$$

$$\boldsymbol{\beta} = \text{Grad } \boldsymbol{s} + \text{Rot } \boldsymbol{\zeta} \qquad\qquad (\text{I. 26})$$

eindeutig. $\zeta^P \equiv (\zeta_{ij}^P)$ und $\zeta \equiv (\zeta_{ij})$ sind asymmetrische Tensorfelder.

Nach § 3 führt eine Distorsion, gleichgültig ob plastisch oder elastisch, einen kompakten Körper dann wieder in einen kompakten Körper über, wenn sie aus einem Verschiebungsfeld durch Gradientenbildung ableitbar ist. Eine plastische Distorsion Grad s^P erfordert also keine zusätzliche elastische Distorsion, um den Zusammenhang des Körpers zu wahren und erfolgt daher spannungsfrei, die Orientierung bleibt erhalten.

Die Gesamtdistorsion $\beta^G = \beta + \beta^P$ muß grundsätzlich ein Gradiententensor sein (Gl. (I. 9)), woraus

$$\operatorname{Rot} \zeta = - \operatorname{Rot} \zeta^P \qquad (\text{I. 27})$$

folgt. Dies bedeutet, daß die durch eine plastische Distorsion $\operatorname{Rot} \zeta^P$ bewirkte Zusammenhangsstörung durch die elastische Distorsion $\operatorname{Rot} \zeta$ gerade wieder rückgängig gemacht wird.

Demnach scheint s^P von den Funktionen ζ^P, ζ, s ganz unabhängig zu sein. Dies liegt aber daran, daß unsere Betrachtungen noch nicht vollständig sind. In Wirklichkeit besteht — jedenfalls im realen Körper, und wir nehmen es daher auch für unser Kontinuum an — eine Kopplung zwischen s^P und ζ^P etwa derart, daß die Zahl der bei einer Versetzungswanderung stecken bleibenden Versetzungen eine Funktion der Zahl der gewanderten Versetzungen ist, die natürlich vom Ort abhängig sein kann. Eine solche Beziehung zwischen α_{ij} und N_{ijk} bedeutet eine Einschränkung für die zulässigen Versetzungswanderungen als Funktion des Ortes und würde gestatten, von der Gesamtdistorsion

$$\beta^G = \operatorname{Grad} (s + s^P) \qquad (\text{I. 28})$$

den Anteil, welcher ohne Zustandsänderung erfolgt (Grad s^P), abzuspalten. Die Bedeutung von s^P ist natürlich die plastische Verschiebung der Punkte des Mediums, welche zu dem Anteil Grad s^P von β^P gehört.

Die Tensoren ζ und ζ^P sind bis jetzt nicht anschaulich gedeutet worden. Sie sind eine Art Potential, aus dem sich die Distorsionen ableiten. Dagegen ist natürlich s ein elastisches Verschiebungsfeld. Macht man nämlich die plastische Distorsion $\operatorname{Rot} \zeta^P$ durch die elastische nach Gl. (I. 27) rückgängig, und nimmt man dann die Kräfte, welche letztere erzwungen haben, weg, so findet eine teilweise Entspannung in den Zustand niedrigster elastischer Energie statt, bei der die Punkte die Verschiebung s erleiden. Damit ist gezeigt, in welcher Weise sich die Gesamtverschiebung s^G aus einer elastischen und plastischen Verschiebung zusammensetzt.

Im Anhang wird gezeigt, daß man durch weitere Zerlegung von $\operatorname{Rot} \zeta$ für β die Formel

$$\beta_{ij} = V_i s_j' - \epsilon_{ikl}\, \epsilon_{jmn}\, V_k\, V_m\, \iota_{ln} + \vartheta_{ij} \qquad (\text{I. 29})$$

erhält. Hierin ist $s'_j \equiv s_j + u_j$, wo u_j ein Vektorfeld mit $\operatorname{div} u = 0$ ist. ι_{ln} ist ein symmetrisches, ϑ_{ij} ein antisymmetrisches Tensorfeld. Und zwar ist, wenn man durch die Gleichungen

$$\vartheta_{ij} = \epsilon_{ijk}\,\vartheta_k\,, \qquad \vartheta_k = \frac{1}{2}\,\epsilon_{ijk}\vartheta_{ij} \tag{I. 30}$$

das Vektorfeld ϑ_k definiert

$$\vartheta_k = \epsilon_{ijk}\,\nabla_i\,u_j + \nabla_k\,\lambda\,, \tag{I. 31}$$

wo λ ein skalares Feld ist. Wir definieren nun allgemein die Inkompatibilität (Ink) eines Tensorfeldes 2. Stufe durch die Identität

$$\operatorname{Ink} \boldsymbol{\xi} \equiv (-\,\epsilon_{ikl}\,\epsilon_{jmn}\,\nabla_k\nabla_m\,\xi_{ln}) \equiv \nabla \times \boldsymbol{\xi} \times \nabla. \tag{I. 32}$$

Der Name ist davon hergeleitet [77], daß

$$\operatorname{Ink} \boldsymbol{\varepsilon} = 0 \tag{I. 33}$$

die Kompatibilitätsbedingungen für die (kleinen) elastischen Deformationen ε sind [86, 34]. (Die Deformationen sind kompatibel, wenn ihre Inkompatibilität verschwindet.) Man rechnet leicht nach, daß die Inkompatibilität eines symmetrischen Tensors wieder einen solchen ergibt, das entsprechende gilt für den asymmetrischen Tensor.

Danach schreibt sich Gl. (I. 29) auch

$$\boldsymbol{\beta} = \operatorname{Grad} \boldsymbol{s}' + \operatorname{Ink} \boldsymbol{\iota} + \boldsymbol{\vartheta}, \tag{I. 34}$$

und in der gleichen Form läßt sich natürlich auch β^P schreiben:

$$\boldsymbol{\beta}^P = \operatorname{Grad} \boldsymbol{s}'^{\,P} + \operatorname{Ink} \boldsymbol{\iota}^P + \boldsymbol{\vartheta}^P. \tag{I. 35}$$

Damit nun die Gesamtdistorsion $\beta^G = \beta + \beta^P$ ein Gradiententensor ist, muß

$$\operatorname{Ink} \boldsymbol{\iota} = -\operatorname{Ink} \boldsymbol{\iota}^P, \qquad \boldsymbol{\vartheta} = -\,\boldsymbol{\vartheta}^P \tag{I. 36}$$

sein. Vergleicht man dies mit Gl. (I. 27), so hat man zu beachten, daß

$$\operatorname{Rot} \boldsymbol{\zeta}^P = \operatorname{Ink} \boldsymbol{\iota}^P + \boldsymbol{\vartheta}^P + \operatorname{Grad} \boldsymbol{u}^P. \tag{I. 37}$$

Es genügt also, nur den Anteil $\operatorname{Ink} \boldsymbol{\iota}^P + \boldsymbol{\vartheta}^P$ von $\operatorname{Rot} \boldsymbol{\zeta}^P$ rückgängig zu machen, denn der Tensor $\operatorname{Grad} \boldsymbol{u}^P$ ist für die Zusammenhangsverhältnisse belanglos.

Schreiben wir ([52], Bd. I, S. 97)

$$\operatorname{Def} \boldsymbol{s}' \equiv \frac{1}{2}\,(\nabla_i\,s'_j + \nabla_j\,s'_i) \tag{I. 38}$$

(lies „Deformation von"), so stellt sich der symmetrische Teil der Gl. (I. 34) in der Form[1]

$$\varepsilon = \operatorname{Def}\,(\boldsymbol{s} + \boldsymbol{u}) + \operatorname{Ink} \boldsymbol{\iota} \tag{I. 39}$$

---

[1] Es gilt der Satz, daß man im unendlichen Raum jedes im Unendlichen verschwindende Tensorfeld eindeutig nach einer Gleichung wie (I. 39) zerlegen kann.

dar und der antisymmetrische in der Form

$$\omega_{ij} = \frac{1}{2}\left[\nabla_i(s+u)_j - \nabla_j(s+u)_i\right] + \vartheta_{ij}, \qquad (\text{I. } 40)$$

was sich mit Gl. (I. 30, 31) auch

$$\omega_{ij} = \frac{1}{2}\left[\nabla_i(s-u)_j - \nabla_j(s-u)_i\right] + \epsilon_{ijk}\nabla_k\lambda \qquad (\text{I. } 41)$$

schreibt. Aus den leicht nachzurechnenden identischen Beziehungen

$$\left.\begin{array}{l} \text{Div Ink} \equiv 0 \\[2mm] \text{Ink Def} \equiv 0 \end{array}\right\} \qquad (\text{I. } 42)$$

folgt, daß (I. 39) die Zerlegung des elastischen Deformationsfeldes in seinen kompatiblen und inkompatiblen Teil darstellt. Entsprechend ist Gl. (I. 41) die Zerlegung des Drehfeldes in kompatiblen und inkompatiblen Teil, man weist nämlich leicht nach, daß nur der Anteil mit λ übrig bleibt, wenn man ω_{ij} in Gl. (I. 32) für ξ_{ij} einsetzt[1]. Das inkompatible Drehfeld hat also die Form $\omega_k^{ink} = (\text{grad }\lambda)_k$[2]. Man beachte besonders: Die kompatiblen Deformationen und Drehungen sind nicht mehr wie in der klassischen Elastizitätstheorie gekoppelt, es sind vielmehr Zustände möglich, wo $u + s$ gleich einem beliebigen Vektor p und $u - s$ gleich einem fast[3] beliebigen Fektor q ist.

Man darf u keinesfalls als ein Verschiebungsfeld deuten. u ist genau wie λ eine Art Potential, aus dem sich Drehungen ableiten, welches anschaulich nicht gut zu verstehen ist. Man beachte auch, daß durch Gl. (I. 41) nicht die Drehung des einzelnen Volumenelements zerlegt wird, sondern das Drehfeld, d. h. Gl. (I. 41) enthält Aussagen darüber, in welcher Weise sich die Drehungen von Element zu Element fortsetzen. ω_{ij} am Orte x ist eine starre Drehung des Volumenelements $dV(x)$, wie in § 2 definiert.

Gl. (I. 34) ist insofern wichtig, als hier die für die Wiederherstellung des Zusammenhangs verantwortliche Distorsion in einfacher Weise in ihren symmetrischen und antisymmetrischen Teil getrennt erscheinen. Setzt man das β_{ij} von Gl. (I. 34) in Gl. (I. 17) ein, so erhält man mit

$$\text{Rot}\,(\text{Ink }\iota + \vartheta) = \alpha \qquad (\text{I. } 43)$$

die Grundgleichung in der zuerst vom Verfasser abgeleiteten Form [81].

---

[1] Jeder Tensor der Form $\epsilon_{ijk}\nabla_k\lambda$ läßt sich auch als antisymmetrische Inkompatibilität schreiben (Anhang).

[2] Ein anderer Standpunkt ist: Die Drehungen $\omega_{ij} - \vartheta_{ij}$ in Gl. (I. 40) sind mit den Deformationen Def $(s + u)$ in Gl. (I. 39) „verträglich", deshalb kann man auch ϑ_{ij} als inkompatible Drehung bezeichnen [81].

[3] Wegen div $u = 0$ kann man für p und q nicht gleichzeitig den Gradientenanteil beliebig vorschreiben. Der Gradientenanteil von q trägt indessen ohnehin zu ω_{ij} nicht bei.

Die mit den Distorsionen Ink ι und ϑ verbundenen Erscheinungen behandeln wir in den nächsten beiden Paragraphen. Hier wollen wir nur noch die Zahl der Freiheitsgrade abzählen, die in den plastischen und elastischen Distorsionen stecken. Es sind dies insgesamt zwölf, nämlich je drei in Grad s^P und Grad s, und sechs in Rot ζ^P bzw. Rot ζ[1]. Von den letzten sechs kommen je drei auf die inkompatiblen Deformationen Ink ι^P bzw. Ink ι[1] und drei auf die Drehungen ϑ^P bzw. ϑ.

§ 6. Der geometrische Ursprung der Temperaturspannungen, der magnetischen Spannungen und der Konzentrationsspannungen

Das Wesentliche der plastischen Verformung vom makroskopischen Standpunkt aus sei noch einmal kurz zusammengefaßt: Man denke sich den Körper in seine Volumenelemente auseinandergeschnitten und präge jedem Element mit Hilfe einer Versetzungswanderung die gewünschte plastische (spannungsfreie) Distorsion) β^P auf. Danach passen die Volumenelemente im allgemeinen nicht mehr lückenlos aneinander, es sind elastische Distorsionen (Ink $\iota + \vartheta$) notwendig, um sie wieder passend zu machen. Hierauf denke man alles verwachsen und die Kräfte, welche die elastischen Verformungen bewirkt haben, weggenommen. Danach findet eine Entspannung (Grad s') in den Zustand niedrigster Energie statt. Am Ende stellt man eine Versetzungsdichte $\alpha \equiv -\mathrm{Rot}\ \beta^P$ fest.

Man kann den Versuch so abändern, daß den auseinandergeschnittenen Volumenelementen nicht eine plastische Distorsion durch Versetzungswanderung, sondern eine „quasiplastische" Distorsion z. B. durch Temperaturerhöhung eingeprägt wird. Bekanntlich ist diese für das Volumenelement am Orte $\boldsymbol{x}$ [79]

$$\beta^Q_{ij} = \gamma\, \delta_{ij}\, T, \tag{I. 44}$$

wenn γ die Wärmeausdehnungszahl ist und die Bezugstemperatur Null gesetzt wird. Mit $T(\boldsymbol{x})$ ist auch $\beta^Q(\boldsymbol{x})$ stetige Funktion des Ortes der Volumenelemente. Ferner ist β^Q als Kugeltensor natürlich symmetrisch, also eine reine Deformation, so daß wir auch ε^Q statt β^Q schreiben können. Wir nennen β^Q quasiplastisch, weil bei dieser Distorsion keine rücktreibenden Kräfte geweckt werden. Nun hat die Gleichung

$$\delta_{kl}\, \nabla_k \nabla_l\, \Phi \equiv \Delta \Phi = \gamma\, T \tag{I. 45}$$

immer eine Lösung. Daher können wir β^Q mit Hilfe der Gl. (A. 2) auch in der Form

$$\beta^Q_{ij} = \delta_{ij}\, \delta_{kl}\, \nabla_k \nabla_l\, \Phi = \nabla_i \nabla_j\, \Phi - \epsilon_{ikm}\, \epsilon_{jlm}\, \nabla_k \nabla_l\, \Phi \tag{I. 46}$$

---

[1] Weil man für ζ^P und ζ noch drei Nebenbedingungen stellen darf. Dasselbe gilt für ι^P und ι (Anhang).

schreiben oder nach Gl. (I. 32) $[\boldsymbol{I} \equiv (\delta_{ij})]$

$$\boldsymbol{\beta}^Q = \mathrm{Def}\,(\mathrm{grad}\,\boldsymbol{\Phi}) + \mathrm{Ink}\,(\boldsymbol{\Phi}\,\boldsymbol{I})\,, \qquad (\text{I. 47})$$

wobei Def auch durch Grad ersetzt werden kann. Der zweite Summand bewirkt, daß die Distorsion $\boldsymbol{\beta}^Q$ unter Zusammenhangsstörung erfolgt, wonach der Zusammenhang erst durch eine elastische Distorsion der Form $\mathrm{Ink}\,\boldsymbol{\iota} = -\mathrm{Ink}\,(\boldsymbol{\Phi}\,\boldsymbol{I})$ wiederhergestellt werden kann. Man kann nun eine Quasi-Versetzungsdichte durch die Gleichung

$$\boldsymbol{\alpha}^Q \equiv -\mathrm{Rot}\,\boldsymbol{\beta}^Q \qquad (\text{I. 48})$$

definieren. Der elastische Distorsionszustand, der zu $\boldsymbol{\alpha}^Q$ gehört, ist dann derselbe wie derjenige, der von einer Versetzungswanderung erzeugt wurde, bei der Versetzungen mit einer Dichte $\boldsymbol{\alpha} = \boldsymbol{\alpha}^Q$ stecken geblieben sind. In einem durch örtliche Temperaturschwankungen beanspruchten Kontinuum können demnach die zugehörigen elastischen Distorsionen eliminiert werden, wenn sich in ihm Versetzungen mit einer Dichte

$$\boldsymbol{\alpha} = -\boldsymbol{\alpha}^Q = \gamma\,\mathrm{Rot}\,(T\,\boldsymbol{I}) \qquad (\text{I. 49})$$

anordnen. Dieser Prozeß spielt sicherlich bei den starken Temperaturspannungen, wie sie z. B. beim Abkühlen gegossener Metalle entstehen, eine wichtige Rolle. Die Leichtigkeit, mit der hier die benötigte Versetzungsanordnung berechnet werden kann, ist ein eindrucksvolles Beispiel für den praktischen Nutzen der Auffassung, daß Temperaturspannungen als durch Versetzungen erzeugt angesehen werden.

Bringt man eine pauschal unmagnetische Probe eines ferromagnetischen Metalls in ein hinreichend starkes Magnetfeld, so stellen sich alle magnetischen Elementardipole der Probe in die Feldrichtung. Dabei findet in vielen Fällen eine quasiplastische Verlängerung der Probe in Richtung des Magnetisierungsfeldes statt, wobei das Volumen näherungsweise erhalten bleibt. Wechselt die Magnetisierungsrichtung im Körper von Ort zu Ort, so kann man wieder den obigen Gedankenversuch anstellen, die quasiplastische Distorsion der Volumenelemente wird dann ein (symmetrischer) Deviator, wegen der Volumerhaltung. Ebenfalls kann man mit Hilfe von Gl. (I. 48) eine Quasi-Versetzungsdichte definieren und angeben, wie sich die Versetzungen in einem magnetostriktiv verspannten Körper anordnen wollen, um die elastische Energie möglichst niedrig zu halten. Solche Untersuchungen spielen eine wesentliche Rolle in den z. Z. in Gang befindlichen Versuchen, die technischen Magnetisierungskurven der ferromagnetischen Metalle zu verstehen. Man vgl. hierzu [11, 155, 124].

Hierher gehört auch der Fall, daß in einem Kristall von Atomen der Sorte A Atome der Sorte B in makroskopisch schwankender Konzentration $C(x)$ gelöst sind. Man denkt sich den reinen Kristall in seine Volumenelemente zerschnitten, dann in jedem die ihm zukommende Menge von Atomen B gelöst, was einer quasiplastischen Distorsion wie oben gleichkommt. Alles Weitere geht wie bei den letzten beiden Beispielen.

Es braucht kaum bemerkt zu werden, daß die (in Abschnitt II zu berichtenden) Methoden zur Berechnung der Spannungen, welche von einer Versetzungsdichte α erzeugt werden, auch für die eben genannten Fälle mit einer Quasi-Versetzungsdichte α^Q gelten. Bei der Berechnung dieser Spannungen bedient man sich mit Vorteil einer weiteren geometrischen Größe, die wir jetzt behandeln. Es ist dies der sog. Inkompatibilitätstensor $H = (H_{ij})$, der in mancher Beziehung eine ähnliche Rolle wie der Tensor α spielt. Wir definieren ihn durch

$$H \equiv - \operatorname{Ink} \beta^P, \tag{I. 50}$$

es ist also wegen (I. 11)

$$H = \alpha \times V \equiv (\epsilon_{ijk} V_k \alpha_{lj}). \tag{I. 51}$$

Setzt man hier α gemäß Gl. (I. 17) ein, so erhält man

$$\operatorname{Ink} \beta = H, \tag{I. 51'}$$

und der symmetrische Teil dieser Tensorgleichung lautet mit $\eta =$ symmetrischer Teil von H[1]

$$\operatorname{Ink} \varepsilon = \eta. \tag{I. 52}$$

Für $\eta = 0$ sind dies die Kompatibilitätsbedingungen von de St. Venant. Für den Fall der Temperaturfelder ergibt sich z. B. aus Gl. (I. 51) und (I. 49) [79]

$$\eta = \gamma \operatorname{Ink} (T \, I), \tag{I. 53}$$

d. h. das zu einem Temperaturfeld gehörige Inkompatibilitätsfeld η ist sehr leicht zu berechnen. Bei Kenntnis von η lassen sich aber die zugehörigen Spannungen relativ gut ermitteln (§ 13).

Die Bedeutung der Gl. (I. 52) in der Elastizitätstheorie läßt sich vielleicht am besten so charakterisieren: Da sie aus Gl. (I. 17) durch Rotorbildung von rechts und Symmetrisierung entsteht, muß sie einen Teil der Aussagen dieser Gleichung noch enthalten, ein anderer Teil muß aber verloren gegangen sein. Aus der Beziehung Ink Def $\equiv 0$ entnimmt man die Aussage, daß sich im Falle $\eta = 0$ die Deformation ε aus einem elastischen Verschiebungsfeld s ableiten läßt. Wenn man, wie bisher immer in der Elastizitätstheorie, gleichzeitig ϑ von Gl. (I. 40) zu Null annimmt[2], folgen die elastischen Drehungen $\frac{1}{2} (Vs - sV)$ aus

---

[1] Wir setzen vorläufig kleine Distorsionen voraus.
[2] Mit $\vartheta = 0$ ist nach Gl. (I. 31) $u = $ const (wegen div $u = 0$).

dem selben Verschiebungsfeld. Sie sind dann bekanntlich durch die Deformationen bis auf eine starre Drehung des ganzen Körpers bestimmt. In diesem Fall sind die Gleichungen (I. 52) mit den Gleichungen Rot $\beta = 0$ gleichwertig. Letztere enthalten automatisch die Aussage $\vartheta = $ const, wie sich im nächsten Paragraphen zeigen wird. Genau diese Aussage verliert man demnach, wenn man aus der Gleichung Rot $\beta = 0$ die Gleichung Ink $\varepsilon = 0$ ableitet. Die klassische Elastizitätstheorie ist also durch die Gleichung Rot $\beta = 0$ oder, gleichwertig, durch Ink $\varepsilon = 0$, $\vartheta = 0$ zu definieren.

Bei $\eta \neq 0$ hat das plastische Deformationsfeld die Form Def s^P + Ink ι^P. Der letzte Anteil hat immer zur Folge, daß die plastische oder quasiplastische Distorsion den Zusammenhang des Körpers nicht wahrt und gibt somit Anlaß zu elastischen Deformationen und folglich zu Eigenspannungen. Die Existenz eines Inkompatibilitätsfeldes ist damit (jedenfalls im einfach zusammenhängenden Körper) Voraussetzung für das Auftreten von Eigenspannungen. Es läßt sich leicht zeigen, daß im Bereich der linearen Elastizitätstheorie die Gesamtheit der in einem Körper möglichen Spannungen durch Angabe der einwirkenden äußeren Kräfte und Inkompatibilitäten, eindeutig bestimmt sind (§ 14).

§ 7. Die spannungsfreien Strukturkrümmungen

Daß Versetzungen bei ihrer Wanderung Drehungen hervorrufen, hat als Erklärung für wichtige Erscheinungen in der Metallphysik gedient. So haben zuerst Burgers [12] und Bragg [10] gefunden, daß die Korngrenzen zwischen zwei Kristalliten (Körnern) mit nicht allzugroßem Orientierungsunterschied durch flächenhafte Versetzungsanordnungen in dieser Korngrenze gebildet werden.

Betrachten wir etwa das Volumen der Abb. 16a. Eine Schar von α_{31}-Stufenversetzungen möge es in x_1-Richtung durchlaufen und längs der gezeichneten Flächen in konstanter Dichte stecken bleiben. Hat man zuvor längs dieser Flächen aufgeschnitten, so ist die plastische Distorsion von Abb. 16b erzeugt worden. Indem man hier die einzelnen Schichten um den Winkel $\delta\vartheta$ dreht, kann man den zerstörten Zusammenhang wieder herstellen. Zwischen je zwei durch eine Versetzungswand getrennten Schichten besteht dann eine Winkeldifferenz $\delta\vartheta$ in der Orientierung. Abb. 16c zeigt dasselbe für eine Wanderung von $-(\alpha_{22} + \alpha_{33})$-Schraubenversetzungen in $-x_1$-Richtung, wenn $\alpha_{22} = \alpha_{33}$. Die Aufgabe ist es nun, die Drehungen in Beziehung zur Dichte der stecken gebliebenen Versetzungen zu bringen.

Wir können uns zunächst auf den Fall beschränken, in dem die Versetzungsverteilung homogen ist. Nach Gl. (I. 51) verschwindet dann der Inkompatibilitätstensor, und wenn auch keine äußeren Kräfte an dem Volumen angreifen, ist dieses überhaupt frei von elastischen Deformationen. In § 14 wird dies noch exakt begründet werden. Diese Aussage gilt nur für kleine Distorsionen bzw. Versetzungsdichten, auf die wir uns vorerst beschränken. Es ist also in unserem Fall $\beta_{ij} = \vartheta_{ij}$,

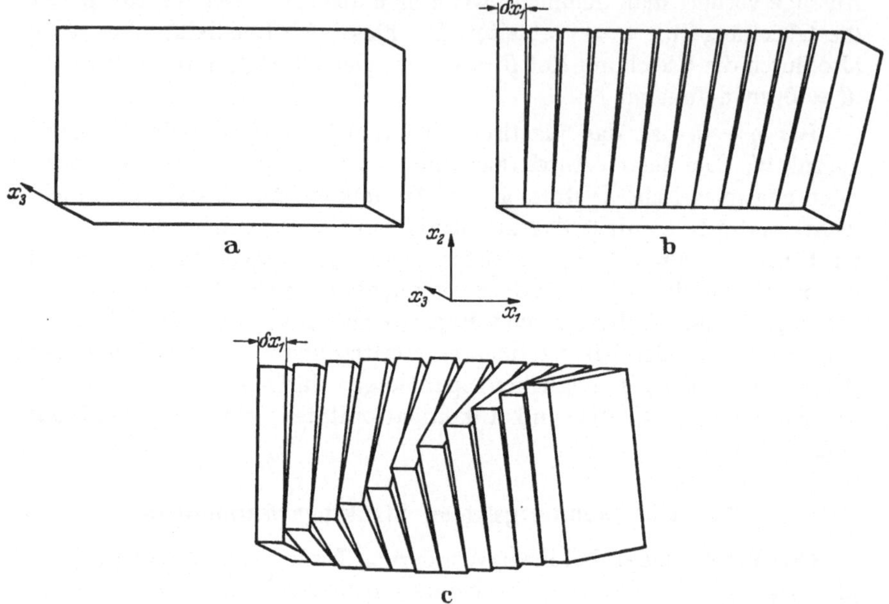

Abb. 16. Zwischen je zwei Schichten δx_1 in b und c hat man eine Versetzungswand konstanter Stärke. Die Versetzungswanderungen erfolgten von rechts her

wo ϑ_{ij} die elastischen (= starren) Drehungen der Volumenelemente dV sind, durch die der in Abb. 16b, c gestörte Zusammenhang wieder hergestellt wird. Für den Burgers-Umlauf erhält man danach einmal [(vgl. Gl. (I. 15) und (I. 19)]

$$\oint_{\mathfrak{C}} da_j = \oint_{\mathfrak{C}} dx_i \, \beta_{ij} = \iint_F dF_k \, \alpha_{kj} \, , \qquad (\text{I. 54})$$

zum anderen ist aber auch

$$\oint_{\mathfrak{C}} dx_i \, \beta_{ij} = \oint_{\mathfrak{C}} dx_i \, \vartheta_{ij} = - \oint_{\mathfrak{C}} x_i \, d\vartheta_{ij} \, , \qquad (\text{I. 55})$$

da $\oint d(x_i \, \vartheta_{ij}) = 0$[1]. Setzen wir $d\vartheta_{ij} = \epsilon_{ijk} \, d\vartheta_k$, so erhalten wir für die rechte Seite von Gl. (I. 55)

$$\left(- \epsilon_{ijk} \oint_{\mathfrak{C}} x_i \, d\vartheta_k \right) = \oint_{\mathfrak{C}} \boldsymbol{x} \times d\boldsymbol{\vartheta} \, , \qquad (\text{I. 56})$$

---

[1] Zum Beweis setze man ϑ_{ij} als lineare Funktion von x_l an.

wo $d\vartheta_k$ der Drehwinkel zwischen zwei benachbarten Volumenelementen ist. Wir definieren nun nach Nye [113] den (makroskopischen) Krümmungstensor $\boldsymbol{K} \equiv (K_{ij})$ durch die Gleichung

$$d\vartheta_k = K_{kl}\, dx_l. \tag{I. 57}$$

Die Diagonalkomponenten von K_{kl} sind Verwindungen (Schraubungen) der x_l-Flächen, während die übrigen Komponenten Biegungen der x_l-Flächen um die k-Richtung bedeuten, wie man sich leicht z. B. an Abb. 16 klarmacht. Gl. (I. 57) in (I. 56) eingesetzt erhält man (Stokesscher Satz)

$$- \epsilon_{ijk} \oint_{\mathfrak{C}} x_i\, K_{kl}\, dx_l = - \epsilon_{ijk}\, \epsilon_{lmn} \iint_F dF_m\, \nabla_n (x_i\, K_{kl})$$

$$= - \epsilon_{ijk}\, \epsilon_{lmi} \iint_F dF_m\, K_{kl}, \tag{I. 58}$$

letzteres, weil bei konstanter Versetzungsdichte auch K_{kl} konstant ist und $\nabla_n x_i = \delta_{ni}$. Nach Vergleich mit Gl. (I. 54) und mit der Zerlegungsformal (A. 2) folgt die von Nye [113] zuerst auf anderem Wege abgeleitete Beziehung zwischen Versetzungsdichte und Strukturkrümmung zu

$$\alpha_{ij} = \delta_{ij} K_{kk} - K_{ij} \tag{I. 59}$$

mit der Umkehrung

$$K_{ij} = \frac{1}{2}\, \delta_{ij}\alpha_{kk} - \alpha_{ij}. \tag{I. 60}$$

Diese Gleichung gilt also für kleine Versetzungsdichten bzw. Krümmungen, d. h. die Orientierungsänderung $d\vartheta_k$ auf einer Strecke dx_l muß klein gegen 1 sein.

Für die weiteren Betrachtungen nehmen wir eine variable Versetzungsdichte an und nennen den relativen Drehwinkel zwischen zwei Volumenelementen aus gleich sichtbar werdenden Gründen jetzt $d\mathfrak{d}_k$.

Macht man nun analog dem Burgers-Umlauf einen geschlossenen Umlauf $\mathfrak{C}$, längs dessen man die Drehungen $\delta\mathfrak{d}_i$ bzw. $d\mathfrak{d}_i$ addiert, so erhält man

$$D_i = \oint_{\mathfrak{C}} d\mathfrak{d}_i = \oint_{\mathfrak{C}} dx_j\, K_{i.} \tag{I. 61}$$

und mit dem Stokesschen Satz

$$\boldsymbol{D} = - \iint_F (\boldsymbol{K} \times \nabla) \cdot d\boldsymbol{F}. \tag{I. 62}$$

Andererseits folgt aus den Gl. (I. 60), (I. 18) und (I. 51), was hier nicht im einzelnen vorgerechnet werden soll,

$$\boldsymbol{K} \times \nabla \equiv (\epsilon_{ijk}\, \nabla_k K_{lj}) = - \boldsymbol{\eta}. \tag{I. 63}$$

Demnach gilt für infinitesimale Flächen

$$\Delta D_i = \eta_{ij}\, \Delta F_j, \tag{I. 64}$$

welche Gleichung wir auch analog zu Gl. (I. 14) als Definitionsgleichung für η ansehen können.

$d\vartheta_i$ in Gl. (I. 57) ist nach Gl. (I. 63) nur dann ein totales Differential, wenn $\eta = 0$, während für dg_i dieselbe Bedingung $\alpha = 0$ hieß. Im Fall $\eta = 0$ existiert also ein stetiges Vektorfeld $\mathfrak{d}_i$, welches den unmittelbar den Versetzungen zuzuschreibenden Anteil der Strukturdrehungen („Korngrenzenanteil")[1] beschreibt und (für $\eta = 0$) mit ϑ_i von Gl. (I. 31) identisch ist. Letzteres erkennt man aus unserer vorhergehenden Behandlung des Problems: $d\vartheta_i$ waren Drehungen, welche die von der Versetzungswanderung bewirkte Störung des Zusammenhangs wieder herstellen sollten. Dasselbe traf für $d\mathfrak{d}_i$ zu. Die zugehörigen Strukturkrümmungen sind wegen der Abwesenheit äußerer Kräfte und Inkompatibilitäten spannungsfrei (§ 14).

Der Tensor K enthält offenbar die den elastischen Drehungen $(\nabla_i s_j - \nabla_j s_i)/2$ zuzuschreibenden Krümmungen nicht. Die effektiv beobachteten Strukturkrümmungen kann man mit einem weiteren Krümmungstensor beschreiben, der statt durch Gl. (I. 57) durch

$$d\omega_i = \varkappa_{ij}\, dx_j \qquad\qquad (I.\ 65)$$

definiert ist. Nun ist bei stetig variierender Versetzungsdichte $\varkappa$ auch $\boldsymbol{\beta}$ und damit $\boldsymbol{\omega}$ stetige Ortsfunktion (weil $\boldsymbol{\beta}$, jedenfalls im einfach zusammenhängenden Körper, eindeutig sein muß), also ist $d\omega_i$ vollständiges Differential. Dies gilt jedoch nur bei kleinen Drehungen, vgl. hierzu Bilby und Smith [5]. Bei Abwesenheit elastischer Deformationen wird K_{ij} mit $\varkappa_{ij}$ identisch (dann ist ja $\nabla_i s_j - \nabla_j s_i = 0$).

Gl. (I. 64) besagt: Was bei den Versetzungen der Burgers-Vektor $\boldsymbol{b}$ war, ist bei den Inkompatibilitäten der Drehvektor $\boldsymbol{D}$. Man betrachte noch einmal Abb. 15. Was dort ursprünglich Wanderebenen der Versetzungen waren, mögen jetzt Versetzungswände konstanter Flächendichte nach Art derjenigen von Abb. 16 sein. Beim Umlauf des Randes $\mathfrak{C}$ der Fläche F durchstößt man die Versetzungswände, dabei addiere man immer die Relativdrehung zweier Volumenelemente. Dann tragen die gestrichelten Versetzungswände offenbar nichts bei, da sie zweimal, und zwar in entgegengesetzter Richtung, durchstoßen werden. Würde man die isoliert gedachte Fläche längs der Versetzungswände aufschneiden, so würden die beiden Schnittufer jeweils um den Drehwinkel $d\mathfrak{d}_i$ auseinander klaffen. Auf diese Weise kommt man direkt zu einer Meßvorschrift für die Inkompatibilität eines Spannungszustandes: Man schneide am Orte $\boldsymbol{x}$ einen möglichst dünnen, geschlossenen Ring aus, welcher die Begrenzung eines (makroskopischen) Flächenelements ΔF_j bilde. Dann schneide man diesen Ring auf und messe die daraufhin

---

[1] Wegen dieser Bezeichnung siehe auch § 23.

erfolgende starre Relativdrehung der Schnittflächen bei der Entspannung. Der Drehvektor ist ΔD_i, wonach mit Gl. (I. 64) η_{ij} folgt.

Der herausgeschnittene Ring sollte deshalb dünn sein, weil nur dann überhaupt die zugehörige Fläche ΔF, genügend genau definiert ist. Bei dickerem Ring kommt zusätzlich eine Deformation der Schnittufer hinzu, was die Messung beeinträchtigt. In praktischen Fällen wird man einen Körper kaum in dieser Weise vermessen. Dagegen kann man sich einen Überblick über die „Durchschnitts-Inkompatibilitäten" und damit über seinen Eigenspannungszustand verschaffen (s. II. Abschnitt), wenn man die obigen Messungen an einigen wenigen makroskopischen Flächen F durchführt[1].

Mit diesen Überlegungen sind wir den Volterraschen Distorsionen zweiter Art (§ 1) sehr nahe gekommen. Abb. 17a zeigt einen Zylinder, in den nur eine Versetzungswand wie in Abb. 15 hereinragt. Um die Randlinie dieser Wand sei ein Hohltorus ausgespart. Dann befindet sich der Hohlzylinder in einem Volterraschen Distorsions-

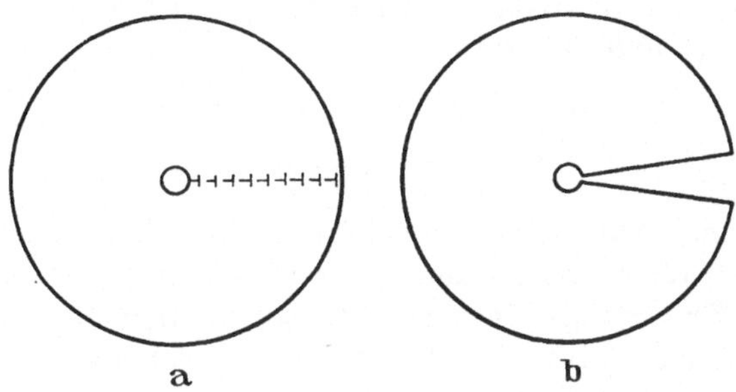

a   b

Abb. 17. Zur Erzeugung einer Volterraschen Distorsion 2. Art

zustand zweiter Art, beim Aufschneiden längs der Versetzungswand oder auch längs einer beliebigen anderen Fläche erleiden die beiden Schnittufer den bekannten Drehsprung. D. h. der Zustand der Abb. 17a kann aus dem spannungsfreien der Abb. 17b durch Zusammenbiegen und Verschweißen erzeugt werden. Im Gegensatz zu früheren Ansichten kann die singuläre Fläche des Drehsprungs jederzeit hinterher wieder experimentell aufgefunden werden. Falls der Körper (b) ein Einkristall war, ist dies evident, den Orientierungssprung in a kann man natürlich röntgenographisch (oft auch noch einfacher) sofort feststellen. Doch gelingt dies mit etwas mehr Mühe auch beim Vielkristall[2].

---

[1] Das Problem der Messung der Eigenspannungen im Innern eines Körpers ist noch nicht befriedigend gelöst. Erwähnenswert ist die in manchen Fällen anwendbare magnetische Methode, s. hierzu Reimer [175].

[2] Vgl. hierzu auch die Diskussion von Nabarro [110], S. 349.

Eine vollständige Beschreibung des Volterraschen Distorsionszustands 2. Art verlangt daher die Angabe einer singulären Fläche, die man experimentell irgendwie nachweisen kann. Die manchmal gebrauchte Bezeichnung „elementare Distorsion" kommt nach unserer Auffassung daher nur dem Zustand 1. Art zu, was damit im Einklang ist, daß man jeden Zustand 2. Art durch bestimmte Ansammlungen von Versetzungen erzeugen kann[1,2].

§ 8. Die Grenzflächenbedingungen für die Distorsionen

Irgendwelche Grenzflächen der Versuchskörper sind bisher nicht beachtet worden, das soll nun nachgeholt werden. Man erhält die zuständigen Grenzflächenbedingungen natürlich sofort, wenn man in den Gln. (I. 11) und (I. 17) an Stelle der Operation Rot die Flächenrotation bildet und statt der räumlichen Versetzungsdichte α die Versetzungs-Flächendichte $\overline{\alpha}$ nimmt. Bezeichnet man die beiden Seiten der Grenzfläche mit I und II, und ist $n \equiv (n_i)$ der (dimensionslose) Normaleneinheitsvektor der Grenzfläche in Richtung von I nach II, so wird aus den Gln. (I. 11) und (I. 17)[3]

$$n \times \beta^P|_{\mathrm{II}} - n \times \beta^P|_{\mathrm{I}} = -\overline{\alpha} \qquad (\mathrm{I.\ 66})$$

$$n \times \beta|_{\mathrm{II}} - n \times \beta|_{\mathrm{I}} = \overline{\alpha}, \qquad (\mathrm{I.\ 67})$$

wo man, so man will, wie früher die erste Gleichung auch als Definitionsgleichung für $\overline{\alpha}$ werten kann. Für viele Zwecke ist es jedoch vorteilhaft, die Versetzungs-Flächendichte $\overline{\alpha}_{ij}$ im Sinn der Distributionsrechnung von Schwartz [131] durch die Gleichung

$$\alpha_{ij} = \overline{\alpha}_{ij}\, \delta(n) \qquad (\mathrm{I.\ 68})$$

zu definieren, wo der Parameter n eine Flächenschar derart charakterisiert, daß $n = 0$ die Grenzfläche wird. $\delta(n)$ ist überall 0 außer für $n = 0$, wo es derart unendlich wird, daß $\int_{-\infty}^{\infty} \delta(n)\, dn = 1$. $\overline{\alpha}_{ij}$ hängt

---

[1] Bekanntlich gebrauchte Volterra das Wort „Distorsion" in einem etwas anderen Sinne als wir. Die obige Feststellung würde in unserer Sprache lauten: Der elementare Zustand ist der von einer Versetzung hervorgerufene.

[2] Die die Inkompatibilitäten betreffenden Ergebnisse dieses Paragraphen wurden unabhängig vom Verfasser zuerst wohl von Moriguti [103], ferner von Eshelby [41] gefunden.

[3] Die Gl. (I. 67) wurde wohl zuerst von Bilby, Bullough und Smith [3] angegeben. Diese Autoren fassen vielfach flächenhafte Versetzungsanordnungen als Gesamtheiten auf und sprechen dann von „Flächenversetzungen" (surface dislocations), im Gegensatz zu den gewöhnlichen Linienversetzungen. In weiteren, auf S. 113 zitierten Arbeiten haben diese Autoren verschiedene Anwendungen der Theorie der Flächenversetzungen gegeben.

von n nicht mehr ab. Aus Gl. (I. 68) folgt

$$\int_{-\infty}^{\infty} \alpha_{ij}\, dn = \int_{-\infty}^{\infty} \overline{\alpha}_{ij}\, \delta(n)\, dn = \overline{\alpha}_{ij}. \qquad (I.\ 69)$$

Nunmehr betrachten wir einen unendlich ausgedehnten Körper im versetzungsfreien Ausgangszustand. Durch irgendwelche äußere Kräfte mögen sich in ihm Versetzungen bilden und wandern. Dabei sollen drei Gruppen unterschieden werden:

Die erste Gruppe von Versetzungen soll am Ende der (stetig verteilten) Wanderung nicht mehr da sein, sich also irgendwie annihiliert haben[1]. Die zweite Gruppe soll stetig mit einer Dichte α im Körper stecken bleiben. Die dritte Gruppe soll ebenfalls stecken bleiben, jedoch als flächenhafte Dichte $\overline{\alpha}$, durch die nunmehr zwei Gebiete I und II des Körpers abgegrenzt werden.

Am Ende soll der Zusammenhang des Körpers auch längs der Grenzfläche gewahrt sein. Dies verlangt die Grenzbedingung

$$s^{G}\big|_{II} - s^{G}\big|_{I} = 0. \qquad (I.\ 70)$$

Die s^{G} sind die Gesamtverschiebungen wie in § 2. Man kann diese Gleichung in der Grenzfläche differenzieren und verliert dabei nur eine uninteressante Konstante. Die Gleichungen

$$n \times \nabla s^{G}\big|_{II} - n \times \nabla s^{G}\big|_{I} = 0 \qquad (I.\ 71)$$

sind also praktisch noch mit den Gln. (I. 70) gleichwertig. Statt (I. 71) schreiben wir nach Gl. (I. 9)

$$n \times \beta^{G}\big|_{II} - n \times \beta^{G}\big|_{I} = 0. \qquad (I.\ 72)$$

Z. B. ergibt sich für eine Stelle, wo n in x_{1}-Richtung zeigt, daß β_{21}^{G}, β_{22}^{G}, β_{23}^{G} und β_{31}^{G}, β_{32}^{G}, β_{33}^{G} auf beiden Seiten der Grenzfläche gleich sein müssen[2]. Gl. (I. 72) ist die Summe der Gln. (I. 66) und (I. 67). Formal folgt sie natürlich auch aus Gl. (I. 8).

Wir betrachten noch einmal die drei Versetzungsgruppen und nehmen an, daß sie nacheinander gewandert seien. Die erste Gruppe hat natürlich eine im ganzen Körper stetige plastische Distorsion Grad s_{1}^{P} erzeugt, die zweite Gruppe eine ebenfalls im ganzen Körper stetige Distorsion Grad $s_{2}^{P} + \mathrm{Rot}\, \zeta_{2}^{P}$ (daß hier ein Anteil Grad s_{2}^{P} dabei ist, folgt aus der Tatsache, daß auch die von der Gruppe 2 hervorgerufenen Distorsionen vom Wanderungswege der Versetzungen abhängen).

Die der Gruppe 3 zuzuschreibenden Distorsionen sind in der Grenzfläche unstetig, in den Teilkörpern I und II aber stetig. Welche Form

---

[1] Diese Annihilierung kann im unendlichen Körper nur durch Vereinigung von Versetzungen entgegengesetzten Vorzeichens zustande kommen.

[2] Dieselbe Betrachtung hatte uns früher zu Gl. (I. 8) geführt.

haben sie? Diese Versetzungen sind weder im Körper annihiliert, noch stecken geblieben. Man wird dabei an die bekannte Tatsache erinnert, daß die Zerlegung des Tensorfeldes

$$\boldsymbol{\beta}_3^P = \text{Grad } \boldsymbol{s}_3^P + \text{Rot } \boldsymbol{\zeta}_3^P \qquad (\text{I. 73})$$

in einem Medium mit einer oder mehreren Grenzflächen nicht eindeutig ist, sondern es gibt eine Distorsion, die sich sowohl als Vektorgradient wie auch als Rotortensor darstellen läßt. Schreibt man sie Grad $\boldsymbol{s}_3^P$, so folgt, da sie zugleich ein Rotortensor sein soll,

$$\text{Div Grad } \boldsymbol{s}_3^P \equiv \Delta \, \boldsymbol{s}_3^P = 0. \qquad (\text{I. 74})$$

Umgekehrt läßt sich natürlich auch jeder Gradient eines harmonischen Vektorfeldes als Rotortensor darstellen.

Nach diesen Betrachtungen kann man vermuten[1], daß sich die Grenzbedingungen in der Form

$$\boldsymbol{n} \times \nabla \boldsymbol{s}_3^P|_{\text{II}} - \boldsymbol{n} \times \nabla \boldsymbol{s}_3^P|_{\text{I}} = - \overline{\boldsymbol{\alpha}} \qquad (\text{I. 75})$$

schreiben lassen, oder wenn man sinngemäß

$$\boldsymbol{g} \equiv \boldsymbol{s}_3^P|_{\text{II}} - \boldsymbol{s}_3^P|_{\text{I}} \qquad (\text{I. 76})$$

als plastischen Verschiebungssprung in der Grenzfläche bezeichnet, auch in der Form

$$\boldsymbol{n} \times \nabla \boldsymbol{g} = - \overline{\boldsymbol{\alpha}}. \qquad (\text{I. 77})$$

Diese Gleichung gibt an, daß und in welcher Anordnung Versetzungen in einer Fläche liegen müssen, die einen nichtkonstanten Verschiebungssprung $\boldsymbol{g}$ aufweist. Sie ist für die Anwendungen von großer Bedeutung. Sie gilt wie Gl. (I. 17) auch für große Distorsionen, falls man alle Größen auf den Ausgangszustand bezieht (§ 10).

Die Grenzbedingungen (I. 66) und (I. 67) werden besonders einfach, wenn einer der beiden Teilkörper unendlich weich (Luft) oder unendlich hart (starr) wird. Im ersten Fall sind die Grenzbedingungen identisch erfüllt, wie man am besten an ihrer Form (I. 70) erkennt. Im zweiten Fall entfällt einer der beiden Summanden in Gl. (I. 66) oder (I. 67), da in einem starren Medium die Distorsion Null ist (im starren Medium kann natürlich auch keine Versetzung wandern). Physikalisch gibt es zwar kein starres Medium, aber es kommt doch oft vor, daß z. B. ein weiches Metall einen Einschluß eines harten Metalls enthält, dessen Verformung man vernachlässigen kann. In diesem Fall wird das zu lösende Randwertproblem erheblich vereinfacht. Man beachte, daß die Verhältnisse bei den bekannten Randbedingungen für die Spannungen gerade umgekehrt liegen (sie sind an einer Grenzfläche mit einem starren Körper identisch erfüllt).

---

[1] Ein strenger Beweis läßt sich etwa im Anschluß an § 4 gewinnen.

§ 9. Die Grenzflächenbedingungen für die Deformationen, flächenhafte Inkompatibilitätsverteilungen

In § 8 war angenommen worden, daß die räumliche Dichte der stecken gebliebenen Versetzungen α eine stetige Funktion im ganzen Körper sei. Diese Beschränkung lassen wir nunmehr fallen, indem wir zusätzlich einen Sprung von α in der Grenzfläche zulassen. Man sieht leicht ein, daß auch dieser zu einem Sprung in der plastischen Verschiebung führt. Z. B. können in I Stufenversetzungen unter Vergrößerung des Volumens von I klettern, während in II eine Versetzungswanderung ohne Volumenänderung stattfindet. Der zugehörige Verschiebungssprung wäre sinngemäß mit

$$g_2 \equiv s_2^P|_{II} - s_2^P|_I \qquad (\text{I. }78)$$

zu bezeichnen.

In § 7 war die Wichtigkeit der Inkompatibilitäten für den Eigenspannungszustand betont worden. Man darf erwarten, daß hierfür auch flächenhafte Verteilungen von Inkompatibilitäten eine Rolle spielen. Zu ihnen tragen die Flächenversetzungen, aber auch der Sprung in α bei.

Um dies zu studieren, betrachten wir den Fall, in dem in I und II plastische Distorsionen β_I^P und β_{II}^P stetig verteilt sind, wobei der Übergang zwischen I und II beliebig unstetig sein kann. Wir denken die Funktionen β_I^P stetig und zweimal differenzierbar nach II hinein fortgesetzt, ebenso β_{II}^P nach I. Die Distorsionen schreiben wir zusammenfassend für den ganzen Bereich I und II

$$\beta^P = \beta_I^P + (\beta_{II}^P - \beta_I^P)\,\delta^0, \qquad (\text{I. }79)$$

wo $\delta^0(n)$ die Heavisidesche Sprungfunktion sein soll, d. h. $\delta^0(n) = 0$ in I und 1 in II. Wir benützen die folgenden Rechenregeln [131]: $\frac{\partial}{\partial n}\,\delta^0(n) = \delta^1(n)$, $\frac{\partial}{\partial n}\,\delta^1(n) = \delta^2(n)$, wo δ^1 die Diracsche Deltafunktion und δ^2 diejenige Distribution ist, welche eine Doppelbelegung beschreibt. Da alle δ nur von n abhängen, ist weiter $\nabla\delta^0 = n\,\delta^1$ und $\nabla\delta^1 = n\,\delta^2$. Schließlich hat man, wenn f eine beliebige stetige Funktion von n und gegebenenfalls von zwei weiteren Koordinaten ist, $\frac{\partial}{\partial n}(f\,\delta^1) = f\,\delta^2$. Hiernach bilden wir die asymmetrische Inkompatibilität

$$\boldsymbol{H} \equiv -\,\nabla \times \beta^P \times \nabla. \qquad (\text{I. }80)$$

Zunächst ist[1]

$$-\,\alpha = \nabla \times \beta^P = \nabla \times \beta_I^P + \nabla \times (\overset{\downarrow}{\beta_{II}^P} - \overset{\downarrow}{\beta_I^P})\,\delta^0 + n \times (\beta_{II}^P - \beta_I^P)\,\delta^1. \qquad (\text{I. }81)$$

---

[1] In Zweifelsfällen wird durch Pfeile angegeben, was differenziert wird.

Die beiden ersten Summanden stellen die räumliche Dichte, der letzte nach § 8 die Flächendichte der Versetzungen dar. Zur weiteren Differentiation des letzten Summanden benützen wir die Zerlegung in Anteile, die senkrecht und parallel zu den Flächen n differenzieren:

$$\nabla = \boldsymbol{n}\,\frac{\partial}{\partial u} + \overset{'}{\nabla}, \quad \overset{n}{\nabla} \equiv - \boldsymbol{n} \times (\boldsymbol{n} \times \nabla).\qquad (\text{I. }82)$$

Man erhält dann

$$\left.\begin{aligned}
\boldsymbol{H} &\equiv \boldsymbol{\alpha} \times \nabla = - \nabla \times \boldsymbol{\beta}_{\mathrm{I}}^{P} \times \nabla - \nabla \times (\boldsymbol{\beta}_{\mathrm{II}}^{P} - \boldsymbol{\beta}_{\mathrm{I}}^{P}) \times \nabla\,\delta^{0}\\
&\quad - \Big[\nabla \times (\overset{\downarrow}{\boldsymbol{\beta}}{}_{\mathrm{II}}^{P} - \overset{\downarrow}{\boldsymbol{\beta}}{}_{\mathrm{I}}^{P} \times \boldsymbol{n} + \overset{\downarrow}{\boldsymbol{n}} \times (\overset{\downarrow}{\boldsymbol{\beta}}{}_{\mathrm{II}}^{P} - \overset{\downarrow}{\boldsymbol{\beta}}{}_{\mathrm{I}}^{P}) \times \overset{n}{\nabla}\Big]\,\delta^{1}\\
&\quad\qquad\qquad - \boldsymbol{n} \times (\boldsymbol{\beta}_{\mathrm{II}}^{P} - \boldsymbol{\beta}_{\mathrm{I}}^{P}) \times \boldsymbol{n}\,\delta^{2}.
\end{aligned}\right\}\qquad (\text{I. }83)$$

Die ersten beiden Summanden stellen die räumliche, die nächsten beiden eine einfache flächenhafte Inkompatibilitätsdichte dar, und zwar ist der erste Anteil von letzteren dem Sprung der Versetzungsdichte $\boldsymbol{\alpha}$ zuzuschreiben, der zweite folgt aus der Flächendichte $\overline{\boldsymbol{\alpha}}$. Der letzte Summand schließlich entspricht einer flächenhaften Doppelbelegung von Inkompatibilitäten.

Hätten wir statt (I. 81) zuerst die Operation von rechts her durchgeführt, so hätte sich als Faktor von δ^{1} in Gl. (I. 83)

$$- \boldsymbol{n} \times (\overset{\downarrow}{\boldsymbol{\beta}}{}_{\mathrm{II}}^{P} - \overset{\downarrow}{\boldsymbol{\beta}}{}_{\mathrm{I}}^{P}) \times \nabla - \overset{n}{\nabla} \times (\overset{\downarrow}{\boldsymbol{\beta}}{}_{\mathrm{II}}^{P} - \overset{\downarrow}{\boldsymbol{\beta}}{}_{\mathrm{I}}^{P}) \times \overset{\downarrow}{\boldsymbol{n}}\qquad (\text{I. }84)$$

ergeben, sonst wäre Gl. (I. 83) gleichgeblieben. Man kann zeigen, daß dieser Ausdruck mit dem genannten von (I. 83) identisch ist, wie es auch sein muß. (Es ist nämlich $\overset{\downarrow}{\boldsymbol{n}} \times \beta \times \overset{n}{\nabla} = \overset{n}{\nabla} \times \beta \times \overset{\downarrow}{\boldsymbol{n}}$, wie man leicht zeigt, indem man etwa $\overset{n}{\nabla} = \boldsymbol{v}\,\partial/\partial v + \boldsymbol{w}\,\partial/\partial w$ schreibt, wo $\boldsymbol{v}$, $\boldsymbol{w}$ die Hauptkrümmungsrichtungen sind. Dann ist $\partial\boldsymbol{n}/\partial v \sim \boldsymbol{v}$, $\partial\boldsymbol{n}/\partial w \sim \boldsymbol{w}$.)

Für den in der Grenzfläche liegenden Anteil von $\boldsymbol{H}$ erhalten wir nunmehr den Ausdruck

$$\overline{\boldsymbol{H}}\,\delta^{1} + \overline{\overline{\boldsymbol{H}}}\,\delta^{2}\qquad (\text{I. }85)$$

mit

$$\overline{\boldsymbol{H}} \equiv - \overline{\mathrm{Ink}}\,(\boldsymbol{\beta}_{\mathrm{II}}^{P} - \boldsymbol{\beta}_{\mathrm{I}}^{P}), \quad \overline{\overline{\boldsymbol{H}}} \equiv - \overline{\overline{\mathrm{Ink}}}\,(\boldsymbol{\beta}_{\mathrm{II}}^{P} - \boldsymbol{\beta}_{\mathrm{I}}^{P}),\qquad (\text{I. }86)$$

wobei die Operationen $\overline{\mathrm{Ink}}$ und $\overline{\overline{\mathrm{Ink}}}$ durch

$$\overline{\mathrm{Ink}}\,\beta \equiv \nabla \times \overset{\downarrow}{\beta} \times \boldsymbol{n} + \overset{\downarrow}{\boldsymbol{n}} \times \overset{\downarrow}{\beta} \times \overset{n}{\nabla}\qquad (\text{I. }87)$$

$$\overline{\overline{\mathrm{Ink}}}\,\beta \equiv \boldsymbol{n} \times \beta \times \boldsymbol{n}\qquad (\text{I. }88)$$

definiert sind. Demnach ist sehr einleuchtend (vgl. Gl. (I. 51))

$$\overline{\boldsymbol{H}} = \boldsymbol{\alpha} \times \boldsymbol{n}\big|_{\mathrm{II}} - \boldsymbol{\alpha} \times \boldsymbol{n}\big|_{\mathrm{I}} + \overline{\boldsymbol{\alpha}} \times \overset{n}{\nabla}, \qquad \overline{\overline{\boldsymbol{H}}} = \overline{\boldsymbol{\alpha}} \times \boldsymbol{n}.\qquad (\text{I. }88\text{a})$$

Natürlich ist $\overline{\mathrm{Ink}}\,(\boldsymbol{\beta}_{\mathrm{II}}^{G} - \boldsymbol{\beta}_{\mathrm{I}}^{G}) = 0$ und $\overline{\overline{\mathrm{Ink}}}\,(\boldsymbol{\beta}_{\mathrm{II}}^{G} - \boldsymbol{\beta}_{\mathrm{I}}^{G}) = 0$, die Grenzflächenbedingungen für die elastischen Distorsionen schreiben sich also

$$\overline{\mathrm{Ink}}\,(\boldsymbol{\beta}_{\mathrm{II}} - \boldsymbol{\beta}_{\mathrm{I}}) = \overline{\boldsymbol{H}}, \qquad \overline{\overline{\mathrm{Ink}}}\,(\boldsymbol{\beta}_{\mathrm{II}} - \boldsymbol{\beta}_{\mathrm{I}}) = \overline{\overline{\boldsymbol{H}}}.\qquad (\text{I. }88\text{b})$$

Man kann leicht zeigen, daß

$$(\overline{\text{Ink } \beta})^S = \overline{\text{Ink } \beta^S}, \qquad (\overline{\overline{\text{Ink } \beta}})^S = \overline{\overline{\text{Ink } \beta^S}}. \qquad \text{(I. 88c)}$$

Mit $\beta^S \equiv \varepsilon$ und $H^S \equiv \eta$ gilt dann

$$\overline{\text{Ink } (\varepsilon_{\text{II}} - \varepsilon_{\text{I}})} = \overline{\eta}, \qquad \overline{\overline{\text{Ink } (\varepsilon_{\text{II}} - \varepsilon_{\text{I}})}} = \overline{\overline{\eta}}. \qquad \text{(I. 89)}$$

Dies sind die Grenzflächenbedingungen für die Deformationen. Von Gl. (I. 88a) folgen die praktisch wichtigen Beziehungen

$$\overline{\eta} = (\boldsymbol{\alpha} \times \boldsymbol{n}|_{\text{II}} - \boldsymbol{\alpha} \times \boldsymbol{n}|_{\text{I}})^S + \left(\overline{\boldsymbol{\alpha}} \times \overset{n}{V}\right)^S, \qquad \overline{\overline{\eta}} = (\overline{\overline{\boldsymbol{\alpha}}} \times \boldsymbol{n})^S. \qquad \text{(I. 90)}$$

Die Gln. (I. 90) und (I. 51) lassen mit Hilfe einfacher Rechnungen erkennen, ob ein Körper unter gegebenen Bedingungen (Versetzungsdichten oder eingeprägte Distorsionen gegeben) Eigenspannungen hat oder nicht. Man kann leicht zeigen, daß im Bereich der linearen Elastizitätstheorie bei gegebenen $\overline{\eta}$, $\overline{\overline{\eta}}$ und η die Eigenspannungen eindeutig bestimmt sind (§ 14). Insbesondere verschwinden die Eigenspannungen gleichzeitig mit verschwindendem $\overline{\eta}$, $\overline{\overline{\eta}}$ und η. Die zu gegebenen Inkompatibilitäten $\overline{\eta}$, $\overline{\overline{\eta}}$ und η gehörigen Eigenspannungen kann man möglicherweise in Zukunft relativ günstig ausrechnen (§ 13—15). Deshalb sei hier noch erwähnt, daß man ganz leicht das erste Randwertproblem der Elastizitätstheorie (Randverschiebungen gegeben) in die Form „$\overline{\eta}$, $\overline{\overline{\eta}}$ gegeben" bringen kann. Man stellt sich dann vor, daß die Randverschiebungen dadurch aufrecht erhalten werden, daß der Körper an einer starren Umgebung haftet, und kann so die Randverschiebung $\boldsymbol{s}$ als Verschiebungssprung $-\boldsymbol{g}$ wie in § 8 deuten. Aus $\boldsymbol{g}$ folgt dann eine gedachte Flächenversetzungsdichte zu $-\boldsymbol{n} \times V\boldsymbol{g}$, und aus Gl. (I. 90) das zugehörige $\overline{\eta}$ und $\overline{\overline{\eta}}$ in einfacher Weise. Zur Lösung der Aufgabe „$\overline{\eta}$, $\overline{\overline{\eta}}$ gegeben" vgl. § 15.

Als einzige Anwendung betrachten wir den Fall, daß längs einer ebenen Grenzfläche von zwei Substanzen die Temperatur, die in jeder einzelnen konstant sei, einen Sprung $\Delta T = T_2 - T_1$ macht. Dann hat man nur β^Q nach Gl. (I. 44) in die Gl. (I. 86) einzusetzen und erhält nach einfachster Rechnung (wegen der Symmetrie von β^Q) die Flächenkompatibilitäten $\overline{\overline{\eta}}$, während $\overline{\eta}$ wegen der Konstanz von β^Q verschwindet. Eine anschauliche Deutung der Inkompatibilitäts-Doppelbelegung $\overline{\overline{\eta}}$ folgt in § 23.

§ 10. Einiges über große Distorsionen

Wir hatten schon bei der Ableitung der geometrischen Grundgleichung betont, daß diese für beliebig große Distorsionen gilt, wenn man α_{ij}

und β_{ij} auf den Ausgangszustand bezieht. Man denke sich etwa irgendeine Hemmung, welche zunächst verhindert, daß der Körper sich bei der betr. Versetzungsbildung und -Wanderung distordiert. Die Distorsionen, welche das Volumenelement dann nach Beseitigung der Hemmung erfährt, kann man nun natürlich ganz auf den Ausgangszustand beziehen. Nur so interpretiert hat die geometrische Grundgleichung die einfache Form (I. 17). Man sieht sofort, daß die im Ausgangszustand genommenen, etwa nach der Gleichung

$$da_j = \beta_{ij}^v \, dx_i \qquad (I.\ 91)$$

definierten Distorsionen (aber nicht die Deformationen und Drehungen je für sich) additiv sind. Summiert man nämlich über eine Anzahl von sukzessiven Distorsionen β_{ij}, so erhält man

$$dA_j \equiv \sum_v da_j^v = \sum_v \left(\beta_{ij}^v \, dx_i^v\right) = \left(\sum_v \beta_{ij}^v\right) dx_i, \qquad (I.\ 92)$$

wo die letzte Gleichung nur gilt, wenn man unter dx_i immer wieder den (gleichbleibenden) Abstand der betr. Punkte im Ausgangszustand versteht. In diesem Fall setzt sich auch die Distorsion additiv aus Deformation und Drehung zusammen, d. h.

$$\beta_{ij} = \varepsilon_{ij} + \omega_{ij}, \qquad (I.\ 93)$$

wo ω_{ij} bekanntlich die Form [34][1] [86]

$$\omega_{ij} = (1 - \cos q) \, (k_i \, k_j - \delta_{ij}) + \sin q \, \epsilon_{ijk} \, k_k \qquad (I.\ 94)$$

hat, wenn k_i ein Einheitsvektor in Richtung der Drehachse und q der Betrag des Drehwinkels ist. Da ε_{ij} symmetrisch ist und ω_{ij} bereits durch seinen antisymmetrischen Teil vollständig bestimmt, läßt sich eine gegebene Distorsion sehr einfach nach Gl. (I. 93) zerlegen. Gl. (I. 93) ist also keine Aufteilung des Tensors β_{ij} in seinen symmetrischen und antisymmetrischen Teil. Es ist daher klar, daß alle Gleichungen, in denen ε_{ij} als symmetrischer Teil oder ω_{ij} als antisymmetrischer Teil von β_{ij} angenommen ist, nur für kleine Distorsionen gelten. Hiervon sind besonders die symmetrischen Inkompatibilitätsgleichungen mit $\overline{\eta}$, $\overline{\overline{\eta}}$ und η betroffen, während die asymmetrischen Inkompatibilitätsgleichungen wie z. B. (I. 51) auch für große Distorsionen gelten. Ihre Bedeutung ist allerdings noch nicht befriedigend klargestellt. Bezieht man alle Größen auf den Endzustand, so nimmt die geometrische Grundgleichung eine kompliziertere Form an, die im IV. Abschnitt abgeleitet wird. Nun gilt andererseits die statische Grundgleichung (= Gleichgewichtsbedingungen für die Kräfte) in ihrer bekannten einfachen

---

[1] Bd. I, S. 78.

Form nur im Endzustand, während sie für den Ausgangszustand kompliziert wird. Dies bedeutet, daß man im allgemeinen nicht gleichzeitig die einfache Form der geometrischen und der statischen Grundgleichung verwenden kann.

Es gibt einen wichtigen Ausnahmefall: Die Drehungen ω_{ij} (und zwar ihr Korngrenzenanteil ϑ_{ij}) sind groß, aber die Deformation ε_{ij} klein. Dieser Fall ist deshalb von so großer praktischer Bedeutung, weil die Drehungen ϑ_{ij}[1] spannungsfrei erfolgen, also keine Energie verbrauchen, und sich Versetzungen in Kristallen daher bevorzugt so anordnen, daß ε_{ij} möglichst klein wird, wobei ω_{ij} ruhig groß werden kann.

Nun ist im Fall reiner Drehungen ϑ_{ij} die Gesamtdistorsion $\vartheta_{ij}^{P} + \vartheta_{ij} = 0$ (vgl. § 5), d. h. alle Volumenelemente bleiben an ihren Plätzen, es wird nur die Gitterorientierung gedreht[2]. Sind gleichzeitig kleine Deformationen ε_{ij} vorhanden, so erfahren auch die Volumenelemente nur kleine Verrückungen, und man braucht den Ort im Anfangs- und Endzustand nicht zu unterscheiden, d. h. die Gleichgewichtsbedingungen behalten ihre einfache Form auch, wenn sie in den Koordinaten des Ausgangszustandes genommen werden. Im nächsten Paragraphen wird gezeigt, wie man die gesamte Versetzungsdichte in einen Anteil, der für die Drehungen ϑ_{ij} und in einen, der für die Deformationen ε_{ij} verantwortlich ist, aufteilen kann, indem man die Gitterdrehungen ausrechnet. Die Bestimmung der elastischen Deformationen bzw. der Eigenspannungen ist dann nur noch eine Aufgabe der linearen Elastizitätstheorie.

§ 11. Bestimmung der Distorsionen eines Körpers mit Versetzungen

Eine der wichtigsten Aufgaben der Versetzungstheorie ist es, zu einer gegebenen Verteilung von Versetzungen α, $\overline{\alpha}$ die zugehörigen elastischen Distorsionen, Eigenspannungen und Gitterdrehungen bzw. Krümmungen zu berechnen. α, $\overline{\alpha}$ sind nicht ganz beliebige Ortsfunktionen, sondern sie müssen der Bedingung genügen, daß Versetzungen im Innern eines Körpers oder auch in einer Grenzfläche nicht aufhören können. Jedoch können in einer Grenzfläche verlaufende Versetzungen $\overline{\alpha}$ aus dieser heraustreten und so zu einer räumlichen Dichte α beitragen. Die Gl. (I. 18)

$$\nabla_i \alpha_{ij} = 0 \qquad\qquad (\text{I. 95})$$

---

[1] Diese Aussage gilt im Kristall nur näherungsweise (§ 23), im Gegensatz zum Kontinuum.

[2] Dieser Fall entspricht der Abb. 16c, nicht aber der Abb. 16b, wo die Schichten δx_1 keine reinen (plastischen) Drehungen erfahren haben, sondern zugleich plastisch deformiert wurden, was Anlaß zu einer Gesamtverschiebung der Schichten gibt. Stellt man also hier den Zusammenhang durch elastische Drehungen wieder her, so erscheint der Körper gebogen, obwohl (im Fall kleiner plastischer Distorsionen) immer noch spannungsfrei.

war notwendig und hinreichend, damit die Versetzungen α nicht aufhörten. Hierzu tritt für jede Grenzfläche eine Gleichung[1]

$$\overset{n}{V_i}\,\overline{\alpha}_{ij} + n_i(\alpha_{ij}\,|_{\mathrm{II}} - \alpha_{i j}\,|_{\mathrm{I}}) = 0, \tag{I. 96}$$

welche besagt, daß dort, wo die Versetzungen $\overline{\alpha}$ Divergenzen haben, Versetzungen α auf die Grenzfläche stoßen, und in diese umbiegen. Setzt man in dieser Gleichung $\overline{\alpha} = n \times (\beta_{\mathrm{II}} - \beta_{\mathrm{I}})$ und $\alpha = V \times \beta$, so ist sie identisch erfüllt, was man als Beweis für Gl. (I. 96) ansehen kann. Die gegebene Versetzungsverteilung soll also immer die Bedingungen (I. 95) und (I. 96) erfüllen.

Das einfachste Problem, in dem α und $\overline{\alpha}$ eine Rolle spielen, ist das eines an einer starren Umgebung haftenden Körpers. Auf diesen wollen wir uns zunächst beschränken. (Bei freiem Rand wird $\overline{\alpha} = 0$.)

Die oben genannte Aufgabe läßt sich z. Z. für kleine Distorsionen am besten lösen, indem man zuerst die Spannungen (und damit die Deformationen) ausrechnet und dann die Drehungen. Dazu muß man aus α, $\overline{\alpha}$ die Inkompatibilitäten η, $\overline{\eta}$, $\overline{\overline{\eta}}$ berechnen, was nach § 9 sehr einfach ist. Nach Berechnung der zu η, $\overline{\eta}$, $\overline{\overline{\eta}}$ gehörenden Spannungen (§ 13, 15) erhält man mit dem Hookeschen Gesetz die elastischen Deformationen ε. Schreibt man nun die Grundgleichung (I. 17) in der Form

$$\mathrm{Rot}\ \omega = \alpha - \mathrm{Rot}\ \varepsilon, \tag{I. 97}$$

so ist jetzt die rechte Seite bekannt. Aus Gl. (I. 97) wird nun, nach leichter Rechnung[2]

$$\delta_{kl}\,V_m\,\omega_m - V_l\,\omega_k = (\alpha - \mathrm{Rot}\ \varepsilon)_{kl} \tag{I. 98}$$

und durch Verjüngung

$$2\,V_m\,\omega_m = (\alpha - \mathrm{Rot}\ \varepsilon)_{mm}. \tag{I. 99}$$

Dies in Gl. (I. 98) eingesetzt, erhält man

$$V_l\,\omega_k = \frac{1}{2}\,\delta_{kl}(\alpha - \mathrm{Rot}\ \varepsilon)_{mm} - (\alpha - \mathrm{Rot}\ \varepsilon)_{kl}, \tag{I. 100}$$

wo die rechte Seite immer noch eine bekannte Funktion ist. Hieraus folgen durch eine gewöhnliche Integration die Strukturdrehungen, von einer Konstanten abgesehen.

Es ist besonders bemerkenswert, daß das zur Spannungsbestimmung zu lösende Randwertproblem von Anfang an in der Form „$\overline{\eta}$, $\overline{\overline{\eta}}$ gegeben" auftritt, vgl. § 9.

---

[1] Wegen $\overset{n}{V}$ vgl. Gl. (I. 82).

[2] Für Rot ω schreibe man $\epsilon_{kji}\,V_j\,\omega_{il} = \epsilon_{kji}\,\epsilon_{ilm}\,V_j\,\omega_m$. Mit der Zerlegungsformel (A 2) folgt (I. 98).

Es sei nun eine Methode beschrieben, die Strukturdrehungen bereits vor der Spannungsbestimmung auszurechnen, was z. Z. nur für unendlich ausgedehnte Medien ausgearbeitet ist [81], sich aber wohl ohne allzu große Schwierigkeiten auf endliche Medien erweitern lassen wird. Ausgangspunkt ist die Grundgleichung in der Form (I. 43)

$$\text{Rot}\,(\text{Ink}\,\iota + \vartheta) = \alpha\,. \qquad\qquad (\text{I. 101})$$

Man zeigt leicht, daß $(\text{Rot Ink }\iota)_{ii}$ identisch verschwindet, weil Ink ι ein symmetrischer Tensor ist. Danach folgt ähnlich wie oben

$$(\text{Rot Ink }\iota)_{kl} - \nabla_l \vartheta_k = \alpha_{kl} - \frac{1}{2}\,\alpha_{mm}\,\delta_{kl}\,. \qquad\qquad (\text{I. 102})$$

Die linke Seite ist (bei kleiner Distorsion) nach Gl. (I. 60) gleich minus dem Krümmungstensor K_{kl}. Durch Rotationsbildung von rechts ergab sich früher η, s. Gl. (I. 63). Jetzt bilden wir von rechts die Divergenz, wobei das erste Glied entfällt (da Ink $\iota \equiv \nabla \times \iota \times \nabla$):

$$\Delta\vartheta_k = \nabla_l \left(\frac{1}{2}\,\delta_{kl}\,\alpha_{mm} - \alpha_{kl} \right)\,. \qquad\qquad (\text{I. 103})$$

Hier ist die rechte Seite bekannt. Durch Integration folgt ϑ_k, unbestimmt bis auf einen harmonischen Vektor. Die Unbestimmtheit entspricht der Tatsache, daß die Zerlegung von β in Grad $s + \text{Rot}\,\zeta$ im endlichen Medium nicht eindeutig ist, daß man vielmehr nach Belieben einen der Flächendichte $\overline{\alpha}$ zuzuschreibenden Anteil der Distorsion in der Form Grad s oder Rot ζ schreiben kann. Im unendlichen Medium ist dagegen ϑ_k durch Gl. (I. 103) eindeutig bestimmt (es sei angenommen, daß α im Unendlichen verschwinde).

Wie schon im Anschluß an Gl. (I. 94) bemerkt, ist ein Drehtensor durch seinen antisymmetrischen Teil bereits bestimmt. Die Integration der Gl. (I. 103) liefert also nach kleiner Zusatzrechnung den Drehtensor mit ϑ als antisymmetrischem Teil, wir nennen ihn $\tilde{\vartheta}$. Dieser gibt den Korngrenzenanteil der Strukturdrehungen   Nun ist

$$\varepsilon^{ink} = \text{Ink}\,\iota + \vartheta - \tilde{\vartheta}\,, \qquad\qquad (\text{I. 104})$$

wo ε^{ink} offenbar der inkompatible Anteil der Deformation ist. Die Grundgleichung erhält damit die Form

$$\text{Rot}\,\varepsilon^{ink} = \alpha - \text{Rot}\,\tilde{\vartheta}\,, \qquad\qquad (\text{I. 105})$$

wo die rechte Seite bekannt ist. Man kann dann durch weitere Rotorbildung von rechts den zu der elastischen Deformation ε gehörenden Inkompatibilitätstensor η berechnen, der im Fall kleiner ε in relativ einfacher Weise die Spannungsbestimmung gestattet. Diese Methode erlaubt, wenigstens im Fall unendlicher Medien, bei großen Drehungen und kleinen Deformationen diese aus der Versetzungsdichte zu berechnen[1]. Bei diesen Rechnungen braucht man zwischen Anfangs- und Endzustand nicht mehr zu unterscheiden.

Der Fall großer Drehungen und kleiner Deformationen läßt sich nach der ersten Methode bisher nicht behandeln. Zu den nach den Formeln von § 9 aus α, $\bar{\alpha}$ berechneten Größen η, $\bar{\eta}$, $\bar{\bar{\eta}}$ trägt nämlich der symmetrische Teil des Drehtensors bei, und dessen Anteil kann man bei großen Drehungen nicht gegenüber demjenigen der Deformationen vernachlässigen. In Gl. (I. 105) wird hingegen der primär ausgerechnete Teil des Drehtensors exakt berücksichtigt.

Der eben behandelte Sonderfall ist sicher mindestens ebenso wichtig wie der bisher noch gar nicht behandelte Fall von Spannungen in Verbindung mit großen Distorsionen. Zwar hat man in der Metallverarbeitung häufig plastische Verformungen zwischen 10 und 100%, diese müssen aber größtenteils die Form Grad s^P haben, da Verformungen Rot ζ^P gleichzeitig elastische Distorsionen Rot ζ bedeuten, deren symmetrischer Teil zu Spannungen Anlaß gibt. Mit den relativ schwachen Kräften, mit denen man plastisch verformt, können aber niemals elastische Verformungen von 10 und 100% erzeugt werden. D. h. man kann meistens wohl den Deformationsanteil von Rot ζ als klein ansehen und damit auch denjenigen (ε) von β.

II. Abschnitt

Versetzungen im Kontinuum: Statik

Vorbemerkung

Statik ist die Lehre von den auf die Materie wirkenden Kräften, und die Aufgaben, die hier behandelt werden, enthalten insbesondere die Berechnung der inneren Kräfte (Spannungen) eines Körpers, die durch irgendwelche äußeren Einflüsse geweckt werden. Für uns sind diese Einflüsse vor allem Versetzungen, auch Quasi-Versetzungen nach § 6. In der bisherigen Literatur findet man fast nur Rechnungen, welche singuläre Versetzungslinien betreffen, allenfalls auch noch Rechnungen über flächenhaft angeordnete Versetzungen. Man kann diese Probleme noch weitgehend mit den Methoden der klassischen Elastizitätstheorie behandeln. Dies liegt daran, daß außerhalb der Ver-

---

[1] Wir haben den Fall, daß der Anteil $(V_i\,s_j - V_j\,s_i)/2$ von ω_{ij} groß ist, nicht behandelt. Dieser Fall ist aus der gewöhnlichen Elastizitätstheorie bekannt. Man vgl. z. B. Truesdell [153], der die Methoden referiert, auf die man dann zurückgreifen muß. Dem ist hier nichts hinzuzufügen.

setzungen das elastische Deformationsfeld noch die einfache Form $\varepsilon_{ij} = (\nabla_i s_j + \nabla_j s_i)/2$ wie in der klassischen Elastizitätstheorie hat. Im Falle von Versetzungen, die über den ganzen Körper räumlich verteilt sind, läßt sich dagegen die elastische Deformation nicht mehr aus einem Verschiebungsfeld ableiten, und es ist grundsätzlich eine neue Methode notwendig, um z. B. die zu einer Versetzungsverteilung α_{ij} gehörenden Eigenspannungen σ_{ij} zu berechnen. Nun müssen natürlich auch in einem Körper mit Versetzungen die Gleichgewichtsbedingungen der Elastostatik erfüllt sein, die sich bei Abwesenheit von äußeren Kräften in der Form

$$\text{Div } \sigma = 0 \qquad\qquad (\text{II. 1})$$

schreiben lassen. Diese Gleichungen besagen, daß der Eigenspannungstensor σ ein spezieller Tensor ist, nämlich ein Inkompatibilitätstensor

$$\sigma = \text{Ink } \chi, \qquad\qquad (\text{II. 2})$$

wie sofort aus Gl. (I. 42) folgt[1]. Der symmetrische Tensor $\chi \equiv (\chi_{ij})$ heißt „Tensor der Spannungsfunktionen 2. Ordnung", da seine Komponenten die Maxwellschen und Moreraschen Spannungsfunktionen sind[2]. Im Gegensatz zu früheren Ansichten sind die Spannungsfunktionen auch für räumliche Probleme der Elastizitätstheorie geeignete Hilfsmittel. Im Fall dreidimensional verteilter Versetzungen, wo die Methode des Verschiebungsfeldes versagt, sind die Spannungsfunktionen sogar unentbehrlich. Doch sollte man sie nicht nur als bequeme Rechenhilfsmittel werten, denn ihre Stellung in der Kontinuumstheorie der Versetzungen ist von grundsätzlicher Bedeutung. Dies wird am besten durch die Bemerkung erhellt, daß der Tensor der Spannungsfunktionen das Analogon zu dem vielverwendeten Vektorpotential A der Elektrodynamik darstellt, mit Hilfe dessen man die Maxwellgleichung div $B = 0$ in entsprechender Weise identisch befriedigt, wie die Gleichgewichtsbedingungen (II. 1) durch den Spannungsfunktionstensor.

§ 12. Der Spannungsfunktionstensor

Den Spannungstensor σ definieren wir in üblicher Weise durch die Differentialform

$$dp_j = \sigma_{ij}\, dF_i, \qquad\qquad (\text{II. 3})$$

---

[1] Gl. (II. 2) wurde zuerst von Beltrami [161] aufgeschrieben, aber nicht weiter verfolgt. Vgl. zu Gl. (II. 2) auch Finzi [43].

[2] Der Zusatz „2. Ordnung" soll andeuten, daß man die Spannungsfunktionen zweimal differenzieren muß, um die Spannungen zu erhalten. Man braucht ihn manchmal, um diese Spannungsfunktionen von anderen zu unterscheiden, siehe später.

wo dp_i die an einer Schnittfläche dF_i anzubringende Kraft ist, wenn infolge des Schnitts keine Verschiebung der Punkte des Körpers stattfinden soll[1].

Die zeitunabhängige Kontinuumsmechanik des Festkörpers, soweit sie sich mit dem Zustand des Körpers befaßt, wird nun durch die Gleichungen

$$\mathrm{Rot}\ \boldsymbol{\beta} = \boldsymbol{\alpha} \qquad\qquad (\mathrm{II}.\ 4)$$

$$\mathrm{Div}\ \boldsymbol{\sigma} = -\ \mathfrak{F} \qquad\qquad (\mathrm{II}.\ 5)$$

beherrscht, wozu noch die Gleichung für die Energiedichte

$$e = \frac{1}{2}\,\sigma_{ij}\,\varepsilon_{ij} \qquad\qquad (\mathrm{II}.\ 6)$$

tritt. Die plastische Verformung $\mathrm{Grad}\ \boldsymbol{s}^{P}$, welche den Zustand des Körpers nicht ändert, wird dagegen von diesen Gleichungen nicht erfaßt. In diesem Abschnitt interessiert uns nur der Zustand des Körpers nach erfolgter Verformung. Zu den Gleichungen (II. 4) bis (II. 6) kommt noch die Materialgleichung. als welche wir hier stets das Hookesche Gesetz

$$\sigma_{ij} = c_{ijkl}\,\varepsilon_{kl} \qquad\qquad (\mathrm{II}.\ 7)$$

annehmen. Wie in § 11 bemerkt, darf man im allgemeinen mit seiner Gültigkeit bei Metallen selbst bei großen plastischen Verformungen rechnen.

c_{ijkl} ist der Hookesche Tensor der elastischen Moduln mit den Symmetrieeigenschaften

$$c_{ijkl} = c_{jikl} = c_{ijlk} = c_{klij}. \qquad\qquad (\mathrm{II}.\ 8)$$

Im Falle elastischer Isotropie ist[2]

$$c_{ijkl} = \lambda\,\delta_{ij}\,\delta_{kl} + \mu\,(\delta_{ik}\,\delta_{jl} + \delta_{il}\,\delta_{jk})\,, \qquad\qquad (\mathrm{II}.\ 9)$$

wo λ, μ die Lameschen Konstanten sind. Den zu c_{ijkl} reziproken Tensor der elastischen Koeffizienten s_{ijkl} definieren wir durch

$$c_{ijkl}\,s_{klmn} = \frac{1}{2}\,(\delta_{im}\delta_{jn} + \delta_{in}\delta_{jm})\,. \qquad\qquad (\mathrm{II}.\ 10)$$

---

[1] Im Gegensatz zu isotropen Körpern spielen in Kristallen auch asymmetrische Spannungstensoren eine gewisse Rolle, was wir nur in § 19 berücksichtigen wollen. In den übrigen Paragraphen setzen wir den Spannungstensor als symmetrisch voraus, um die Darstellung nicht unnötig zu beschweren. Doch ist es gut, auch dann an der durch Gl. (II. 3) getroffenen Indexzuordnung festzuhalten (1. Index von σ_{ij} charakterisiert das Flächenelement, 2. Index die anzubringende Kraft).

[2] Vgl. z. B. [34] Bd. III, S. 60.

Für Isotropie ist dann

$$s_{ijkl} = \lambda'\, \delta_{ij}\delta_{kl} + \mu'\,(\delta_{ik}\,\delta_{jl} + \delta_{il}\delta_{jk}) \qquad \text{(II. 11)}$$

mit

$$\lambda' = -\frac{1/2\,G}{m+1}\,, \qquad \mu' = 1/4\,G \qquad \text{(II. 12)}$$

wo $G = \mu$ der Schubmodul, m die Querkontraktionszahl ist. Das Hooke-sche Gesetz erhält dann die Formen

$$2\,G\,\varepsilon_{ij} = \sigma_{ij} - \frac{1}{m+1}\,\sigma_{kk}\,\delta_{ij}, \quad \sigma_{ij} = 2\,G\left(\varepsilon_{ij} + \frac{1}{m-2}\,\varepsilon_{kk}\,\delta_{ij}\right). \qquad \text{(II. 13)}$$

In § 6 war gezeigt worden, daß sich aus einer Verteilung von Versetzungen in einfacher Weise der zugehörige Inkompatibilitätstensor berechnen läßt. Wir betrachten deshalb weiterhin statt Gl. (II. 4) die Gleichung (I. 52)

$$\text{Ink } \boldsymbol{\varepsilon} = \boldsymbol{\eta}, \qquad \text{(II. 14)}$$

womit nach § 6 die Strukturdrehungen zunächst ausgeklammert sind. Die Gleichgewichtsbedingungen werden nun mit dem Spannungs-funktionsansatz (II. 2) identisch befriedigt und brauchen bei den weiteren Betrachtungen nicht mehr berücksichtigt zu werden. In cartesischen Koordinaten schreibt sich Gl. (II. 2)

$$\left.\begin{aligned}
\sigma_{11} &= -\frac{\partial^2\chi_{22}}{\partial x_3^2} - \frac{\partial^2\chi_{33}}{\partial x_2^2} + 2\,\frac{\partial^2\chi_{23}}{\partial x_2\,\partial x_3} \\[2mm]
\sigma_{12} &= -\frac{\partial}{\partial x_3}\left(-\frac{\partial\chi_{12}}{\partial x_3} + \frac{\partial\chi_{23}}{\partial x_1} + \frac{\partial\chi_{31}}{\partial x_2}\right) + \frac{\partial^2\chi_{33}}{\partial x_1\,\partial x_2},
\end{aligned}\right\} \qquad \text{(II. 15)}$$

wozu noch die vier durch zyklische Vertauschung der Indices folgenden Gleichungen treten. Setzt man $\chi_{11} = \chi_{22} = \chi_{33} = 0$, so hat man den bekannten Ansatz von Morera [102] vor sich, mit $\chi_{12} = \chi_{23} = \chi_{31} = 0$ erhält man den Maxwellschen Ansatz [99]. Nimmt man $\partial/\partial x_3 = 0$ an, d. h. ebener Spannungszustand, so hinterbleibt von den Gln. (II. 15)

$$\sigma_{11} = -\frac{\partial^2\chi_{33}}{\partial x_2^2}\,, \qquad \sigma_{22} = -\frac{\partial^2\chi_{33}}{\partial x_1^2}\,, \qquad \sigma_{12} = \frac{\partial^2\chi_{33}}{\partial x_1\,\partial x_2} \qquad \text{(II. 16)}$$

$$\sigma_{23} = -\frac{\partial}{\partial x_1}\left(-\frac{\partial\chi_{23}}{\partial x_1} + \frac{\partial\chi_{31}}{\partial x_2}\right), \qquad \sigma_{31} = \frac{\partial}{\partial x_2}\left(-\frac{\partial\chi_{23}}{\partial x_1} + \frac{\partial\chi_{31}}{\partial x_2}\right) \qquad \text{(II. 16')}$$

$$\sigma_{33} = -\frac{\partial^2\chi_{11}}{\partial x_2^2} - \frac{\partial^2\chi_{22}}{\partial x_1^2} + 2\,\frac{\partial^2\chi_{12}}{\partial x_1\,\partial x_2}\,. \qquad \text{(II. 16'')}$$

Hier stellen die Gln. (II. 16) genau den Airyschen Spannungsfunktionsansatz für das ebene Spannungsproblem dar[1]. Setzt man in den Gln. (II. 16') die Klammerausdrücke gleich einer Funktion Φ, so ist diese die bekannte Spannungsfunktion der Torsion[2]. Man beachte, daß

---

[1] Meist wird $\chi = -\chi_{33}$ als Airysche Spannungsfunktion bezeichnet.
[2] Siehe z. B. Love [95] oder Biezeno-Grammel [1].

jede Spannungsfunktion χ_{ij} nur in einer der drei Zeilen (II. 16) vorkommt, was bedeutet, daß die zugehörigen Spannungszustände voneinander unabhängig sind, jedenfalls was die Gleichgewichtsbedingungen angeht.

Maxwell [99] und Morera [102] haben gezeigt, daß man mit ihren drei Funktionen jeden Spannungszustand mit Div $\sigma = 0$ beschreiben kann. Daß also in dem symmetrischen Tensor χ nur drei Freiheitsgrade enthalten sind, rührt daher, daß wegen Gl. (I. 42) ein Ausdruck $\chi^0 = \text{Def } q$ zu σ nicht beiträgt. Ein Spannungsfunktionstensor der Form Def q heißt daher auch „Tensor der Nullspannungsfunktionen" [126]. Man kann deshalb den Tensor χ gewissen Nebenbedingungen unterwerfen; die Maxwellschen hießen $\chi_{12} = \chi_{23} = \chi_{31} = 0$, die Moreraschen $\chi_{11} = \chi_{22} = \chi_{33} = 0$. In allen Fällen muß aber erst bewiesen werden, daß diese Nebenbedingungen „zulässig" sind. Wir sagen, die Nebenbedingungen seien zulässig, wenn man jeden beliebigen, der Gleichung Div $\sigma = 0$ genügenden Spannungszustand mit der Gesamtheit der durch die Nebenbedingungen eingeschränkten Spannungsfunktionen beschreiben kann.

Durch den Spannungsfunktionsansatz sind die Gleichgewichtsbedingungen erfüllt. Die erweiterten Kompatibilitätsbedingungen (II. 14) erlegen den Spannungsfunktionen zusätzliche Beschränkungen auf. Man gewinnt sie, wenn man das σ von Gl. (II. 2) mit Hilfe des Hookeschen Gesetzes (II. 7) in die Gln. (II. 14) einführt:

$$\text{Ink } [s_{ijkl}(\text{Ink } \chi)_{kl}] = \eta . \tag{II. 17}$$

Es lohnt sich nicht, diese Gleichungen ausführlich aufzuschreiben. Bereits im Maxwellschen und Moreraschen Fall sind sie sehr kompliziert, weshalb diese Funktionen praktisch nie verwendet wurden.

Zur weiteren Behandlung der Gln. (II. 17) definieren wir — wobei wir uns auf elastische Isotropie beschränken — die symmetrischen Tensoren χ'_{ij}, η'_{ij} durch die Gleichungen

$$2\,G\,\chi'_{ij} = \chi_{ij} - \frac{1}{m+2}\chi_{kk}\,\delta_{ij}, \quad \chi_{ij} = 2\,G\left(\chi'_{ij} + \frac{1}{m-1}\chi'_{kk}\,\delta_{ij}\right) \tag{II. 18}$$

$$\eta'_{ij} = 2\,G\left(\eta_{ij} + \frac{1}{m-1}\eta_{kk}\,\delta_{ij}\right), \quad 2\,G\,\eta_{ij} = \eta'_{ij} - \frac{1}{m+2}\eta'_{kk}\,\delta_{ij}. \tag{II. 18'}$$

Mit den Nebenbedingungen

$$\nabla_i \chi'_{ij} = 0 \tag{II. 19}$$

nehmen dann die Gln. (II. 17) die einfachere Form [77]

$$\Delta\Delta\chi'_{ij} = \eta_{ij} \tag{II. 20}$$

oder gleichzeitig

$$\Delta\Delta\chi_{ij} = \eta'_{ij} \tag{II. 20'}$$

an, wie wir jetzt zeigen.

Zunächst ist mit der Zerlegungsformel (A. 1)

$$\eta_{ij} = (\text{Ink } \varepsilon)_{ij} = - \epsilon_{ikl}\,\epsilon_{jmn}\,V_k V_m\,\varepsilon_{ln} = \Delta\varepsilon_{ij} - (V_i V_k \varepsilon_{kj} + V_j V_k \varepsilon_{ki})$$

$$+ V_k V_l \varepsilon_{kl}\,\delta_{ij} + V_i V_j \varepsilon_{kk} - \Delta\varepsilon_{kk}\,\delta_{ij} \qquad \text{(II. 21)}$$

und mit dem Hookeschen Gesetz (II. 13) und den Gleichgewichtsbedingungen $V_i\,\sigma_{ij} = 0$ folgt hieraus leicht

$$\Delta\sigma_{ij} + \frac{m}{m+1}(V_i V_j \sigma_{kk} - \Delta\sigma_{kk}\,\delta_{ij}) = 2\,G\,\eta_{ij}. \qquad \text{(II. 22)}$$

Diese Gleichungen sind im Falle $\eta_{ij} = 0$ (woraus $\Delta\sigma_{kk} = 0$ folgt) als Beltramische Gleichungen bekannt. Nun setzen wir $\sigma_{ij} = (\text{Ink } \chi)_{ij}$, denken uns diese Gleichungen in der zu Gl. (II. 21) entsprechenden Form geschrieben und χ'_{ij} nach Gl. (II. 18) eingeführt. Es resultiert dann unter Berücksichtigung von (II. 19)

$$\sigma_{ij}/2\,G = \Delta\chi'_{ij} + \frac{m}{m-1}(V_i V_j \chi'_{kk} - \Delta\chi'_{kk}\,\delta_{ij}). \qquad \text{(II. 23)}$$

Dies in Gl. (II. 22) eingesetzt ergibt sich direkt Gl. (II. 20), wie man leicht nachrechnet.

Die Nebenbedingungen (II. 19) sind hinreichend, aber nicht notwendig, damit Gl. (II. 17) in die Gl. (II. 20) übergeht. Die notwendigen und hinreichenden Bedingungen erhält man, wenn man das ohne die Voraussetzung (II. 19) berechnete σ_{ij} in Gl. (II. 22) einführt. Dann ergibt sich

$$\Delta\Delta\chi'_{ij} - \Delta(V_i V_k \chi'_{kj} + V_j V_k \chi'_{ki}) + \frac{m}{m+1} V_i V_j V_k V_l \chi'_{kl}$$

$$+ \frac{1}{m+1}\Delta V_k V_l \chi'_{kl}\,\delta_{ij} = \eta_{ij}, \qquad \text{(II. 24)}$$

und die notwendigen und hinreichenden Bedingungen lauten offenbar

$$- \Delta(V_i V_k \chi'_{kj} + V_j V_k \chi'_{ki}) + \frac{m}{m+1} V_i V_j V_k V_l \chi'_{kl}$$

$$+ \frac{1}{m+1}\Delta V_k V_l \chi'_{kl}\,\delta_{ij} = 0, \qquad \text{(II. 25)}$$

was mit

$$\text{Def}\,[(m+1)\,\Delta\boldsymbol{p} - m\,V\,V\cdot\boldsymbol{p}] - \Delta\,V\cdot\boldsymbol{p}\,\boldsymbol{I} = 0, \quad \boldsymbol{p} \equiv V\cdot\boldsymbol{\chi}'$$

identisch ist.

Sie sind durch die stärkeren Bedingungen (II. 19) identisch erfüllt. Wegen des Beweises der Zulässigkeit der Bedingungen (II. 19), der natürlich denjenigen der Bedingungen (II. 25) einbegreift, verweisen wir auf die Originalarbeit [77], in der Verfasser die Bedingungen (II. 19) zuerst aufgestellt hat. Diese wurden unabhängig auch von Marguerre [98] gefunden.

§ 13. Lösung des Summationsproblems bei Eigenspannungen

Die ersten Probleme, welche mit den dreidimensionalen Spannungsfunktionen gelöst wurden, bezogen sich auf den unendlich ausgedehnten Körper. Sein Volumen sei V. Dann hat man nur ein Summationsproblem, aber kein Randwertproblem vor sich.

Der Spannungsfunktionstensor χ des betr. Problems muß die notwendigen und hinreichenden Bedingungen (II. 17) erfüllen. Diese hatten wir durch die hinreichenden Bedingungen (II. 20) bzw. (II. 20') und (II. 19) ersetzt. Die erstgenannten beiden Gleichungen werden durch die Ausdrücke[1]

$$\chi_{ij}(\boldsymbol{x}) = -\frac{1}{8\pi} \iiint\limits_{V} \eta'_{ij}(\boldsymbol{x}') \, |\boldsymbol{x}-\boldsymbol{x}'| \, dV' \qquad (\text{II. 26})$$

$$\chi'_{ij}(\boldsymbol{x}) = -\frac{1}{8\pi} \iiint\limits_{V} \eta_{ij}(\boldsymbol{x}') \, |\boldsymbol{x}-\boldsymbol{x}'| \, dV' \qquad (\text{II. 26}')$$

befriedigt, wie aus der Theorie der Bipotentialgleichung bekannt. Daß auch die Nebenbedingungen (II. 19) durch diese Gleichungen erfüllt sind, folgt leicht aus der Identität $V_i \, \eta_{ij} = 0$.

Am Beispiel der Maxwell- und Morera-Funktionen haben wir gesehen, daß der Tensor Ink χ in Wahrheit nur drei und nicht sechs Freiheitsgrade hat. Das gilt für jeden Inkompatibilitätstensor, also auch für η und η'. Daher lassen sich die sechs Integrationen wie folgt auf drei reduzieren:

Wie oben bemerkt, ist χ' von Gl. (II. 26') ein Inkompatibilitätstensor (Div $\chi' = 0$), weil η ein solcher ist. Ebenso zeigt man leicht, daß sich χ in Gl. (II. 26) als Deformator ergibt, wenn man für η' einen solchen einsetzt. Ein Deformator trägt aber wegen $\boldsymbol{\sigma} = \text{Ink } \chi$ gemäß Gl. (I. 42) zu den Spannungen nicht bei. Wir erhalten danach offenbar dieselben Spannungen, wenn wir zu dem eigentlichen η' einen beliebigen Deformator addieren und den resultierenden Tensor (η'') statt η' in (II. 26) einsetzen. η'' können wir aber so wählen, daß z. B. $\eta''_{11} = \eta''_{22} = \eta''_{33} = 0$ oder $\eta''_{12} = \eta''_{23} = \eta''_{31} = 0$ wird. Entsprechend wird dann auch $\chi_{11} = \chi_{22} = \chi_{33} = 0$ oder $\chi_{12} = \chi_{23} = \chi_{31} = 0$. Wir erhalten so eine Darstellung in den Moreraschen bzw. Maxwellschen Funktionen, die sich damit als besonders geeignete Hilfsmittel zur Ermittlung von Eigenspannungszuständen erweisen.

Die Berechnung von η'' ist nun recht einfach. Setzen wir

$$\eta'' = \text{Def } \boldsymbol{a} + \eta', \qquad (\text{II. 27})$$

so sollte z. B. gelten

$$\partial a_1 | \partial x_1 = -\eta'_{11}, \quad \partial a_2 | \partial x_2 = -\eta'_{22}, \quad \partial a_3 | \partial x_3 = -\eta'_{33}, \qquad (\text{II. 28})$$

woraus man durch gewöhnliche Integration geeignete Funktionen a_1, a_2, a_3 erhält. Diese in (II. 27) eingesetzt bekommt man $\eta'' = (\eta''_{ij})$

---

[1] Setzt man Gl. (II. 26) in (II. 2) ein, so erhält man nach Ausführung der Differentiationen die Spannungen als Funktion der Inkompatibilitätsverteilung. Diese Formeln hat wohl zuerst Moriguti [103] (ohne Verwendung des Spannungsfunktionstensors) angegeben und durch direkte Verifikation bewiesen. Herrn Dr. J. D. Eshelby danke ich herzlich dafür, daß er mich auf die Arbeiten von Moriguti aufmerksam gemacht hat (im März 1957).

mit $i \neq j$. Hieraus folgen die Moreraschen Spannungsfunktionen des Eigenspannungszustandes zu

$$\chi_{ij}(\boldsymbol{x}) = -\frac{1}{8\pi} \iiint\limits_V \eta_{ij}''(\boldsymbol{x}') \, |\boldsymbol{x} - \boldsymbol{x}'| \, dV', \qquad i \neq j. \qquad \text{(II. 29)}$$

Für die Spannungen gelten dann die einfachen Moreraschen Formeln

$$\begin{aligned} \sigma_{11} &= 2 \frac{\partial^2 \chi_{23}}{\partial x_2 \, \partial x_3} \quad \text{usw.} \\[2mm] \sigma_{23} &= -\frac{\partial}{\partial x_1}\left(-\frac{\partial \chi_{23}}{\partial x_1} + \frac{\partial \chi_{31}}{\partial x_2} + \frac{\partial \chi_{12}}{\partial x_3}\right) \quad \text{usw.,} \end{aligned} \right\} \qquad \text{(II. 30)}$$

Kaum weniger einfach ermittelt man solche Werte für a_1, a_2, a_3, daß

$$\frac{1}{2}\left(\frac{\partial a_1}{\partial x_2} + \frac{\partial a_2}{\partial x_1}\right) = -\eta_{12}' \quad \text{usw.} \qquad \text{(II. 31)}$$

und erhält mit Gl. (II. 27) die Maxwellschen Spannungsfunktionen des Eigenspannungszustandes zu

$$\chi_{ij}(\boldsymbol{x}) = -\frac{1}{8\pi} \iiint\limits_V \eta_{ij}''(\boldsymbol{x}) \, |\boldsymbol{x} - \boldsymbol{x}'| \, dV', \qquad i = j. \qquad \text{(II. 32)}$$

Die Spannungen folgen hieraus gemäß

$$\begin{aligned} \sigma_{11} &= -\frac{\partial^2 \chi_{22}}{\partial x_3^2} - \frac{\partial^2 \chi_{33}}{\partial x_2^2} \quad \text{usw.} \\[2mm] \sigma_{23} &= \frac{\partial^2 \chi_{11}}{\partial x_2 \, \partial x_3} \quad \text{usw.} \end{aligned} \right\} \qquad \text{(II. 33)}$$

Bei endlichen Medien schließt sich an das Summationsproblem immer noch ein Randwertproblem an. Vor dessen Behandlung müssen wir jedoch erst noch sehen, ob wir die für unendliche Medien ausgearbeitete Methode zur Bestimmung des partikulären Integrals der Differentialgleichungen (II. 17) auch bei endlichen Medien anwenden können.

Man zeigt leicht, daß im endlichen Medium das χ' der Gl. (II. 26') die erforderliche Nebenbedingung Div $\chi' = 0$, im allgemeinen nicht erfüllt. Damit ist nicht ohne weiteres klar, ob dieses χ' eine Lösung der Gln. (II. 17) darstellt. Da Div $\chi' = 0$ aber eine zulässige Bedingung war, muß es Lösungen von $\Delta\Delta\chi' = \eta$ geben, für welche Div $\chi' = 0$ ist, also auch die Gln. (II. 17) erfüllt sind.

Um solch eine Lösung zu erhalten, sucht man sich eine Fortsetzung der Funktion η' in den Außenraum des Mediums hinein, die an η' längs der Grenzfläche stetig und differenzierbar anschließt und im Unendlichen hinreichend stark verschwindet. Eine solche Fortsetzung ist unschwer zu erhalten. Wir nennen die so ermittelte Funktion, die im Körper mit η' übereinstimmt, η_f'. Diese Funktion setzen wir in Gl. (II. 26) für η' ein und integrieren über den unendlichen Raum. So erhalten wir ein Spannungsfunktionsfeld, das in dem Körper überall die Differentialgleichungen (II. 20′) und die Nebenbedingungen (III. 19) erfüllt, also die gesuchte Partikularlösung von Gl. (II. 17) darstellt.

Wir wollen nun zu η_j' wie oben einen solchen Deformator Def a addieren, daß wir wieder auf Maxwellsche oder Morerasche Funktionen kommen. Wenn die Methode Erfolg haben soll, darf dieser Deformator zu den Spannungen nichts beitragen. Auch daß dieses gilt, läßt sich relativ einfach zeigen, wir verzichten jedoch auf den Beweis. Man kann also auch im endlichen Medium einen Tensor $\eta_j'' = \eta_j' + \mathrm{Def}\,a$ ausrechnen, wo η_j'' nur drei von null verschiedene Komponenten hat. Es gilt dann $\Delta\Delta\chi = \eta_j''$ und die Gln. (II. 29) und (II. 32) mit η_j'' statt η'' geben partikuläre Integrale dieser Gleichungen, die zugleich die Gl. (II. 17) befriedigen.

Es sei noch bemerkt, daß im Falle einer gegebenen Versetzungs- bzw. Inkompatibilitätsverteilung die in diesem Paragraphen angegebenen Methoden praktisch die einzigen zur Lösung des Summationsproblems sind[1]. Im Falle von Quasi-Versetzungen (§ 6), wo primär die eingeprägte Deformation ε^G gegeben ist, gibt es hingegen noch die aus der alten Theorie der Temperaturspannungen von Duhamel [33] und Neumann [112] bekannte Methode, mit Hilfe des Ausdrucks

$$V_i\,c_{ijkl}\,\varepsilon_{kl}^Q = \mathfrak{F}_j^Q \qquad \text{(II. 34)}$$

die zugehörigen „Quasi-Kräfte" $\mathfrak{F}_j^Q$ zu berechnen und das zu diesen gehörige Verschiebungsfeld nach den üblichen Methoden auszurechnen, aus welchem dann durch Deformatorbildung die Gesamtdeformation ε^G folgt. Die elastische Deformation ist dann $\varepsilon = \varepsilon^G - \varepsilon^Q$, aus ihr folgen mit dem Hookeschen Gesetz die Spannungen. Diese Methode mag sich im Aufwand von derjenigen der Spannungsfunktionen nicht wesentlich unterscheiden.

Schließlich bringen wir noch eine weitere Methode, welche z. Z. nur im unendlichen Medium anwendbar ist. Man setzt statt (II. 2)[2]

$$\boldsymbol{\sigma} = \mathrm{Rot}\,\boldsymbol{\varphi}, \qquad \text{(II. 35)}$$

wo $\boldsymbol{\varphi} \equiv (\varphi_{ij})$ der asymmetrische Spannungsfunktionstensor 1. Ordnung ist (weil nur einmal differenziert wird, um den zu Spannungen zu kommen). Dann ist offenbar $\boldsymbol{\varphi} = \boldsymbol{\chi} \times V$, woraus

$$\varphi_{ii} = 0, \qquad V_j\,\varphi_{ij} = 0 \qquad \text{(II. 36)}$$

folgt. Rotorbildung von rechts führt ferner die mit Hilfe von (II. 18) in χ geschriebenen Nebenbedingungen (II. 19) in

$$V_i\,\varphi_{ij} = 0 \qquad \text{(II. 37)}$$

---

[1] Vgl. hierzu auch Eshelby [41], S. 91 ff.

[2] Günther [61] und Schaefer [126] benützen für andere Zwecke einen Spannungsfunktionstensor $\gamma_{ijk} = \epsilon_{ijl}\,\varphi_{lk}$.

über, wie man leicht nachrechnet. Da χ mit der Einschränkung (II. 19) drei Freiheitsgrade hat, hat das durch die Bedingungen (II. 36) und (II. 37) eingeschränkte φ ebenfalls drei. Mit dem Hookeschen Gesetz folgt aus Gl. (II. 35)

$$\varepsilon_{ij} = s_{ijkl}\, \epsilon_{kmn}\, V_m\, \varphi_{nl} \qquad\qquad\text{(II. 38)}$$

und Rotorbildung von links liefert

$$\epsilon_{ghi}\, V_h\, \varepsilon_{ij} \equiv \alpha'_{gj} = s_{ijkl}\, \epsilon_{ghi}\, \epsilon_{kmn}\, V_h\, V_m\, \varphi_{nl}, \qquad\qquad\text{(II. 39)}$$

was im Falle von elastischer Isotropie nach Gl. (II. 11) zu

$$\alpha'_{gj} = \lambda'\, \epsilon_{ghj}\, \epsilon_{lmn}\, V_h\, V_m\, \varphi_{nl} + \mu'\,(\epsilon_{ghk}\, \epsilon_{kmn}\, V_h\, V_m\, \varphi_{nj}$$
$$+ \epsilon_{ghl}\, \epsilon_{jmn}\, V_h\, V_m\, \varphi_{nl}) \qquad\text{(II. 40)}$$

wird. Multiplikation mit ϵ_{fjj} liefert mit Gl. (A. 2, 3) und (II. 36)

$$\epsilon_{fgj}\, \alpha'_{gj} = -\,2\,(\lambda' + \mu')\, \epsilon_{lmn}\, V_f\, V_m\, \varphi_{nl}. \qquad\qquad\text{(II. 41)}$$

Dies setzen wir nach Ersatz der Indices f, g, j durch h, p, q in Gl. (II. 40) ein und erhalten, wenn wir noch die Zerlegungsformel (A. 2) anwenden und (II. 36, 37) berücksichtigen[1], schließlich

$$\Delta\varphi_{ij} = -\,\frac{2\,G}{m-1}\,(m\,\alpha'_{ij} - \alpha'_{ji}). \qquad\qquad\text{(II. 42)}$$

Was ist nun α'_{ij}? Wir setzen die im unendlichen Medium eindeutige Zerlegung

$$\varepsilon = \text{Def } s + \text{Ink } \iota \qquad\qquad\text{(II. 43)}$$

an und drücken die Gleichung $\text{Div } \sigma = 0$ mit Hilfe des Hookeschen Gesetzes in s und ι aus[2]. Man erhält leicht mit (I. 42)

$$\Delta s_i + \frac{m}{m-2}\, V_i\, V_j\, s_j + \frac{2}{m-2}\, V_i(\text{Ink } \iota)_{jj} = 0 \qquad\text{(II. 44)}$$

und durch Rotorbildung folgt

$$\Delta\,\text{rot } s = 0. \qquad\qquad\text{(II. 45)}$$

Im unendlichen Medium ist daher $\text{rot } s = \text{const}$. Damit folgt

$$\text{Rot Def } s \equiv \frac{1}{2}\, V \times (V\,s + s\,V) = \frac{1}{2}\,(\text{rot } s)\, V = 0, \qquad\text{(II. 46)}$$

und es ist

$$\alpha' \equiv \text{Rot } \varepsilon = \text{Rot Ink } \iota. \qquad\qquad\text{(II. 47)}$$

D. h. α' ist nach § 5 derjenige Teil der gesamten Versetzungsdichte, der für die Spannungen verantwortlich ist. Im Falle der Quasi-Ver-

---

[1] Wegen (II. 36, 37) ist $\epsilon_{ghl}\, \epsilon_{jmn}\, V_h\, V_m\, \varphi_{nl} = -\,\Delta\varphi_{gj}$, wie leicht aus (A. 1) folgt.

[2] Wir beschränken uns damit auf kleine Deformationen und Drehungen.

setzungen α^Q von § 6 ist α' oft direkt gleich α^Q. In § 11 hatten wir überdies gezeigt, daß man α' ausrechnen kann, wenn man die Drehungen ausrechnet (α' ist gleich der rechten Seite von Gl. (I. 105). Demnach können wir weiterhin α' als gegebene Funktion ansehen. Aus Gl. (II. 47) folgt leicht, daß α' den gleichen Bedingungen (II. 36) und (II. 37) wie φ unterliegt. Das bedeutet, daß auch das partikuläre Integral von Gl. (II. 42)

$$\varphi_{ij}(\boldsymbol{x}) = \frac{G/2\pi}{m-1} \iiint\limits_V [m\,\alpha'_{ij}(\bar{\boldsymbol{x}}') - \alpha'_{ji}(\boldsymbol{x}')]/|\boldsymbol{x} - \boldsymbol{x}'|\,dV' \qquad \text{(II. 48)}$$

diese Bedingungen erfüllt, also den richtigen, zu α'_{ij} gehörigen Spannungsfunktionstensor liefert, aus dem nach Gl. (II. 35) wiederum die Spannungen folgen.

Man kann die neun Integrationen in Gl. (II. 48) leicht auf sechs reduzieren, ähnlich wie man die sechs Integrationen (II. 26) auf drei reduzieren konnte. Ob sich allerdings die Integrationen (II. 48) auch schließlich auf drei herabsetzen lassen, muß offenbleiben. Überhaupt sind die Spannungsfunktionen φ_{ij} bis jetzt noch gar nicht erforscht, doch glauben wir noch aus einem weiteren Grunde, daß sich eine Erforschung lohnen würde. Schreiben wir nämlich sinngemäß für den an starre Umgebung grenzenden Körper $\boldsymbol{n} \times \boldsymbol{\varepsilon} = -\overline{\boldsymbol{\alpha}}'$, so stellt sich die elastische Energie dieses Körpers bei Div $\boldsymbol{\sigma} = 0$ in der Form

$$E = \frac{1}{2} \iiint\limits_V \alpha'_{ij}\,\varphi_{ij}\,dV + \frac{1}{2} \iint\limits_F \overline{\alpha}'_{ij}\,\varphi_{ij}\,dF \qquad \text{(II. 49)}$$

oder auch

$$E = \frac{1}{2} \iiint\limits_V \alpha_{ij}\,\varphi_{ij}\,dV + \frac{1}{2} \iint\limits_F \overline{\alpha}_{ij}\,\varphi_{ij}\,dF \qquad \text{(II. 50)}$$

dar, wie im nächsten Paragraphen gezeigt wird. E ist also durch die die Eigenspannungen erzeugenden Versetzungen ausgedrückt.

Ist z. B. φ^1_{ij} und φ^2_{ij} das Spannungsfunktionsfeld, herrührend von zwei einzelnen Versetzungen α^1_{ij} und α^2_{ij} im unendlichen Medium[1], so schreibt sich die Energie

$$E = \frac{1}{2} \iiint\limits_V \alpha^1_{ij}\,\varphi^1_{ij}\,dV + \frac{1}{2} \iiint\limits_V \alpha^2_{ij}\,\varphi^2_{ij}\,dV + \frac{1}{2} \iiint\limits_V \alpha^1_{ij}\,\varphi^2_{ij}\,dV$$

$$+ \frac{1}{2} \iiint\limits_V \alpha^2_{ij}\,\varphi^1_{ij}\,dV. \qquad \text{(II. 50')}$$

Offenbar bedeuten dann das dritte und vierte Integral die potentielle Energie der Versetzung 1 im Feld der Versetzung 2 und umgekehrt.

---

[1] In diesem Fall hat man α^1_{ij} und α^2_{ij} als Distributionen aufzufassen.

Man kommt so zu einer Deutung der Spannungsfunktionen φ_{ij}: Diese stellen ein Potential für Versetzungen dar (die Verhältnisse sind analog wie in der Elektrostatik, wo man die Energie $E = \frac{1}{2} \iiint\limits_{V} \varrho\, U dV$ hat, wenn ϱ die Ladungsdichte ist. U wird dann als Potential (für Ladungen) bezeichnet.

Die Spannungsfunktionen 2. Ordnung χ_{ij} sind entsprechend ein elastisches Potential für Inkompatibilitäten.

§ 14. Die elastische Energie und das Variationsproblem des Mediums mit Eigenspannungen

Wir wollen jetzt den Ausdruck für die elastische Energie eines Mediums mit Eigenspannungen, ausgedrückt in Spannungsfunktionen und Inkompatibilitäten, ausrechnen.   Ausgangspunkt ist die Formel

$$E = \frac{1}{2} \iiint\limits_{V} \sigma_{ij}\, \varepsilon_{ij}\, dV, \qquad (\text{II. 51})$$

welche sich mit Gl. (II. 2)

$$E = -\frac{1}{2} \epsilon_{ijk}\, \epsilon_{lmn} \iiint\limits_{V} \varepsilon_{il}\, \nabla_j \nabla_m\, \chi_{kn}\, dV \qquad (\text{II. 52})$$

schreibt.   Partielle Integration liefert

$$E = -\frac{1}{2} \epsilon_{ijk}\, \epsilon_{lmn} \left[\iint\limits_{F} n_j\, \varepsilon_{il}\, \nabla_m \chi_{kn}\, dF - \iiint\limits_{V} (\nabla_j\, \varepsilon_{il})\, \nabla_m\, \chi_{kn}\, dV \right],$$

$$(\text{II. 53})$$

was mit Gl. (II. 49) identisch ist[1].   Da man in der Ausgangsgleichung (II. 51) auch die Distorsionen β_{ij} statt der Deformationen schreiben kann (wegen der Symmetrie von σ_{ij}), ist damit auch Gl. (II. 50) bewiesen.

Nach partieller Integration des Volumenintegrals in (II. 53) ergibt sich

$$E = -\frac{1}{2} \epsilon_{ijk}\, \epsilon_{lmn} \left[\iint\limits_{F} n_j\, \varepsilon_{il}\, \nabla_m\, \chi_{kn}\, dF - \iint\limits_{F} (\nabla_j\, \varepsilon_{il})\, n_m\, \chi_{kn}\, dF \right]$$

$$+ \frac{1}{2} \iiint\limits_{V} \chi_{kn}\, \eta_{kn}\, dV, \qquad (\text{II. 54})$$

wo die Beziehung (II. 21) benützt wurde.   Hier zerlegen wir im ersten Integral ∇_m nach der mit Hilfe von Gl. (A. 2) leicht zu verfizierenden Formel

$$\nabla_m = n_m\, \nabla_p\, \overset{\downarrow}{n_p} + \epsilon_{mpq}\, \epsilon_{rsq}\, n_s\, \nabla_r\, \overset{\downarrow}{n_p}, \qquad (\text{II. 55})$$

wo der Pfeil andeuten soll, daß außer der Funktion, auf die ∇_m wirkt, auch n_p differenziert wird.   Das mit dem zweiten Summanden von (II. 55) gebil-

---

[1] Es ist $\epsilon_{lmn}\, \nabla_m\, \chi_{kn} = -\varphi_{kl}$, $\epsilon_{ijk}\, \nabla_j\, \varepsilon_{il} = -\alpha'_{kl}$, $\epsilon_{ijk}\, n_j\, \varepsilon_{il} = \bar{\alpha}'_{kl}$.

dete Integral wird noch einmal partiell integriert, wobei der Stokessche Satz angewendet wird. Das zugehörige Linienintegral verschwindet, da F eine geschlossene Fläche ist. Es bleibt mit der Abkürzung $\overset{n}{V}_m \equiv \epsilon_{mpq}\, \epsilon_{rsq}\, n_s\, n_p\, V_r$ von Gl. (II. 82)

$$E = -\frac{1}{2}\,\epsilon_{ijk}\epsilon_{lmn}\left[\iint_F n_j\,\varepsilon_{il}\,n_m\,V_p\,(n_p\,\chi_{kn})\,dF\right.$$

$$\left. -\iint_F \chi_{kn}\left\{n_m\,V_j\,\varepsilon_{il} + \overset{n}{V}_m\,(n_j\,\varepsilon_{il})\right\}\,dF\right] + \frac{1}{2}\iiint_V \chi_{kn}\,\eta_{kn}\,dV. \tag{II. 56}$$

Vergleich mit den Gln. (I. 87) und (I. 90) liefert für den Fall des an einer starren Umgebung haftenden Körpers

$$E = \frac{1}{2}\iiint_V \chi_{ij}\,\eta_{ij}\,dV + \frac{1}{2}\iint_F \chi_{ij}\,\bar{\eta}_{ij}\,dF + \frac{1}{2}\iint_F V_k\,(n_k\,\chi_{ij})\,\bar{\bar{\eta}}_{ij}\,dF. \tag{II. 57}$$

In dieser Gleichung sind n_k die cartesischen Komponenten der Normaleneinheitsvektoren n der Flächenschar n (§ 8), deren eine Fläche die Grenzfläche F ist. Diese Interpretation der n_k ist nötig, um die Differentiationen $V_k\,n_k$ ordnungsgemäß durchführen zu können, denn nunmehr hat n auch außerhalb von F einen Sinn (es genügt, n in infinitesimaler Umgebung von F zu definieren).

Gl. (II. 57) besagt, daß bei Abwesenheit von Volumenkräften in einem an starrer Umgebung haftenden Körper die elastische Energie und damit die Eigenspannungen verschwinden, wenn die Inkompatibilitäten verschwinden.

Wir behandeln jetzt den an Luft grenzenden Körper. Nach einem bekannten Satz von Colonnetti [17] setzt sich die elastische Energie eines gleichzeitig von äußeren Kräften und Eigenspannungen beanspruchten Körpers additiv aus der elastischen Energie der beiden Anteile zusammen, in unserer Ausdrucksweise

$$E(\eta, \mathfrak{F}) = E(\eta) + E(\mathfrak{F}), \tag{II. 58}$$

wo $\mathfrak{F}$ für Volumen- und Randkräfte stehen soll[1]. Der Übergang von Gl. (II. 51) zu (II. 52) gilt bei Abwesenheit von Volumenkräften. Jedoch

---

[1] Der Satz gilt auch für das an starrer Umgebung haftende Medium (man kann dann in η auch die Flächeninkompatibilitäten einbegreifen). Setzt man nämlich $\sigma = \sigma^L + \sigma^E$, $\varepsilon = \varepsilon^L + \varepsilon^E$, wo L auf Lastspannungen, E auf Eigenspannungen hinweist, so unterscheidet sich das nach Gl. (II. 51) berechnete $E(\sigma)$ von $E(\sigma^L) + E(\sigma^E)$ durch den Wechselwirkungsterm $\iiint_V \sigma_{ij}^E\,\varepsilon_{ij}^L\,dV$ (Theorem von Betti) und wegen $V_i\,\sigma_{ij}^E = 0$ läßt sich dies in die zu (II. 57) entsprechende Form

$$E^{LE} = \iiint_V \chi_{ij}^E\,\eta_{ij}^L\,dV + \iint_F \chi_{ij}^E\,\bar{\eta}_{ij}^L\,dF + \iint_F V_k\,(n_k\,\chi_{ij}^E)\,\bar{\bar{\eta}}_{ij}^L\,dF$$

bringen. Da $\bar{\eta}_{ij}^L$, $\bar{\bar{\eta}}_{ij}^L$ und η_{ij}^L verschwinden, ist $E^{LE} = 0$.

enthalten die Gln. (II. 52) ff. noch den Anteil der Randkräfte. Hingegen sind, wie schon in § 8 bemerkt, an einer freien Oberfläche die Flächeninkompatibilitäten Null. Man kann nun zeigen[1], daß die Oberflächenintegrale in Gl. (II. 54) bei Abwesenheit von Randkräften verschwinden, falls $n_i \, \eta_{ij} = 0$ ist, so daß dann allein

$$E = \frac{1}{2} \iiint\limits_V \chi_{ij} \, \eta_{ij} \, dV \,, \qquad \text{wenn} \qquad n_i \, \eta_{ij} = 0 \qquad \text{(II. 59)}$$

übrig bleibt. Diese Gleichung enthält den Satz, daß im einfach zusammenhängenden Körper und im Bereich der linearen Elastizitätstheorie alle Eigenspannungen auf Inkompatibilitäten zurückgeführt werden können. Gl. (II. 57) enthält denselben Satz für den an starrer Umgebung haftenden Körper. Er gilt aber auch noch dann, wenn man neue Grenzflächen schafft, indem man zuläßt, daß η_{ij} im Innern des Körpers flächenhaft (oder gar linienhaft) entartet. Danach gilt offenbar ganz allgemein im Bereich der linearen Elastizitätstheorie der Satz, daß alle Eigenspannungen von Inkompatibilitäten erzeugt werden. Ferner gilt die Umkehrung, daß alle (symmetrischen) Inkompatibilitäten Eigenspannungen hervorrufen, was nach der Bedeutung der Inkompatibilitäten als Ableitungen elastischer Deformationen selbstverständlich ist.

Wichtig ist schließlich noch die Frage der Eindeutigkeit der Lösungen. Dank des Kirchhoffschen Eindeutigkeitssatzes der klassischen Elastizitätstheorie und des Satzes von Colonnetti genügt es, sich klarzumachen, daß bei Abwesenheit äußerer Kräfte die (aus den Spannungsfunktionen folgenden) Eigenspannungen durch Vorgabe der Inkompatibilitäten eindeutig bestimmt sind. Der Beweis ist für das unendliche Medium sofort erbracht, da in diesem Fall Gl. (II. 26) eindeutige Lösung von Gl. (II. 20) und (II. 19) ist, sofern im Unendlichen keine Inkompatibilitäten liegen. Im endlichen Medium muß dagegen gezeigt werden, daß das dazukommende Randwertproblem eindeutig lösbar ist. Wir werden im nächsten Paragraphen zeigen, daß sich auch bei Eigenspannungen immer die beiden bekannten Randwertprobleme der Elastizitätstheorie ergeben, für die der Eindeutigkeitsbeweis ja in der Literatur vorliegt. Damit steht allgemein für den Bereich der linearen Elastizitätstheorie fest, daß die Spannungen eines Körpers durch die angreifenden äußeren Kräfte und Inkompatibilitäten eindeutig bestimmt sind. Insbesondere können alle Spannungsursachen auf diese beiden Einflüsse zurückgeführt werden.

Die bisher betrachteten Körper waren einfach zusammenhängend. Alle Sätze dieses Paragraphen gelten auch für mehrfach zusammen-

---

[1] Vgl. Southwell [177] und Eshelby [41], S. 93.

hängende Körper, wenn man zuläßt, daß sich hier die Inkompatibilitäten auch außerhalb des Körpers befinden können. (Dieses Vorgehen ist aus der Hydrodynamik bekannt. Bei der Umströmung eines Körpers rechnet man so, als seien in diesem Körper Quellen oder Wirbel vorhanden!) Im Bereich der nichtlinearen Elastizitätstheorie kann man hingegen nicht alle Spannungen auf äußere Kräfte oder Inkompatibilitäten zurückführen, wie das Beispiel der umstülpbaren Halbkugelschale zeigt [160].

Das Variationsproblem der Eigenspannungen wurde bereits von Colonnetti [19] formuliert. In unserer Bezeichnungsweise sollte die Variation des Energieausdrucks

$$\iiint_V \left(\frac{1}{2}\, \varepsilon_{ij}\, \sigma_{ij} + \varepsilon_{ij}^P\, \sigma_{ij} \right) dV \tag{II. 60}$$

verschwinden, wo ε_{ij}^P die eingeprägte (plastische oder quasiplastische) Deformation ist. Den zweiten Summanden von Gl. (II. 60) nannte Colonnetti „Potential der eingeprägten Deformation". Setzen wir in Gl. (II. 60) nach Gl. (1) S. 1 $\varepsilon_{ij}^P = \varepsilon_{ij}^G - \varepsilon_{ij}$, so geht sie in

$$-\frac{1}{2} \iiint_V \varepsilon_{ij}\, \sigma_{ij}\, dV \tag{II. 61}$$

über, da

$$\iiint \varepsilon_{ij}^G\, \sigma_{ij}\, dV = 0, \tag{II. 62}$$

wie für den Fall des an Luft grenzenden Körpers wohl zuerst von Rieder [125] gefunden wurde. In diesem Fall ist

$$\iiint_V \varepsilon_{ij}^G\, \sigma_{ij}\, dV = \iiint_V (\nabla_i\, s_j^G)\, \sigma_{ij}\, dV$$

$$= \iint_F n_i\, s_j^G\, \sigma_{ij}\, dF - \iiint_V s_j\, \nabla_i \sigma_{ij}\, dV = 0, \tag{II. 63}$$

da $n_i\, \sigma_{ij}$ und $\nabla_i\, \sigma_{ij}$ bei Abwesenheit äußerer Kräfte verschwinden. Nach Rieder [125] sind ferner die Gln. (II. 17) die Euler-Lagrangeschen Gleichungen des zu (II. 61) gehörenden Variationsproblems (bei Abwesenheit äußerer Kräfte, d. h. Inkompatibilitäten gegeben).

Im Falle der starren Umgebung läßt sich die mit 1/2 multiplizierte linke Seite von Gl. (II. 62) in den Ausdruck (II. 57) überführen, wo η_{ij}, $\bar{\eta}_{ij}$, $\bar{\bar{\eta}}_{ij}$ jetzt die zu ε_{ij}^G gehörenden Inkompatibilitäten sind. Diese verschwinden nach der physikalischen Bedeutung von ε_{ij}^G ($\boldsymbol{\varepsilon}^G$ ist ein Deformator, also $\eta_{ij}^G = 0$, ferner ist s_i^G auf dem Rand des an starrer Umgebung haftenden Körpers Null, daher auch $\bar{\eta}_{ij}^G$ und $\bar{\bar{\eta}}_{ij}^G$, vgl. Gln. (I. 87) bis (I. 90). Das zu dem Energieausdruck (II. 61) bzw. (II. 57) gehörende Variationsproblem sollte außer den Differentialgleichungen (II. 17) auch die Randbedingungen (I. 89), in χ_{ij} ausgedrückt, liefern, was bisher noch nicht nachgerechnet wurde.

Bei der Lösung der Variationsaufgabe für den an Luft grenzenden Körper mit Hilfe der direkten Methoden muß man darauf achten, daß es Spannungsfunktionen gibt, für die das zugehörige η_{ij} verschwindet, nicht aber die zugehörigen Randkräfte $n_j\,\sigma_{ij}$. Solche Spannungsfunktionen tragen im Integral (II. 59) nichts bei, wohl aber im Integral (II. 61). Um die richtige Lösung zu erhalten, muß man daher das Integral (II. 61) bei festgehaltenem η zum Extremum machen[1]. Für den Fall des an starrer Umgebung haftenden Körpers ist dagegen das Integral (II. 57) mit demjenigen (II. 61) gleichwertig. Eines dieser beiden wird unter Konstanthaltung von η_{ij}, $\bar{\eta}_{ij}$, $\bar{\bar{\eta}}_{ij}$ zum Extremum gemacht.

Ganz kurz betrachten wir noch den Fall der beiden Randwertprobleme für den an Luft grenzenden Körper (das Summationsproblem sei bereits erledigt). Das Problem „Randverschiebungen gegeben" ist nach § 8 mit dem Problem „$\bar{\eta}_{ij}$, $\bar{\bar{\eta}}_{ij}$ gegeben" für den an starrer Umgebung haftenden Körper identisch (vgl. auch den nächsten Paragraphen).

Macht man den zuerst wohl von Schaefer [127] angegebenen Ansatz[2]

$$\chi_{ij} = \omega_{ij} - \omega_{kk}\,\delta_{ij} + \Omega\,\delta_{ij} \qquad\qquad \text{(II. 64)}$$

mit $\Delta\omega_{ij} = 0$, so sind außer den Gleichgewichtsbedingungen auch die Gln. (II. 17) mit $\eta = 0$ automatisch erfüllt, wenn nur

$$\Delta\Omega = \frac{m}{m-1}\,\nabla_i\,\nabla_j\,\omega_{ij} \qquad\qquad \text{(II. 65)}$$

ω_{ij} ist wie χ_{ij} ein symmetrischer Tensor 2. Stufe. Nehmen wir als Lösung von (II. 65)

$$\Omega = \frac{m/2}{m-1}\,x_i\,\nabla_j\,\omega_{ij} + \omega_{kk} + v, \qquad\qquad \text{(II. 66)}$$

so ergibt sich

$$\chi_{ij} = \omega_{ij} + H\,\delta_{ij} \qquad\qquad \text{(II. 67)}$$

mit

$$H = v + \frac{m/2}{m-1}\left(x_1\,\frac{\partial\omega_{11}}{\partial x_1} + x_2\,\frac{\partial\omega_{22}}{\partial x_2} + x_3\,\frac{\partial\omega_{33}}{\partial x_3}\right). \qquad\qquad \text{(II. 68)}$$

Dabei ist $\Delta v = 0$. Man kann zeigen [77], daß $v = \omega_{12} = \omega_{23} = \omega_{31} = 0$ gesetzt werden darf. Mit

$$\chi_{ij} = \omega_{ij} + H\,\delta_{ij} \qquad i = j \qquad\qquad \text{(II. 69}$$

sind dann die Maxwellschen Funktionen für $\eta = 0$ auf drei harmonische Funktionen zurückgeführt. Man zeigt leicht, daß diese die Be-

---

[1] Daß (II. 61) extremal werden soll, kommt schon bei Föppl [44] vor. Der Fortschritt hier besteht in dem Zusatz „bei festgehaltenem η".

[2] Dieses ω_{ij} hat mit dem früher verwendeten natürlich nichts zu tun.

dingungen (II. 25), nicht aber (II. 19), identisch erfüllen. Für die Funktionen ω_{ij} setzt man etwa eine Reihenentwicklung nach harmonischen Funktionen an und bestimmt die Koeffizienten nach den üblichen Methoden so, daß die Randbedingungen, ausgedrückt in χ_{ij}, möglichst gut erfüllt sind. Addiert man ggfs. die so erhaltenen Spannungsfunktionen zu den partikulären, nach § 13 erhaltenen Maxwell-Funktionen, so erhält man die resultierenden Maxwellschen Spannungsfunktionen des betr. Spannungszustandes.

§ 15. Die bei Eigenspannungen auftretenden Randwertprobleme und ihre Behandlung mit Spannungsfunktionen

Das partikuläre Integral (II. 29) und (II. 32) der bei Eigenspannungen maßgebenden Differentialgleichungen (II. 17) erfüllt im allgemeinen in dem an Luft grenzenden Körper die Randbedingungen für die Spannungen $n_i\, \sigma_{ij} = 0$ nicht, während in dem an starrer Umgebung haftenden Körper die Randbedingungen für die Deformationen (I. 89) nicht erfüllt sind. Es bleibt also im ersten Fall ein Randwertproblem der Form

$$n_i\, \sigma_{ij} = A_j, \qquad\qquad (\text{II. 70})$$

im zweiten ein solches der Form

$$\overline{\text{Ink}\; \varepsilon} = \overline{\eta}, \qquad \overline{\overline{\text{Ink}\; \varepsilon}} = \overline{\overline{\eta}} \qquad\qquad (\text{II. 71})$$

zu lösen übrig. In beiden Fällen müssen die dazu verwendeten Spannungsfunktionen die Gln. (II. 17) mit $\eta = 0$ befriedigen. Diese ersetzen wir nach § 12 durch die Gleichungen

$$\Delta\Delta\chi' = 0, \qquad \nabla_i \chi'_{ij} = 0. \qquad\qquad (\text{II. 72})$$

In der Praxis treten Probleme auf, bei denen etwa zwei durch eine Versetzungswand getrennte Teilgebiete eines Körpers verschiedene elastische Moduln haben. In solchen Fällen müssen gleichzeitig Grenzflächenbedingungen für Spannungen und Deformationen berücksichtigt werden. Durch (II. 70) und (II. 71) sind die beiden Grenzfälle (elastische Moduln $= 0$ bzw. ∞ im Teilvolumen II) dieser Aufgabe gekennzeichnet, auf welche sie sich schließlich auch immer zurückführen läßt. Diese Bemerkung soll erklären, warum wir solchen Wert auf den an starrer Umgebung haftenden Körper legen.

Wir zeigen jetzt, daß man immer das Randwertproblem (II. 71) durch das Problem „Randverschiebungen gegeben" ersetzen kann. Es seien etwa η_{ij}, $\overline{\eta}_{ij}$, $\overline{\overline{\eta}}_{ij}$ vorgeschrieben. Dann setzt sich die elastische Deformation aus zwei Anteilen zusammen: Der Partikularlösung ε^0_{ij}

und einem zweiten Anteil ε_{ij}^H, welcher den homogenen Gleichungen

$$\text{Ink } \varepsilon = 0, \qquad \text{Div } \sigma = 0, \qquad \sigma_{ij} = c_{ijkl}\,\varepsilon_{kl} \tag{II. 73}$$

genügt. Sowohl ε^O als auch ε^H kann man formal gemäß den Gln. (II. 71) Flächenkompatibilitäten $\overline{\eta}^O$, $\overline{\overline{\eta}}^O$ und $\overline{\eta}^H$, $\overline{\overline{\eta}}^H$ zuordnen. Dabei ist wegen $\varepsilon^H = \varepsilon - \varepsilon^O$ auch $\overline{\eta}^O = \overline{\eta} - \overline{\eta}^O$ usw. Das Problem ist also, solche Deformationen ε^H zu bestimmen, die den Gln. (II. 72) und zugleich den mit dem Index H geschriebenen Randbedingungen (II. 71) genügen. Der Einfachheit halber lassen wir weiterhin den Index H weg (bei $\eta = 0$ ist ohnehin $\varepsilon^H = \varepsilon$).

Wegen der ersten Gl. (II. 73) hat ε die Form Def s. Man kann leicht zeigen, worauf wir hier jedoch verzichten, daß sich dann die Randbedingungen in der Grenzfläche integrieren und in die Form

$$s = g \tag{II. 74}$$

bringen lassen, wo g aus $\overline{\eta}$ und $\overline{\overline{\eta}}'$ folgt. g ist diejenige Verschiebung, welche die Oberfläche des Mediums erleiden würde, wenn man den Zwang seitens der starren Umgebung plötzlich wegnehmen würde.

Danach ist klar, daß man auch bei Eigenspannungen mit den bisher bekannten Randwertproblemen auskommt. Für diese existieren zahlreiche bekannte Lösungsmethoden, wir wollen deshalb nur ganz kurz etwas zur Verwendungsmöglichkeit der dreidimensionalen Spannungsfunktionen bei der Lösung dieser Probleme sagen.

Der Spannungsfunktionstensor stellt kein eindeutiges Funktionensystem dar und enthält daher eine viel größere Mannigfaltigkeit als etwa der Verschiebungsvektor, was in den zusätzlichen Nebenbedingungen zum Ausdruck kommt. Man hat so die Möglichkeit, sich gegebenen Problemen etwa durch besondere Wahl der Nebenbedingungen anzupassen. Ferner hat sich für zweidimensionale Probleme die Airysche Spannungsfunktion so sehr bewährt, daß man zumindest versuchen möchte, eine ähnliche Methode auch für dreidimensionale Probleme zu gewinnen.

Dieses Ziel ist noch nicht erreicht. Indessen läßt die einfache Form der Energiegleichung (II. 57) erwarten, auch das durch die Gln. (II. 71) bzw. (II. 74) definierte Randwertproblem erfolgreich mit Spannungsfunktionen behandeln zu können. Geht man nämlich nach der klassischen Greenschen Methode vor, so hat man von dem Bettischen Theorem aus zu starten, welches sich in Spannungsfunktionen nach Vergleich mit Gl. (II. 57)

$$\iiint\limits_V \chi_{ij}^{1}\,\eta_{ij}^{2}\,dV + \iint\limits_F \chi_{ij}^{1}\,\overline{\eta}_{ij}^{2}\,dF + \iint\limits_F V_k\,(n_k\,\chi_{ij}^{1})\,\overline{\overline{\eta}}_{ij}^{2}\,dF$$
$$= \iiint\limits_V \chi_{ij}^{2}\,\eta_{ij}^{1}\,dV + \iint\limits_F \chi_{ij}^{2}\,\overline{\eta}_{ij}^{-1}\,dF + \iint\limits_F V_k\,(n_k\,\chi_{ij}^{2})\,\overline{\overline{\eta}}_{ij}^{1}\,dF \tag{II. 75}$$

schreibt. Man identifiziert dann hierin η_{ij}^{1}, $\overline{\eta}_{ij}^{1}$, $\overline{\overline{\eta}}_{ij}^{1}$ mit den gegebenen Inkompatibilitäten, χ_{ij}^{1} mit dem gesuchten Spannungsfunktionstensor, während man für χ_{ij}^{2} das Fundamentalintegral (Hauptlösung) der Differentialgleichungen (II. 17) für χ_{ij} einzusetzen hat. Natürlich möchte man dabei verwerten, daß diese Gleichungen mit den entsprechenden Nebenbedingungen in die Form $\Delta\Delta\chi_{ij} = 0$ übergehen, denn das Fundamentalintegral dieser Gleichung ist bekanntlich durch die Funktion $|x - x'|/8\,\pi$ gegeben. Man könnte dann hoffen, das ganze Randwertproblem irgendwie auf die Bestimmung einer biharmonischen Greenschen Funktion des betreffenden Bereichs zurückzuführen. Die Schwierigkeit ist u. a., daß man z. Z. nicht weiß, wie man für die Erfüllung der Nebenbedingungen sorgen kann, welche ja erst die Befriedigung der Differentialgleichungen (II. 17) garantiert.

Ähnlich ist die Situation für das zweite Randwertproblem. In χ_{ij} geschrieben lauten die Randbedingungen (II. 70)

$$\epsilon_{ijk}\,\epsilon_{lmn}\,n_i\,V_j\,V_m\,\chi_{kn} = A_l, \tag{II. 76}$$

welche man gleichzeitig mit den Gln. (II. 17) zu erfüllen hat. Ersetzt man diese durch die Gln. (II. 72), so muß man irgendwie die Erfüllung von $V_i\,\chi_{ij} = 0$ sicherstellen. Man könnte das etwa so tun, daß man außer den Randbedingungen (II. 76) noch

$$V_i\,\chi_{ij} = 0,\; \frac{\partial}{\partial n}\,(V_i\,\chi'_{ij}) = 0 \text{ auf dem Rand} \tag{II. 77}$$

vorschreibt. Denn mit (II. 72) gilt natürlich auch

$$\Delta\Delta\,(V_i\,\chi'_{ij}) = 0, \tag{II. 78}$$

woraus bekanntlich folgt, daß mit den Randwerten (II. 77) zugleich $V_i\,\chi'_{ij}$ im ganzen Volumen verschwindet. Das durch die Randbedingungen (II. 76) und (II. 77) definierte biharmonische Problem ist bisher noch nicht behandelt worden.

Andererseits findet man relativ leicht ein Feld χ_{ij}, welches die Randbedingungen (II. 76) und die Differentialgleichungen $\Delta\Delta\chi_{ij} = 0$ befriedigt. Hierzu bedarf es wieder nur der Aufstellung der biharmonischen Greenschen Funktion. Es erscheint nicht ausgeschlossen, daß man ohne allzu große Schwierigkeiten vollends dasjenige Feld finden wird, welches man zu diesem χ_{ij} addieren muß, so daß zusätzlich noch die Nebenbedingungen, also auch die Differentialgleichungen (II. 17), erfüllt sind.

§ 16. Erweiterung auf elastische Anisotropie, Doppelkräfte

Die Metallkristalle, auf welche die Versetzungstheorie angewendet wird, sind in vielen Fällen elastisch stark anisotrop, was man nicht immer außer Acht lassen darf. Deshalb hat schon Burgers [13] die anisotrope Elastizitätstheorie auf Versetzungen angewendet. Wir stellen jetzt die wichtigsten Formeln zusammen, die gestatten, nicht nur die Versetzungen bei elastischer Anisotropie zu behandeln, sondern auch die Grundlage für die Behandlung anderer wichtiger elastischer Singularitäten, abgeben.

In den Gebieten außerhalb der Singularitäten sei zunächst $\varepsilon_{ij} = \frac{1}{2}\,(V_i s_j + V_j s_i)$. Führen wir dies mit Hilfe des Hookeschen Gesetzes in die Gleichgewichtsbedingungen (II. 5) ein, so ergibt sich

$$D_{jl}\,s_l + \mathfrak{F}_j = 0, \qquad D_{jl}(V) \equiv c_{ijkl}\,V_i\,V_k. \tag{II. 79}$$

Es sei $f(V)$ die Determinante $|D_{ik}|$, $D_{ij}^*(V)$ der symmetrische Tensor der Unterdeterminanten von f, d. h. $D_{jl}\,D_{lk}^* = f\delta_{jk}$. Mit

$$s_l = D_{kl}^*\,h_k \qquad\qquad \text{(II. 80)}$$

wird dann aus Gl. (II. 79)

$$f\,h_j + \mathfrak{F}_j = 0. \qquad\qquad \text{(II. 81)}$$

Für den Fall der Einzelkraft P_j am Orte x' schreiben wir

$$\mathfrak{F}_j(x) = P_j\,\delta(x - x'), \quad \delta(x - x') \equiv \delta(x_1 - x_1')\,\delta(x_2 - x_2')\,\delta(x_3 - x_3'),$$
$$\text{(II. 82)}$$

dann ist

$$f\,h_j + P_j(x')\,\delta(x - x') = 0. \qquad\qquad \text{(II. 83)}$$

Durch die Gleichung

$$f\,U + \delta(x) = 0 \qquad\qquad \text{(II. 84)}$$

definiert man im unendlichen Medium (deshalb eindeutig bis auf eine uninteressante ganze Funktion 5. Grades von x) das Fundamentalintegral (Hauptlösung) $U(x)$ der linearen, von 6. Ordnung homogenen Differentialgleichung $f\,u = 0$. Die Kenntnis von U bedeutet zugleich diejenige des partikulären Integrals von (II. 81)

$$h_j(x) = \iiint_V U(x)\,\mathfrak{F}_j(x')\,dV', \quad x \equiv |x - x'|, \qquad \text{(II. 85)}$$

demnach gilt für die Einzelkraft im unendlichen Medium

$$h_j(x) = U(x)\,P_j(x'). \qquad\qquad \text{(II. 86)}$$

Das zugehörige Verschiebungsfeld folgt nach Gl. (II. 80) zu

$$s_j(x) = S_{ij}(x)\,P_i(x'), \qquad S_{ij} = D_{ij}^*\,U. \qquad\qquad \text{(II. 87)}$$

Der symmetrische Tensor S_{ij} ist das Fundamentalintegral der elastischen Differentialgleichungen (II. 79) für die Verschiebungen. Mit seiner Hilfe lautet die Partikularlösung von Gl. (II. 79)

$$s_j(x) = \iiint_V S_{ij}(x)\,\mathfrak{F}_i(x')\,dV'. \qquad\qquad \text{(II. 88)}$$

Die physikalische Bedeutung der Komponenten von S_{ij} folgt leicht aus Gl. (II. 87), wenn man $|P_i| = 1$ annimmt. Dann ist S_{ij} die j-Komponente der zugehörigen Verschiebung.

Man sagt,

$$s_k(x) = P_{ij}(x')\,V_i\,S_{jk}(x) \qquad\qquad \text{(II. 89)}$$

sei die Verschiebung am Orte x, die von einer Doppelkraft P_{ij} am Orte x' hervorgerufen wird. Wir nennen den nicht notwendig symmetrischen

Tensor P_{ij} auch den „Kräftedipol". Sein erster Index gibt die Richtung an, in der die beiden entgegengesetzt gleichen Einzelkräfte, deren Angriffspunkte um l_i auseinander liegen und deren Richtung durch den zweiten Index beschrieben wird, zusammenrücken, d. h.

$$P_{ij} = \lim_{l_i \to 0,\, P_j \to \infty} l_i\, P_j. \tag{II. 90}$$

Die Diagonalkomponenten von P_{ij} sind Doppelkräfte ohne Moment, die übrigen Komponenten solche mit Moment um eine zur i- und j-Richtung senkrechte Achse. Das gesamte Drehmoment ist in dem antisymmetrischen Teil von P_{ij} enthalten. Wegen weiterer Informationen über Doppelkräfte vgl. man Love [95].

Die Verschiebung

$$s_l(\boldsymbol{x}) = P_{ijk}(\boldsymbol{x}')\, \nabla_i\, \nabla_j\, S_{kl}(x) \tag{II. 91}$$

wird von einem Kräftequadrupol P_{ijk} hervorgerufen und in entsprechender Weise kann man die höheren Multipole definieren.

Im Fall elastischer Isotropie berechnet man mit Gl. (II. 9)

$$D_{ij} = (\lambda + \mu)\, \nabla_i\, \nabla_j + \mu\, \varDelta \delta_{ij} \tag{II. 92}$$

$$D_{ij}^* = [-\mu\,(\lambda + \mu)\, \nabla_i\, \nabla_j + \mu\,(\lambda + 2\mu)\, \varDelta \delta_{ij}]\, \varDelta \tag{II. 93}$$

$$f = \mu^2(\lambda + 2\mu)\, \varDelta\varDelta\varDelta\,, \quad U = \frac{1}{96\,\pi\mu^2(\lambda + 2\,\mu)}\, x^3, \tag{II. 94}$$

also mit $\varDelta x^3 = 12\, x$

$$S_{ij} = \frac{1}{8\,\pi\,\mu} \left(- \frac{\lambda + \mu}{\lambda + 2\,\mu}\, \nabla_i\, \nabla_j + \delta_{ij}\, \varDelta\right) x. \tag{II. 95}$$

Hier werden die Komponenten von S_{ij} also elementare Funktionen von x. Dasselbe gilt sonst nur noch bei hexagonaler Symmetrie [76, 180].

Wir beschreiben nun noch kurz die Methode der Spannungsfunktionen bei Anisotropie [80], die wieder den Vorzug hat, auch bei stetig verteilten Versetzungen anwendbar zu sein. Man setzt

$$\chi_{ij} = X_{ijkl}\, \psi_{kl} \qquad \nabla_i\, \psi_{ij} = 0, \tag{II. 96}$$

wo X_{ijkl} ein Differentialoperator 2. Ordnung ist, der bis jetzt nur für Isotropie und kubische Symmetrie angegeben ist. Er hat dieselbe Symmetrie wie der Hookesche Tensor des betr. Kristalls und schreibt sich bei Isotropie

$$X_{ijkl} = \mu^3 \left[2\lambda\, \delta_{ij}\, \delta_{kl} + (\lambda + 2\mu)\, (\delta_{ik}\delta_{jl} + \delta_{il}\, \delta_{jk})\right] \varDelta. \tag{II. 97}$$

Die ψ_{ij} genügen der Differentialgleichung

$$f\, \psi_{ij} = \eta_{ij}, \tag{II. 98}$$

die durch

$$\psi_{ij}(\boldsymbol{x}) = -\iiint\limits_{V} \eta_{ij}(\boldsymbol{x}')\, U(x)\, dV' \tag{II. 99}$$

gelöst wird. Für die Spannungsfunktionen χ_{i}, gilt dann

$$\chi_{kl}(\boldsymbol{x}) = - \iiint\limits_{V} \eta_{ij}(\boldsymbol{x}') \, X_{ijkl} \, U(x) \, dV'. \tag{II. 100}$$

Bei Isotropie ist mit (II. 97) und (II. 94)

$$X_{ijkl}\, U = \frac{\mu}{8\pi}\left[\frac{2\lambda}{\lambda + 2\mu}\,\delta_{ij}\,\delta_{kl} + \delta_{ik}\,\delta_{jl} + \delta_{il}\,\delta_{jk}\right]x, \tag{II. 101}$$

womit Gl. (II. 100) in Gl. (II. 26) übergeht.

Wegen der Anwendung auf gerade Versetzungslinien interessiert noch die Darstellung für das ebene Problem. Es sei etwa $\partial/\partial x_3 = 0$. Die sich dann ergebenden Funktionen kennzeichnen wir durch einen Querstrich. Es ist leicht zu zeigen, daß sich dann die Funktion 6. Ordnung $\bar{f}$ in ein dreifaches Produkt von Ausdrücken, die von 2. Ordnung homogen sind, zerlegen läßt (beim isotropen und hexagonalen Kristall ist dies schon beim dreidimensionalen f möglich). Deshalb hat aber die zu $\bar{f}$ gehörige charakteristische Gleichung 6. Grades elementare Wurzeln, und das zugehörige (zweidimensionale) Fundamentalintegral $\bar{U}$ wird eine elementare Funktion, die in allen Fällen relativ leicht aufgestellt werden kann. Wir setzen sie daher als bekannt voraus, Es gilt

$$\bar{U}(\bar{x}) = \int\limits_{-\infty}^{\infty} U(x) \, dx_3, \tag{II. 102}$$

wie aus der Theorie der Differentialgleichungen hinreichend bekannt ist. Damit haben wir die Grundlagen für die statische Behandlung von Versetzungen und anderen Singularitäten einigermaßen vollständig zusammengestellt.

§ 17. Die elastizitätstheoretische Behandlung der singulären Versetzung

Die einzelne Versetzung spielt bei den Anwendungen eine sehr große Rolle. In Abb. 9a, b war die Erzeugung einer einzelnen Stufenversetzung veranschaulicht worden. Man denke sich den aufgeschnittenen Zylinder von Abb. 9a zu dem Vollzylinder der Abb. 9b derart zusammengepreßt, daß die Relativverschiebung g der Fläche A gegenüber B nur eine x_1-Komponente hat, darauf sollen A und B zu einer Fläche f verwachsen. Abb. 10 zeigt die Erzeugung einer Schraubenversetzung: Man denke sich den Zylinder in Abb. 10 aus einem fehlerfreien Zylinder durch Aufschneiden und Relativverschieben der Schnittufer in Richtung der Zylinderachse erzeugt.

Im allgemeinen Fall wird eine Versetzung längs einer beliebigen Raumkurve L mit Tangenteneinheitsvektor $\boldsymbol{t}$ verlaufen, in welche ihre Erzeugungsfläche f mit Normaleneinheitsvektor $\boldsymbol{n}$ eingespannt ist. $\boldsymbol{q}$

sei der Einheitsvektor $\boldsymbol{n} \times \boldsymbol{t}$. Wir nehmen an, daß ζ so klein sei, daß man den „Versetzungsstreifen" der Breite 2ζ lokal als eben betrachten kann. q sei dann die kürzeste Entfernung eines auf f gelegenen Punktes in der Nähe der Linie L von dieser.

Die Versetzungsdichte innerhalb des Streifens ist nach Gl. (I. 77) $-\boldsymbol{n} \times \boldsymbol{Vg}$, was gleich $\boldsymbol{t}\, \partial g/\partial q$ ist, da sich $\boldsymbol{g}$ nur in q-Richtung ändert. Die Verteilung von $\boldsymbol{g}(q)$ steht uns natürlich frei, in Abb. 9, 10 ist sie linear veränderlich gezeichnet. Allgemeiner kann $\partial|g|/\partial q$ irgendeine Kurve sein, für die wir $-\gamma(q)\,|\boldsymbol{g}^\circ|$ schreiben, wenn $\boldsymbol{g}^\circ$ die konstante Verschiebung über den größten Teil der Fläche f ist. Nach § 1, 2 ist also $\boldsymbol{b} = -\boldsymbol{g}^\circ$ der Burgers-Vektor der Versetzung. Somit erhalten wir eine flächenhafte Versetzungsdichte

$$\bar{\alpha}_{il} = t_i\, b_l\, \gamma(q)\,. \tag{II. 103}$$

Nach diesen Vorbereitungen kommt nun die eigentliche Rechnung. Ausgangspunkt ist Gl. (II. 26′), in die man η_{ij} gemäß Gl. (I. 51)[1]

$$\eta_{ij} = -\,(\epsilon_{jkl}\, V_k\, \alpha_{il})^S \tag{II. 104}$$

einzuführen hat. Nach partieller Integration ergibt sich, da das Oberflächenintegral verschwindet, mit $V'_k \equiv \partial/\partial x'_k$

$$\chi'_{ij} = -\frac{1}{8\pi}\left(\epsilon_{jkl}\int\!\!\int_V\!\!\int \alpha_{il}\,(x')\,V'_k\, x\, dV'\right)^S, \quad x \equiv |\boldsymbol{x} - \boldsymbol{x}'|\,. \tag{II. 105}$$

Hier hat man offenbar $\alpha_{il}\, dV' = \alpha_{il}\, dq'\, dL'$ zu setzen, wo dL' der Betrag des Linienelements dL'_i der Linie L ist. Mit (II. 103) erhält man dann

$$\alpha_{il}\, dV' = t_i\, b_l\, \gamma(q')\, dq'\, dL' = b_l\, dL'_i\, \gamma(q')\, dq'\,. \tag{II. 106}$$

Setzt man dies in Gl. (II. 105) ein, und setzt man noch $\gamma(q')$ gleich der Deltafunktion $\delta(q')$, so kann man die Integration nach q' durchführen und erhält für die singuläre Versetzungslinie

$$\chi'_{ij} = -\frac{1}{8\pi}\left(\epsilon_{jkl}\, b_l \oint_L \int_{-\zeta}^{\zeta} V'_k\, x\, dL'_i\, \delta(q')\, dq'\right)^S = -\frac{1}{8\pi}\left(\epsilon_{jkl}\, b_l \oint_L V'_k\, x\, dL'_i\right)^S\,. \tag{II. 106′}$$

Indem wir auch noch V'_k vor das Integral ziehen, wobei das Vorzeichen umzudrehen ist, da nunmehr nach x_i differenziert wird, bekommen wir endgültig die zuerst vom Verf. angegebene Formel [78]

$$\chi'_{ij} = \frac{1}{8\pi}\left(\epsilon_{jkl}\, b_l\, V_k \oint_L x\, dL'_i\right)^S\,. \tag{II. 107}$$

---

[1] S bedeutet „symmetrischer Teil von".

Hiermit wird der Spannungszustand, der von der längs der Linie L verlaufenden Versetzung herrührt, auf das relativ einfache Integral $\oint x\,dL'$ zurückgeführt. Es wird sich zeigen, daß die Spannungen in der Linie selbst divergieren, was natürlich von dem Grenzübergang $\gamma(q) \to \delta(q)$ herrührt. Interessiert man sich also für den Zustand in unmittelbarer Nähe der Linie L, so darf man diesen Übergang nicht machen, sondern muß die linke Gleichung (II. 106′) mit $\gamma(q)$ integrieren[1].

Falls die Versetzungslinie gerade ist und sich längs der x_3-Achse erstreckt, wird dL_i zu dx_3. Man rechnet leicht die Formel

$$\int_{-L/2}^{L/2} x\,dx_3' = -\,\varrho^2 \ln(\varrho/L) + L^2/4\,, \qquad \varrho^2 \equiv x_1^2 + x_2^2 \qquad \text{(II. 108)}$$

nach, die überall dort gilt, wo $\varrho,\ x_3 \ll L$ ist[2]. L ist gewissermaßen die Länge der Versetzung, die nun gegen ∞ gehen soll. Gemäß Gl. (II. 107) und (II. 2) wird der Ausdruck (II. 108) dreimal differenziert, bis man die Spannungen bekommt. Zu diesen trägt also $\varrho^2 \ln L$ nicht bei, wir schreiben, indem wir (II. 108) in (II. 107) einsetzen

$$\chi_{3j}' = -\,\frac{1/2}{8\pi}\,(\epsilon_{jkl} + \epsilon_{3kl}\,\delta_{3j})\,b_l\,\nabla_k\,\varrho^2 \ln \varrho\,. \qquad \text{(II. 109)}$$

Aus der äußerlichen Übereinstimmung von Gl. (II. 26′) und (II. 99) schließt man sofort auf die entsprechenden Formeln bei Anisotropie, nämlich Gl. (II. 107) entspricht

$$\psi_{ij} = (\epsilon_{jkl}\,b_l\,\nabla_k \int_L U(x)\,dL_i')^S \qquad \text{(II. 110)}$$

und Gl. (II. 109)

$$\psi_{3j} = -\,\frac{1}{2}\,(\epsilon_{jkl} + \epsilon_{3kl}\,\delta_{3j})\,b_l\,\nabla_k\,U(\overline{x})\,, \qquad \text{(II. 111)}$$

woraus man die Spannungsfunktionen χ_{ij} nach Gl. (II. 96) ausrechnet.

Die nur einmal für jeden Kristall notwendige Berechnung von X_{ijkl} dürfte im zweidimensionalen Fall nicht sehr umfangreich sein, ist es aber im dreidimensionalen [80]. Man sieht, daß sich im Fall gerader Versetzungslinien die Spannungen auch bei Anisotropie stets als elementare Funktionen ergeben (da U nach § 16 elementare Funktion ist). Eshelby [36] hat gezeigt, wie man diese auch in der komplexen Ebene $x_1 + i\,x_2$, ausgehend von

---

[1] In einiger Entfernung von L wirkt sich das Prinzip von de St. Venant aus: Es kommt auf die genaue Verteilungsfunktion $\gamma(q)$ nicht mehr an.

[2] Der exakte Ausdruck (II. 108) lautet

$$\frac{\varrho^2}{2} \ln\left[\left(\frac{L}{2} + x_3 + \sqrt{+}\right)\left(\frac{L}{2} - x_3 + \sqrt{-}\right)\Big/\varrho^2\right] + \frac{1}{2}\left(\frac{L}{2} + x_3\right)\sqrt{+}$$

$$+ \frac{1}{2}\left(\frac{L}{2} - x_3\right)\sqrt{-} \qquad\qquad \sqrt{\pm} \equiv \sqrt{\varrho^2 + \left(\frac{L}{2} \pm x_3\right)^2}\,.$$

einem komplexen Verschiebungsfeld $s_1 + i\,s_2$ erhalten kann. Schon vorher hatte Burgers [13] festgestellt, daß sich die anisotropen Formeln in kubischen Kristallen stark vereinfachen, wenn die Versetzung sich in einer ausgezeichneten kristallographischen Richtung erstreckt. Insbesondere erhält man für eine sich in $\langle 001 \rangle$-Richtung erstreckende Schraubenversetzung dieselben Verschiebungen wie bei Isotropie.

Wir unterscheiden nun zwei Fälle:

1. Die gerade Stufenversetzung in x_3-Richtung. Dann ist $b_3 = V_3 = 0$, und in Gl. (II. 109) wird $j = 3$, d. h. allein χ'_{33} ist von Null verschieden. Wählt man etwa $x_1 \parallel b_l$ (d. h. $l = 1$), so ist

$$\chi'_{33} = \frac{1}{8\pi} b_1 \frac{\partial}{\partial x_2} \left(\varrho^2 \ln \varrho \right). \tag{II. 112}$$

Nach Gl. (II. 16) und (II. 18) ist der Zusammenhang zwischen der Airyschen Spannungsfunktion χ und χ'_{33} durch $-\dfrac{2\,G\,m}{m-1}\chi'_{33} = \chi$ gegeben[1], womit wir Gl. (II. 112) auch

$$\chi = -\frac{A}{2} \frac{\partial}{\partial x_2} \left(\varrho^2 \ln \varrho \right), \qquad A \equiv \frac{b_1}{2\pi} \frac{m\,G}{m-1} \tag{II. 113}$$

schreiben können. Diese Gleichung wurde zuerst von Koehler [111] angegeben. Nach den üblichen Regeln der Elastizitätstheorie folgen hieraus die Spannungen zu

$$\left.\begin{aligned}
\sigma_{11} &= \partial^2\chi/\partial x_2^2 = -A\,\frac{x_2}{\varrho^2}\frac{3\,x_1^2 + x_2^2}{\varrho^2} \\[2mm]
\sigma_{12} &= -\partial^2\chi/\partial x_1\,\partial x_2 = A\,\frac{x_1}{\varrho^2}\frac{x_1^2 - x_2^2}{\varrho^2} \\[2mm]
\sigma_{22} &= \partial^2\chi/\partial x_1^2 = A\,\frac{x_2}{\varrho^2}\frac{x_1^2 - x_2^2}{\varrho^2}
\end{aligned}\right\} \tag{II. 114}$$

und die Verschiebungen zu[2]

$$\left.\begin{aligned}
s_1 &= \frac{b_1}{2\pi}\left[\left(\varphi - \frac{\pi}{2}\right) + \frac{m/2}{m-1}\frac{x_1\,x_2}{\varrho^2}\right], \qquad \varphi = \operatorname{arc\,tg}\frac{x_2}{x_1} \\[2mm]
s_2 &= -\frac{b_1}{4\pi(m-1)}\left[(m-2)\ln\frac{\varrho}{\zeta} + m\,\frac{x_2^2}{\varrho^2}\right].
\end{aligned}\right\} \tag{II. 115}$$

---

[1] Man findet aus Gl. (II. 18) auch χ_{11} und χ_{22} von Null verschieden. Mit Hilfe von (II. 16) zeigt man leicht, daß hieraus die aus der Theorie des ebenen Verzerrungszustands bekannte Beziehung $m\,\sigma_{33} = \sigma_{11} + \sigma_{22}$ folgt [1]. σ_{11}, σ_{12} und σ_{22} sind durch χ allein bestimmt, so daß wir χ_{11} und χ_{22} nicht zu betrachten brauchen.

[2] Diese Gleichungen wurden zuerst von Burgers [12] auf eine andere Weise abgeleitet (s. u.). Als erster hatte Taylor [149] die Elastizitätstheorie auf Kristallversetzungen angewendet und insbesondere den Zusammenhang mit Volterra hergestellt, bei der Detailrechnung jedoch nicht ganz korrekt gerechnet.

Zur Berechnung der Verschiebung ist eine besondere Betrachtung nötig, da s_2 logarithmisch mit ϱ divergiert [71].

2. Schraubenversetzung in x_3-Richtung. Dann wird Gl. (II. 109) zu

$$\chi'_{31} = -\frac{1/2}{8\pi}\, b_3 \frac{\partial}{\partial x_2}\, (\varrho^2 \ln \varrho)\,, \qquad \chi'_{32} = \frac{1/2}{8\pi}\, b_3 \frac{\partial}{\partial x_1}\, (\varrho^2 \ln \varrho)\,. \qquad \text{(II. 116)}$$

Nach Multiplikation mit $2G$ sind dies zugleich die χ_{ij}-Werte. Nach Gl. (II. 16) ist dann die Spannungsfunktion der Torsion

$$\Phi = -\frac{G\, b_3}{8\pi}\left(\frac{\partial^2}{\partial x_1^2} + \frac{\partial^2}{\partial x_2^2}\right)\varrho^2 \ln \varrho = -\frac{G\, b_3}{2\pi}\,(\ln \varrho + 1)\,, \qquad \text{(II. 117)}$$

die Spannungen sind

$$\sigma_{31} = -\frac{G\, b_3}{2\pi}\frac{x_2}{\varrho^2}\,, \qquad \sigma_{32} = \frac{G\, b_3}{2\pi}\frac{x_1}{\varrho^2} \qquad \text{(II. 118)}$$

und die Verschiebungen

$$s_1 = s_2 = 0\,, \qquad s_3 = \frac{b_3}{2\pi}\,\varphi\,, \qquad \varphi = \operatorname{arc\,tg}\frac{x_2}{x_1}\,. \qquad \text{(II. 119)}$$

Hier ist die Darstellung durch die Verschiebungen besonders instruktiv, da man der Gl. (II. 119) unmittelbar den Übergang der x_3-Ebenen in Schraubenflächen abliest[1].

Obwohl das Integral (II. 107) sehr einfach aussieht, gelingt seine Integration doch nur in den einfachsten Fällen in geschlossener Form. Dies trifft zu für Versetzungen, die aus stückweise geraden Linien bestehen, ferner bei Versetzungen, die ebene Kurven zweiten Grades bilden. Im letzten Fall erhält man elliptische Integrale.

Ursprünglich (von Burgers [12]) wurde an Stelle der Formel (II. 107) das Verschiebungsfeld der allgemeinen Versetzungslinie als Flächenintegral dargestellt. Durch Anwendung der Greenschen Methode im Fall $\eta = 0$ kann man die Verschiebungen in einem Körper durch die erzeugenden Volumen- und Oberflächenkräfte sowie durch die Oberflächenverschiebungen ausdrücken. Man erhält[2] (die ausführliche Rechnung s. etwa bei Seeger [134])

$$s_h(\boldsymbol{x}) = \iiint_V S_{ih}(x)\,\mathfrak{F}_i(\boldsymbol{x}')\,dV' + \iint_F S_{ih}(x)\,\overline{\mathfrak{F}}_i(\boldsymbol{x}')\,dF\cdot$$

$$+ \iint_F c_{ijkl}\, n_i\, s_j\,(\boldsymbol{x}')\frac{\partial}{\partial x_k}\,S_{lh}(x)\,dF'\,. \qquad \text{(II. 120)}$$

---

[1] Wegen $s_1 = s_2 = 0$ ist es auch sehr bequem, diese Gleichungen von den Verschiebungen s_3 ausgehend abzuleiten, wie dies ursprünglich von Burgers [12] getan wurde und heute in allen Büchern über Versetzungen nachzulesen ist.

[2] Diese Formel wurde wohl zuerst von Fredholm [57] angegeben und von Gebbia [58] ausführlich diskutiert.

Diese Formel wendet man z. B. auf den aufgeschnittenen Zylinder in Abb. 9a an, wenn man ihn nun zusammen biegt (Abb. 9b), ohne daß er zunächst verschweißt werden soll. Es ist dann jedenfalls $\mathfrak{F}_i = 0$, es verschwindet aber auch das zweite Integral von Gl. (II. 120), da die Oberflächenkräfte, welche das Zusammenbiegen der Flächen A und B bewirken, auf diesen an gleichen Punkten entgegengesetzt gleich sind. Somit bleibt von Gl. (II. 120), wenn wir noch den Verschiebungssprung $s_i^A - s_i^B$ sinngemäß mit g_i bezeichnen (§ 8)

$$s_h(\boldsymbol{x}) = \iint_f c_{ijkl}\, n_i\, g_j\, \frac{\partial}{\partial x_k}\, S_{lh}(x)\, df' + \iint_F c_{ijkl}\, n_i\, s_j(\boldsymbol{x}')\, \frac{\partial}{\partial x_k}\, S_{lh}(x)\, dF'$$

$$(II.\ 121)$$

übrig, wo f die verschmolzene Fläche AB mit A als positiver Seite und F die Oberfläche des Körpers nach dem Verschweißen ist. Verzichtet man nun auf eine genaue Beschreibung in der nächsten Umgebung der Versetzung, was darauf hinausläuft, daß man $\boldsymbol{g}$ in f bis an die Linie L heran als konstant annimmt, und beschränkt man sich zugleich auf ein unendliches Medium, so erhält man

$$s_h(\boldsymbol{x}) = -\, b_j \iint_f c_{ijkl}\, n_i\, \frac{\partial}{\partial x_k}\, S_{lh}(x)\, df'. \qquad (II.\ 122)$$

Dies ist nach Burgers in guter Näherung das Verschiebungesfeld, herrührend von einer längs einer beliebigen Linie L verlaufenden Versetzung. In nächster Umgebung gilt es genau so wenig wie Gl. (II. 107). In Gl. (II. 122) ist der Gleitvektor durch den Burgers-Vektor ersetzt.

Aus dem Vergleich mit Gl. (II. 89) schließt man, daß $-c_{ijkl}\, n_i\, b_j$ eine Flächendichte von Kräftedipolen ist. Diese haben offenbar nach dem Verschweißen die Rolle derjenigen äußeren Kräfte übernommen, mit denen man den Zylinder zusammengebogen hatte. Die Möglichkeit, die von einer Versetzung herrührenden Felder entweder als durch die Versetzungslinie (Gl. (II. 110)) oder durch eine Flächendichte von Kräftedipolen erzeugt zu denken, entspricht genau der aus der Magnetfeldertheorie bekannten Tatsache der Äquivalenz von Stromlinie und magnetischer Doppelschicht[1]. Allerdings ist der direkte Nachweis der Gleichwertigkeit von Gl. (II. 110) und (II. 122) sehr mühsam und bis jetzt nur für Isotropie durchgeführt [83].

Das Integral (II. 122) enthält bei Isotropie den Anteil

$$\frac{b_h}{4\pi}\, \Omega(\boldsymbol{x}) = \frac{b_h}{4\pi} \iint_f n_k\, \nabla_k\, \frac{1}{x}\, df', \qquad (II.\ 123)$$

---

[1] Siehe hierzu auch Nabarro [109].

wie man z. B. durch Einsetzen von Gl. (II. 9) und (II. 95) leicht verifiziert. $\Omega(x)$ ist dann der räumliche Sehwinkel, unter dem die Versetzungslinie vom Punkte x aus gesehen wird. Dieser Anteil bewirkt eine Vieldeutigkeit der Verschiebungen[1]. Den restlichen Anteil konnte Burgers [12] als Linienintegral darstellen. Peach und Koehler [115] haben auch noch Ω als Linienintegral dargestellt und erhielten so das gesamte Verschiebungsfeld als Linienintegral, jedoch hat ihre Formel nicht die Einfachheit unseres Linienintegrals (II. 107). Für Anisotropie wurde das Verschiebungsfeld zuerst von Leibfried [90] als Linienintegral gegeben. Diese Darstellung hat eine gewisse Bedeutung, da die Umwandelbarkeit von Gl. (II. 122) in ein Linienintegral den mathematischen Beweis der Tatsache darstellt, daß die Lage der Fläche f, auf der man sich die Kräftedipole verteilt denkt, beliebig ist, wenn nur ihr Rand die Versetzungslinie ist. Natürlich folgt dieser Beweis auch aus Gl. (II. 107).

Das zweite Integral in Gl. (II. 121) stellt die Verschiebung dar, welche man zu derjenigen (II. 122) addieren muß, um die Randbedingungen zu erfüllen. Übrigens gilt Gl. (II. 121) auch dann, wenn g eine beliebige Funktion in der Fläche f ist. Dies ist der Fall der „Somigliana-Versetzung". In neuerer Zeit wurde er von Mann [97] und Bogdanoff [9] behandelt.

§ 18. Die elastische Energie der singulären Versetzung

Als elastische (Selbst-)Energie einer Versetzung definieren wir den Zuwachs an innerer Energie, den das ursprünglich sich im natürlichen Zustand befindliche Medium bei der Einwanderung oder Bildung einer Versetzung erfahren hat. Wandert die Versetzung von außen ein, so hat man oft eine Stufe in der Oberfläche (Abb. 10), durch welche die Oberflächenspannung des Kontinuums lokal geändert wird. Dieser Anteil an der Änderung der inneren Energie ist für die meisten Zwecke belanglos und wird daher weiterhin nicht berücksichtigt. Vgl. Nabarro [110], S. 332.

Wir beschränken uns auf das unendlich ausgedehnte Medium. Im Zentrum der singulären Versetzung werden die Spannungen nach Gl. (II. 114) unendlich. Daher divergiert die Energie der Versetzung pro Längeneinheit (Linienenergie). Dies ist die große Schwierigkeit bei

---

[1] Daß das Verschiebungsfeld bei Anwesenheit einer Versetzung vieldeutig ist, folgt aus der Existenz des Burgers-Vektors b, welche besagt, daß die Verschiebung um b zunimmt, wenn man einmal um die Versetzung herumgeht. Die Dipolfläche f ist die Verzweigungsfläche. Das entsprechende Verhalten des elektrischen Potentials um einen linearen elektrischen Strom ist ja wohl bekannt.

allen energetischen Fragen über Versetzungen. Die realen Versetzungen haben alle eine gewisse endliche „Weite" $2\,\zeta$ und deshalb endliche Selbstenergie. Glücklicherweise geht ζ nur logarithmisch in die Energieformel ein, so daß es für praktische Zwecke nicht ganz genau auf den Verlauf $\boldsymbol{g}\,(q)$ der plastischen Relativverschiebung im Versetzungsstreifen $2\,\zeta$ ankommt. Wir werden weiterhin von der Versetzungs-„Linie" sprechen und dort, wo es auf deren endliche Ausdehnung ankommt, dies besonders betonen.

Wir denken uns nach Cottrell [22] im unendlichen Medium bei Abwesenheit äußerer Kräfte eine Versetzung längs einer Linie L^B verlaufend und nunmehr eine zweite Versetzung gebildet, indem wir längs einer Fläche f mit Randlinie L^A aufschneiden und die beiden Schnittufer um den Gleitvektor $g_i^A = -b_i^A$ plastisch verschieben. Die dabei geleistete Arbeit ist [1]

$$A = b_i^A \iint_f \left(\sigma_{ij}^B + \frac{1}{2}\,\sigma_{ij}^A\right) df_j, \qquad (\text{II. } 124)$$

wenn σ_{ij}^B das Spannungsfeld, herrührend von der Versetzung L^B, σ_{ij}^A das während des Vorgangs zusätzlich entstehende (deshalb 1/2) Spannungsfeld, herrührend von der Linie L^A ist. Indem wir die Spannungen nach Gl. (II. 2) durch die Spannungsfunktionen ersetzen und den Stokesschen Satz anwenden, erhalten wir

$$A = -\,b_i^A\,\epsilon_{ijk} \oint_{L^A} \nabla_j \left(\chi_{kl}^B + \frac{1}{2}\,\chi_{kl}^A\right) dL_l^A \qquad (\text{II. } 125)$$

oder nach Gl. (II. 96) in ψ_{ij} ausgedrückt

$$A = -\,b_i^A\,\epsilon_{ijk} \oint_{L^A} \nabla_j X_{klmn} \left(\psi_{mn}^B + \frac{1}{2}\,\psi_{mn}^A\right) dL_l^A. \qquad (\text{II. } 126)$$

Hier setzen wir ψ_{mn}^B nach Gl. (II. 110) ein und bekommen mit

$$E^{AB} = b_i^A\,b_q^B\,M_{iq}^{AB} \qquad (\text{II. } 127)$$

$$\left.\begin{array}{c} M_{iq}^{AB} = -\,\epsilon_{ijk}\,\epsilon_{npq} \oint_{L^A} \oint_{L^B} \nabla_j\,\nabla_p\,X_{klmn}\,U(x)\,dL_m^B\,dL_l^A, \\[2mm] x \equiv |\boldsymbol{x}^A - \boldsymbol{x}^B| \end{array}\right\} \quad (\text{II. } 127')$$

den der Anwesenheit der Versetzung L^B zuzuschreibenden Anteil der Arbeit bei der Bildung der Versetzungslinie L^A. Man nennt ihn die

---

[1] Im endlichen Medium tritt nach Bilby [2] zu Gl. (II. 124) ein Summand $\iint_F s_i \left(\sigma_{ij}^B + \frac{1}{2}\,\sigma_{ij}^A\right) dF_j$, der die zu dem zweiten Integral von Gl. (II. 121) entsprechende Bedeutung hat. Ein anderer Ausgangspunkt für die folgenden Untersuchungen, der zu den gleichen Ergebnissen führt, wäre Gl. (II. 59).

„Wechselwirkungsenergie" der Versetzungen L^A und L^B. Es ist E^{AB} $= E^{BA}$. Im Fall elastischer Isotropie erhält man mit Gl. (II. 94) und (II. 97) für Gl. (II. 127')

$$M_{iq}^{AB} = - \frac{G}{8\pi} \epsilon_{ijk} \epsilon_{npq} \oint_{L^A} \oint_{L^B} (V_j\, V_p\, x) \left[\frac{2}{m-1} dL_n^B\, dL_k^A \right.$$

$$\left. + dL_k^B\, dL_n^A + dL_l^B\, dL_l^A\, \delta_{nk} \right]. \tag{II. 128}$$

Der im allgemeinen asymmetrische Tensor M_{iq}^{AB} bildet das Analogon zu den bekannten Gegeninduktivitäten in der Theorie der linearen Ströme[1].

Man kann nun nicht auch $\psi_{m\,n}^A$ nach Gl. (II. 110) einsetzen, man erhält sonst ein doppeltes Linienintegral über dieselbe Linie, welches divergiert. Für die Selbstenergie der Versetzung erhält man demnach keine so einfache Formel wie (II. 127'). Von dieser ausgehend kann man jedoch wie folgt dem Problem näher kommen: Man fasse den Versetzungsstreifen $2\,\zeta$ jetzt als bestehend aus lauter unendlich dicht liegenden „Versetzungsfäden" mit dem infinitesimalen Gleitvektor $dg\,(q)$ $= -b^A\, \gamma\,(q)\, dq$ auf (vgl. § 17) und berechne die Wechselwirkungsenergie aller dieser Fäden nach Gl. (II. 127). Man erhält so (gleich für Isotropie geschrieben)[2]

$$E^{AA} = b_i^A\, b_q^A\, M_{iq}^{AA} \tag{II. 129}$$

$$M_{iq}^{AA} = - \frac{G}{16\pi} \epsilon_{ijk} \epsilon_{npq} \int_{-\zeta}^{\zeta} dq\gamma(q) \int_{-\zeta}^{\zeta} dq'\gamma(q') \oint\oint (V_j\, V_p\, x) \left[\frac{2}{m-1} dL_n'\, dL_k \right.$$

$$\left. + dL_k'\, dL_n + dL_l'\, dL_l\, \delta_{nk} \right]. \tag{II. 129'}$$

Hier ist die Wechselwirkungsenergie jedes Linienelements mit sämtlichen Elementen aller anderen Fäden berücksichtigt, nicht dagegen die Wechselwirkungsenergie mit den Elementen des eigenen Fadens und die Eigenenergie des Fadenelements. Man erkennt indessen, daß bei zunehmender Zahl von Versetzungsfäden der letztgenannte Anteil gegenüber dem erstgenannten immer mehr zurücktritt und bei unendlich dicht liegenden Fäden gegenüber dem erstgenannten unendlich klein

---

[1] Blin [7] hat eine mit (II. 128) wohl gleichwertige Formulierung gegeben und Stroh [148] einen weiteren Ausdruck für den Fall, daß die beiden Versetzungen in einer Ebene liegen. Gl. (II. 127') wurde zuerst vom Verfasser [80] angegeben. Die in der gleichen Arbeit angegebene Formel (II. 128) enthält einen Rechenfehler. Für spezielle Versetzungsanordnungen kann die Versetzungs-Gegeninduktivität direkt gleich der magnetischen Induktivität entsprechender Stromanordnungen werden, wie Hart [170] gefunden hat.

[2] Die Kennzeichnung A ist auf der rechten Seite von Gl. (II. 129) weggelassen. Die Integrationen $\oint\oint$ gehen über zwei Versetzungsfäden.

wird. Demnach gibt Gl. (II. 129) tatsächlich korrekt die Selbstenergie des Versetzungsstreifens an, und der symmetrische Tensor M_{iq}^{AA} ist das Analogon zur Selbstinduktivität.

Mit Hilfe der Selbst- und Gegeninduktivitäten läßt sich die Energie einer Anordnung von vielen Versetzungen in der Form

$$E = \sum_{A,B} b_i^A b_q^B \, M_{iq}^{AB} \tag{II. 130}$$

schreiben, wo A und B einzeln über jede Versetzungslinie laufen.

Wir bringen jetzt eine Anwendung für die wichtige Gleichung (II. 128). Es erstrecke sich z. B. eine gerade Versetzungslinie L^B in x_3-Richtung. Dann läßt sich die Integration über L^B in Gl. (II. 128) elementar ausführen. Wir verwenden Gl. (II. 108) und schreiben

$$\int_{L^B} (\nabla_j \nabla_p \, \varkappa)\, dL_s^B = \nabla_j \nabla_p \int_{L^B} \varkappa \, dL_s^B = - \nabla_j \nabla_p \, \varrho^2 \ln \frac{\varrho}{L} \, i_s \, . \tag{II. 131}$$

Damit wird

$$M_{iq}^{AB} = - \frac{G}{8\pi} \epsilon_{ijk}\, \epsilon_{npq} \int_{L^A} \nabla_j \nabla_p \left(\varrho^2 \ln \frac{\varrho}{L} \right) \left[\frac{2}{m-1} dL_k^A \, i_n + dL_n^A \, i_k \right.$$

$$\left. + \, dL_l^A \, i_l \, \delta_{nk} \right] . \tag{II. 132}$$

Man rechnet leicht die Gültigkeit der Beziehung

$$\nabla_j \nabla_p \, \varrho^2 \ln \frac{\varrho}{L} = 2 \left[\left(\ln \frac{\varrho}{L} + \frac{1}{2} \right) \delta_{jp} + \frac{\varkappa_j \varkappa_p}{\varrho^2} \right] , \quad j, p = 1,2 \tag{II. 133}$$

nach. Wir beschränken uns weiter auf den Fall, daß auch die Versetzung L^A in der Ebene $x_2 = 0$ verläuft und erhalten dann für die rechte Seite von Gl. (II. 133) $2 \left[\left(\ln \frac{\varkappa_1}{L} + \frac{1}{2} \right) \delta_{jp} + \delta_{jp}^1 \right]$, wo $j, p = 1,2$ und $\delta_{jp}^1 = 1$ für $j = p = 1$, sonst aber verschwindet. Dies setzen wir in Gl. (II. 132) ein und berücksichtigen zugleich, daß man dort $i_n = i_k = i_l = i_3$ zu setzen hat, daß ferner $dL_2^A = 0$. Für $j = p = 1$ erhält man den Anteil

$$\frac{G}{8\pi} \left[\frac{4}{m-1} \epsilon_{i13}\, \epsilon_{31q} + 2\, \epsilon_{i13}\, \epsilon_{31q} + 2\, \epsilon_{i1k}\, \epsilon_{k1q} \right] \int_{L^A} \left(\ln \frac{\varkappa_1}{L} + \frac{3}{2} \right) dx_3 \tag{II. 134}$$

zu M^{AB} und für $j = p = 2$ den Anteil

$$\frac{G}{8\pi} \left[\frac{4}{m-1} \epsilon_{i2k}\, \epsilon_{32q} + 2\, \epsilon_{i23}\, \epsilon_{k2q} \right] \int_{L^A} \left(\ln \frac{\varkappa_1}{L} + \frac{3}{2} \right) dx_k$$

$$+ \frac{G}{4\pi} \epsilon_{i2k}\, \epsilon_{k2q} \int \left(\ln \frac{\varkappa_1}{L} + \frac{1}{2} \right) dx_3 . \tag{II. 135}$$

Hieraus folgt leicht

$$M_{11}^{AB} = -\frac{G}{2\pi}\frac{m}{m-1}\int\limits_{L^A}\left(\ln\frac{x_1}{L}+\frac{1}{2}\right)dx_3$$

$$M_{22}^{AB} = -\frac{G}{2\pi}\frac{m}{m-1}\int\limits_{L^A}\left(\ln\frac{x_1}{L}+\frac{1}{2}\right)dx_3$$

$$M_{33}^{AB} = -\frac{G}{2\pi}\int\limits_{L^A}\left(\ln\frac{x_1}{L}+1\right)dx_3$$

$$M_{31}^{AB} = \frac{G}{2\pi}\frac{1}{m-1}\int\limits_{L^A}\left(\ln\frac{x_1}{L}+\frac{1}{2}\right)dx_1 \qquad\text{(II. 136)}$$

$$M_{13}^{AB} = \frac{G}{4\pi}\int\limits_{L^A}\left(\ln\frac{x_1}{L}+\frac{1}{2}\right)dx_1$$

$$M_{23}^{AB} = M_{32}^{AB} = M_{12}^{AB} = M_{21}^{AB} = 0.$$

Zur weiteren Durchführung der Integration hat man dort, wo dx_3 vorkommt, in den Logarithmus die Kurvengleichung $x_1(x_3)$ der Versetzungslinie L^A einzusetzen. Falls L^A ebenfalls eine Gerade und parallel zu L^B ist, wird zunächst $M_{31}^{AB} = M_{13}^{AB} = 0$, da $dx_1 = 0$. Es bleiben also nur die Diagonalkomponenten von M_{iq}^{AB} übrig. D. h. parallele Versetzungslinien, deren Burgers-Vektoren senkrecht aufeinander stehen, beeinflussen sich im isotropen Medium nicht (dieser Schluß folgt von Gl. (II. 127)). Wir schreiben noch die Komponenten von M_{iq}^{AB} für $x_1 = d$ auf (= parallele Versetzungslinien in Abstand d)

$$M_{11}^{AB} = -\frac{G}{2\pi}\frac{m}{m-1}L'\left(\ln\frac{d}{L}+\frac{1}{2}\right),$$

$$M_{22}^{AB} = -\frac{G}{2\pi}\frac{m}{m-1}L'\left(\ln\frac{d}{L}+\frac{3}{2}\right); \qquad\text{(II. 137)}$$

$$M_{33}^{AB} = -\frac{G}{2\pi}L'\left(\ln\frac{d}{L}+1\right).$$

Die zweite Integration haben wir mit den Grenzen $-L'/2 \ldots L'/2$ durchgeführt, wobei $L' \ll L$ angenommen ist, da die Voraussetzung für die Gln. (II. 136) (Gültigkeit von Gl. (II. 108)) nur dann gilt. Wir zeigen indessen weiter unten, daß die Gln. (II. 137) bei exakterer Rechnung für $L' \to L$ nur unwesentlich modifiziert werden, sofern $L \gg d$.

Die Wechselwirkungsenergie zweier gerader paralleler Versetzungen im Abstand d, aus der durch Differentiation die Anziehungskraft (b^A, b^B antiparallel) oder die Abstoßungskraft (b^A, b^B parallel) folgt, wurde von verschiedenen Autoren behandelt, wobei die aus den Gln. (II. 137) durch Multiplikation mit $b^A b^B$ folgenden Formeln für die Wechselwirkungsenergie vielleicht etwas einfacher als bei uns gewonnen wurden, da man die im vorliegenden Spezialfall eintretenden Vereinfachungen von vornherein benützte. Wir haben unsere Ableitung vor allem gebracht, um die Gln. (II. 136) aufzustellen, die relativ einfach sind, aber doch schon eine Gruppe von Problemen beherrschen, die für die Praxis von Bedeutung sind[1]. Eine Anwendung dieser Gleichungen werden wir in § 29 berichten.

Unsere Formeln (II. 137) unterscheiden sich von denen der übrigen Autoren auf zwei Weisen[2]. Cottrell [22], der von Gl. (II. 124) ausgeht, wandelt dort das Flächenintegral nicht in ein Linienintegral um, und in seinen Endformeln steht daher im Logarithmus statt unserer Versetzungslänge L die zur Versetzungslinie senkrechte Dimension R des Mediums, die ebenfalls gegen ∞ geht. Dasselbe Ergebnis erhielt Eshelby (vgl. [110], S. 305—306), der das Problem auf verschiedene Weisen angegangen hat, z. B. unter Benützung von Bipolarkoordinaten. In allen Fällen erhält man ein logarithmisches Divergieren der Wechselwirkungsenergie pro Längeneinheit paralleler gerader Versetzungslinien, so daß man eigentlich gezwungen ist, im endlichen Körper zu rechnen. Wir werden sehen, daß dasselbe für die Selbstenergie einer geraden Versetzungslinie gilt. Diese Komplikationen werden oft umgangen, indem man für R bzw. L den Näherungswert des mittleren Abstandes der Versetzungen mit entgegengesetztem Vorzeichen (des „Versetzungsnetzwerkes", § 29) einsetzt (z. B. 10^{-4} cm im unverformten Metall). Ganz befriedigend ist dieses Vorgehen indessen nicht. Doch sind die Aufgaben der Praxis oft so gegeben (§ 29), daß entweder L bzw. R sich heraushebt oder von vornherein bekannt ist, wobei meist wegen der nur logarithmischen Abhängigkeit der Energie von L und R der ungefähre Wert dieser Größen genügt.

Zweitens unterscheiden sich unsere Formeln von denen der genannten Autoren in dem zu ln (d/L) tretenden Summanden. Dieser ist nach Voraussetzung $(d \ll L)$ klein gegenüber ln (d/L), die Differenzen rühren von der verschiedenen Behandlung des Versetzungszentrums her. Auch spielt es eine Rolle, ob man im Logarithmus R oder L stehen hat.

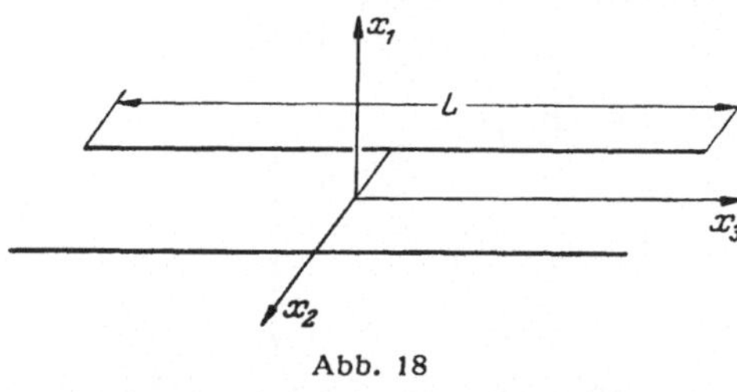

Abb. 18

Als nächstes wenden wir die Gl. (II. 128) auf zwei im Abstand ϱ in x_3-Richtung parallel verlaufende gerade Versetzungen an[3], die beide nun die endliche Länge L haben sollen (Abb. 18), und zwar soll $\varrho \ll L$ sein. Wir führen vor der Integration die Differentiationen $V_j V_\tau x$ durch, und vernachlässigen dann alle Glieder dieses Ausdrucks, die einen Faktor $x_1^A - x_1^B$ oder

---

[1] Man liest den Gln. (II. 136) auch sofort einen wesentlichen Teil der von Nabarro [110], S. 309 diskutierten Ergebnisse über Versetzungen ab, deren Linien senkrecht zueinander verlaufen. L^A habe also die x_1-Richtung. Dann ist in den Gln. (II. 136) $dx_3 = 0$, und Wechselwirkung besteht nur im Fall M_1^{AB} (L^A und L^B Schraubenversetzungen) und im Fall M_{31}^{AB} (L^A und L^B Stufenversetzungen mit Burgers-Vektoren jeweils parallel der anderen Linie).

[2] Als erster hatte Koehler [71] die Energie der geraden Versetzung und die Wechselwirkungsenergie zweier Versetzungen ausgerechnet.

[3] Dies wird uns zu einer Methode führen, welche die Berechnung der Selbstenergie einer Versetzung wesentlich abkürzt.

$x_2^A - x_2^B$ haben[1]. Man sieht leicht, daß dann nur die Differentiationen $\partial^2/\partial x_1^2$ und $\partial^2/\partial x_2^2$ je einen Beitrag $1/x$ geben, alles andere entfällt. Weiter nehmen wir an, daß die Burgers-Vektoren der beiden Versetzungen gleich seien und in der Ebene $x_2 = 0$ liegen. Ihr Winkel mit der Linienrichtung sei β, die Komponenten von $\boldsymbol{b}$ in x_1- und x_3-Richtung sind also $b \sin \beta$ bzw. $b \cos \beta$. Hiernach berechnet man leicht nach Gl. (II. 127) und (II. 128) die Wechselwirkungsenergie E^{AB} zu

$$E^{AB} = \frac{Gb^2}{4\pi}\left(\frac{m}{m-1}\sin^2\beta + \cos^2\beta\right)\iint\frac{dx_3^A\,dx_3^B}{x}. \qquad \text{(II. 138)}$$

Wir rechnen das Integral gleich etwas allgemeiner aus, als hier benötigt, nämlich für die Grenzen

$$\int\limits_{-L/2}^{L/2} dx_3^A \left(\int\limits_{-L/2}^{x_3-\varepsilon} dx_3^B \ldots + \int\limits_{x_3+\varepsilon}^{L/2} dx_3^B \ldots\right) \qquad \text{(II. 139)}$$

und erhalten exakt

$$\iint\frac{dx_3^A\,dx_3^B}{x} = 2L\ln\frac{L + \sqrt{\varrho^2 + L^2}}{\varepsilon + \sqrt{\varrho^2 + \varepsilon^2}} - 2\sqrt{\varrho^2 + L^2}. \qquad \text{(II. 140)}$$

Mit $\varepsilon = 0$ ergibt sich dann, wenn wir noch ϱ^2 gegen L^2 vernachlässigen und durch L dividieren

$$T^{AB} = \frac{G\,b^2}{2\pi}\left(\frac{m}{m-1}\sin^2\beta + \cos^2\beta\right)\left(\ln\frac{2L}{\varrho} - 1\right). \qquad \text{(II. 141)}$$

Dies ist die Wechselwirkungsenergie pro Längeneinheit der Versetzungslinien. Sie unterscheidet sich von den Ergebnissen der Gln. (II. 137) bei großem L nur wenig, wie man erkennt, wenn man in Gl. (II. 141) $\ln(2L/\varrho) = \ln(L/\varrho) + \ln 2$ setzt.

Nunmehr nehmen wir an, daß die beiden Versetzungen Fäden einer Versetzungslinie sind, deren Selbstenergie wir nach Gl. (II. 129) ausrechnen wollen. Wir können dann das eben erhaltene Ergebnis direkt in Gl. (II. 129) eintragen (es ist $q = x_1$):

$$T^{AA} = \frac{G\,b^2}{4\pi}\left(\frac{m}{m-1}\sin^2\beta + \cos^2\beta\right)\int\limits_{-\zeta}^{\zeta}dx_1\,\gamma(x_1)\int\limits_{-\zeta}^{\zeta}dx_1'\,\gamma(x_1')\times$$

$$\times\left(\ln\frac{2L}{|x_1 - x_1'|} - 1\right). \qquad \text{(II. 142)}$$

Der einfachste Fall ist $\gamma = \text{const} = 1/2\,\zeta$ entsprechend einem linearen Anstieg der Relativverschiebung im Streifen 2ζ (Abb. 9). Dann lassen

---

[1] Diese Glieder sind um einen Faktor ϱ/L kleiner als die übrig bleibenden, wie eine genauere Untersuchung zeigt.

sich die Integrationen in (II. 142) elementar durchführen und man erhält

$$T^{AA} = \frac{G\, b^{A^2}}{4\pi} \left(\frac{m}{m-1} \sin^2 \beta + \cos^2 \beta \right) \left(\ln \frac{L}{\zeta} + \frac{1}{2} \right) \qquad \text{(II. 143)}$$

oder auch

$$T^{AA} = \frac{G\, b^{A^2}}{4\pi} \left(\frac{m}{m-1} \sin^2 \beta + \cos^2 \beta \right) \left(\ln \frac{L}{\zeta/e^{3/2}} - 1 \right) \qquad \text{(II. 144)}$$

als Linienenergie der Versetzung. Diese Formel ist für $L \to \infty$ exakt, sofern das Hookesche Gesetz auch im Streifen $2\,\zeta$ gültig ist, was bei hinreichend kleinem b^A zutrifft. Aus der logarithmischen Abhängigkeit von ζ kann man schließen, daß die Energie gegen kleine Änderungen von ζ und $\gamma(x_1)$ nicht sehr empfindlich ist.

Man kann nun genau die gleiche Formel (II. 144) erhalten, wenn man in Gl. (II. 138) das Integral (II. 140) mit $\varrho = 0$ und $\varepsilon = \zeta/e^{3/2}$ einsetzt und das Ergebnis mit 1/2 multipliziert. D. h., wenn man in Gl. (II. 129) an Stelle von (II. 129') nun

$$M_{iq}^{AA} = -\frac{1}{2}\, \epsilon_{ijk}\, \epsilon_{nvq} \oint_{L} \oint_{L'_\varepsilon} (V_j V_v\, x) \left[\frac{2}{m-1}\, dL'_n\, dL_k \right.$$

$$\left. + \, dL'_k\, dL_n + dL'_l\, dL_l\, \delta_{nk} \right] \qquad \text{(II. 145)}$$

einsetzt, wo L'_ε bedeutet, daß in dem betr. Integral das Stück $x - \varepsilon \ldots$ $x + \varepsilon$ von der Integration auszunehmen ist, erhält man, wenigstens im Fall der geraden Versetzungslinie, die richtige Selbstenergie. Man kann begründen, daß dies mit guter Näherung auch noch für gebogene Versetzungen gilt[1]. Die Integrale (II. 145) lassen sich aber in vielen Fällen noch auswerten, in denen man die Integrationen in (II. 129') nicht mehr mit vernünftigem Aufwand bewältigen kann. Darin liegt die praktische Bedeutung der hier vorgeführten Rechnungen.

Noch eine Bemerkung zu Gl. (II. 144). Die Energie T^{AA} pro Längeneinheit der Versetzungslinie hängt von L nur logarithmisch ab. Bei vielen Aufgaben hat man z. B. Ausbiegungen einer ursprünglich geraden Versetzungslinie zu betrachten, bei denen die Länge der Versetzung nicht allzu stark geändert wird. Dann kann man die Abhängigkeit von T^{AA} von L und β mit guter Näherung außer Acht lassen und findet die Energie der Versetzung proportional zu ihrer Länge. Man nennt T^{AA} daher oft die „Linienspannung" der Versetzung, in Analogie

---

[1] Das wichtigste Argument ist: Der Hauptbeitrag eines Linienelements liegt in seinem weitreichenden Spannungsfeld. In (II. 145) sind aber alle Wechselwirkungsanteile eines Elements mit den nicht sehr benachbarten korrekt enthalten. Der Nahewirkungsanteil dagegen „bemerkt" von der Krümmung der Versetzung nichts, falls der Krümmungsradius groß gegen ε ist. Für gerade Versetzungen gilt aber (II. 145) exakt.

zu den Verhältnissen bei der gespannten Saite. Man kann z. B. eine Differentialgleichung für die Schwingungen solch einer Versetzung aufstellen, welche vollkommen die Form einer Saiten-Schwingungsgleichung hat. Vgl. hierzu etwa die Arbeiten von Eshelby [35] und Koehler [72].

Wir hatten in den letzten beiden Paragraphen die Versetzungen im unendlichen Medium betrachtet. In der Praxis hat man immer begrenzte Körper vor sich, und in manchen Fällen stellen die Ergebnisse für das unendlich ausgedehnte Medium sicher keine gute Näherung an die Wirklichkeit dar. (Dies gilt besonders für Probleme mit geradlinig verlaufenden Versetzungen.) Man hat dann zusätzlich noch ein Randwertproblem zu lösen. Solche Probleme sind besonders erfolgreich von Dietze [163] und Leibfried und Dietze [171] behandelt worden. Seeger berichtet hierüber. anhangsweise, s. [134], S. 560. Es handelt sich um Versetzungen in Körpern, die durch ebene oder kreiszylinderförmige Oberflächen begrenzt werden. In diesem Fall erhält man im allgemeinen Lösungen in geschlossener Form. Besonders interessant ist dabei das von Leibfried und Dietze [171] angewandte Spiegelungsverfahren. [S. weiterhin auch Eshelby und Stroh [167].

§ 19. Die Kräfte auf Versetzungen und andere elastische Singularitäten. Die Versetzung als elementare Eigenspannungsquelle

Das Problem der Kräfte, welche ein Spannungsfeld auf elastische Singularitäten, insbesondere Versetzungen, ausübt, ist in der klassischen Elastizitätstheorie völlig unbekannt, hat dagegen wieder sein Analogon in der Elektrodynamik, wo man einfache Formeln für die Kräfte auf lineare Ströme, magnetische Dipole usw. kennt. Kaum weniger einfach sind die Formeln, die wir w. u. ableiten werden.

Die große Bedeutung solcher Überlegungen für die Theorie der Versetzungen liegt auf der Hand: Die Bewegung der Versetzungen und damit die plastische Verformung des Materials erfolgt unter dem Zwang der von außen angelegten Spannungen. Dieser Zwang muß ein bestimmtes Maß erreichen, um erstens eine Bildung von Versetzungen zu ermöglichen und zweitens ihre Wanderung aufrecht zu erhalten.

Nach Vorarbeiten von Mott und Nabarro [105] und Leibfried [88] ist es Peach und Koehler [115] gelungen, den allgemeinen Ausdruck für die Kraft, die das Linienelement einer Versetzung am Ort x im Spannungsfeld $\sigma(x)$ erfährt, aufzustellen. Diese vielbenützte Formel hat als eine Fundamentalgleichung der Versetzungstheorie zu gelten. Sie ist in gewisser Hinsicht analog zur Formel der Lorentz-Kraft auf ein elektrisches Stromlinienelement im Magnetfeld.

Man definiert die Kraft $d\boldsymbol{K} \equiv (dK_i)$ auf das Linienelement dL_i einer Versetzung vom Burgers-Vektor b_i wie folgt: Es sei $-dW^a$ die Arbeit, welche die äußeren Kräfte bei einer Verrückung des Versetzungselements um dx_i leisten, dW^i der gleichzeitig eintretende Zuwachs des elastischen Energieinhalts des Körpers. Dann wird $d\boldsymbol{K}$ durch die Gleichung

$$-(dW^a + dW^i) = d\boldsymbol{K} \cdot d\boldsymbol{x} \qquad \text{(II. 146)}$$

definiert. Wir denken uns nun den Vorgang der Verschiebung von $d\boldsymbol{L}$ wie folgt durchgeführt: Das Flächenstück, welches von $d\boldsymbol{L}$ überstrichen werden soll, ist $d\boldsymbol{f} = d\boldsymbol{x} \times d\boldsymbol{L}$ (dann ist $d\boldsymbol{L}$ nach der Bewegung Rechtsschrauben-Randlinie von $d\boldsymbol{f}$). Wir schneiden längs $d\boldsymbol{f}$ auf und bringen, damit zunächst noch keine Verschiebung stattfindet, die Kräfte $d\boldsymbol{f} \cdot \boldsymbol{\sigma}$ bzw. am anderen Schnittufer $-d\boldsymbol{f} \cdot \boldsymbol{\sigma}$ an. Wir betrachten nun die beiden Schnittufer als Teil der Oberfläche des Körpers (der Rest ist die ursprüngliche Oberfläche, d. h. der Körper ist nunmehr zweifach zusammenhängend, die inneren Kräfte werden damit zu äußeren).

Nun soll die relative Verrückung der beiden Schnittufer von $d\boldsymbol{f}$ um den Gleitvektor $\boldsymbol{g} = -\boldsymbol{b}$ erfolgen, dies bedeutet ja gerade die Wanderung von $d\boldsymbol{L}$ um $d\boldsymbol{x}$. Sofern wir diese Verrückung als infinitesimal-virtuell im Sinne des Prinzips der virtuellen Verrückungen ansehen können, wird insgesamt keine Arbeit geleistet, da der Körper sich im Gleichgewicht befindet, d. h.

$$dW^a + dW^i + d\boldsymbol{f} \cdot \boldsymbol{\sigma} \cdot \boldsymbol{b} = 0. \qquad \text{(II. 147)}$$

Aus dem Vergleich mit Gl. (II. 146) folgt, wenn wir noch $(d\boldsymbol{x} \times d\boldsymbol{L}) \cdot \boldsymbol{\sigma} = d\boldsymbol{x} \cdot (d\boldsymbol{L} \times \boldsymbol{\sigma})$ berücksichtigen,

$$d\boldsymbol{K} = d\boldsymbol{L} \times \boldsymbol{\sigma} \cdot \boldsymbol{b} \qquad \text{(II. 148)}$$

oder

$$dK_k = \epsilon_{ijk}\, dL_i\, b_l\, \sigma_{jl}. \qquad \text{(II. 148)}$$

Das ist die Formel von Peach und Koehler. Die einzige Voraussetzung, die wir benützt hatten, war, daß man die Verrückung um $-\boldsymbol{b}$ als infinitesimal-virtuell im Sinne des Prinzips der virtuellen Verrückungen ansehen darf. Diese Voraussetzung ist bei endlichem $|\boldsymbol{b}|$ nicht streng erfüllt und zeigt, daß man Gl. (II. 148) als (allerdings meist ausreichende) Näherung zu betrachten hat. σ_{jl} ist diejenige Spannung, die man am Orte $\boldsymbol{x}$ des Linienelements mißt, wenn man dort den bekannten Schnitt führt. Damit enthält σ_{ij} außer den von den äußeren Kräften und anderen Eigenspannungsquellen herrührenden Spannungen auch diejenigen Spannungen, welche alle übrigen Linienelemente der Versetzung am Orte $\boldsymbol{x}$ hervorrufen, ja sogar den Anteil der Spannungen, mit dem das Linienelement etwa über die Oberfläche oder andere Grenzflächen im Körper auf sich selbst zurückwirkt. Weiterhin gilt Gl. (II. 148) bei beliebiger Inhomogenität der elastischen Konstanten im Körper. Rieder [124] hat ferner mit einer Methode ähnlich der von Eshelby (s. u.) gezeigt, daß Gl. (II. 148) auch für Quasiversetzungen gültig ist.

Die weitreichende Gültigkeit der Gl. (II. 148) rührt daher, daß sie allein eine Folge des sehr allgemeinen Prinzips der virtuellen Verrückungen ist. Die Gl. (II. 148) ist mehrfach mit dem im § 14 erwähnten Satz von Colonnetti in Zusammenhang gebracht worden [134, 108], welcher für diesen Fall besagt, daß unter speziellen Bedingungen (Hookesches Gesetz, keine weiteren Eigenspannungsquellen als die betrachtete Versetzung, elastische Homogenität) $dW^i = 0$ wird. Man übersehe dabei aber nicht, daß die Gültigkeit des Colonnettischen Satzes für das betr. Medium nicht zu den Voraussetzungen von Gl. (II. 148) gehört.

Die Ableitung der Gl. (II. 148) setzt nicht die Symmetrie des Spannungstensors voraus. Wir zeigen eine wichtige Konsequenz dieser Tatsache. Wir fragen, was für Spannungen können eine ebene Verteilung von gekreuzten Schraubenversetzungen[1] wie in Abb. 16c als Ganzes senkrecht zu ihrer Ebene (z. B. $x_1 = 0$) in Bewegung setzen? In diesem Fall hat der Versetzungstensor $dL_i\, b_l \equiv \alpha^{\circ}_{i\,l}$ in Gl. (II. 148) nur die Komponenten $\alpha^{\circ}_{22} = \alpha^{\circ}_{33}\, \alpha \equiv \alpha^{\circ}$. Man erhält so

$$dK_1 = \alpha^{\circ}_{22}\, \sigma_{32} - \alpha^{\circ}_{33}\, \sigma_{23} = \alpha^{\circ}\, (\sigma_{32} - \sigma_{23}). \qquad \text{(II. 149)}$$

D. h. die Versetzungswanderung, die der Abb. 16c entspricht, kann nur bei Asymmetrie des Spannungstensors stattfinden. Wir nennen nun Beispiele dafür, daß asymmetrische Spannungstensoren in Kristallen wirklich auftreten.

In den ferromagnetischen Kristallen hat man eine spontane Magnetisierung in einer bevorzugten kristallographischen Richtung liegen, weil dann die freie Energie des Kristalls besonders niedrig ist. Ein äußeres Magnetfeld kann diese Magnetisierung in eine energetisch ungünstigere Richtung drehen. Eine der magnetisch bevorzugten Richtungen des Kristalls möchte sich dann in die neue Magnetisierungsrichtung eindrehen, demnach muß das äußere Magnetfeld Drehmomente auf die Volumenelemente ausüben, welche asymmetrische Spannungen zur Folge haben. Nach einer Bemerkung von Rieder [124] wäre es in günstigen Fällen denkbar, daß die so entstandene Kraft tatsächlich eine Korngrenze der genannten Art zum Wandern zu bringen könnte.

Durch Stromfluß in einem Kristall vermag man bei starker Anisotropie der Leitfähigkeit ebenfalls solche Drehmomente zu erzeugen, die wohl auch klein sind. Hingegen möchten wir glauben, daß durch eine starke Differenz der freien Energie der beiden durch die Korngrenze getrennten Kristallite, wie sie z. B. bei Rekristallisation, Phasenumwandlungen und ähnlichen Vorgängen auftreten kann, so starke asymmetrische Spannungen erzeugt werden, daß die Korngrenze in den Kristallit mit der größeren freien Energie hineinwandert. Rieder [124] hat kürzlich kurz beschrieben, wie man solche asymmetrischen Spannungen elastizitätstheoretisch behandeln kann. In-

---

[1] Solche Versetzungsanordnungen haben in der Praxis eine große Stabilität, da sie für die beteiligten Versetzungen eine völlige Eliminierung ihrer weitreichenden Spannungsfelder bedeuten (§ 23).

dessen möchten wir annehmen, daß die von Rieder vernachlässigten Cosseratschen Deformationsmomente [20] die tatsächlichen Verhältnisse doch wesentlich zu beeinflussen vermögen. Ihre Erforschung im Hinblick auf die oben genannten Vorgänge in Kristallen erscheint eine lohnende Aufgabe.

Wir besprechen nun eine weitere wichtige Anwendung der Peach-Koehlerschen Formel. Es sei L eine kleine, ebene Versetzungsschleife, mit Burgers-Vektor b_i, nicht notwendig kreisförmig. Im Bereich der Schleife seien keine Volumenkräfte, also $V_i\,\sigma_{ij} = 0$. Die Gesamtkraft auf diese Schleife im Spannungsfeld σ_{ij} erhält man durch Integration von Gl. (II. 148) längs L. Man wendet dann den Stokesschen Satz an, entwickelt σ_{ij} um den Mittelpunkt $x = 0$ von L nach Taylor und erhält leicht

$$K_k = V_k\,\sigma_{jl}\,\big|_0 \iint\limits_f n_j\,b_l\,df + V_k\,V_m\,\sigma_{jl}\,\big|_0 \iint\limits_f x_m\,n_j\,b_l\,df + \cdots . \qquad (\text{II. 150})$$

Wir lassen nun $f \to 0$ gehen, gleichzeitig b_l so anwachsen, daß die Integrale in (II. 150) endlich bleiben. Damit wird f praktisch punktförmig und $n_j\,b_l\,df$ bedeutet, daß die beiden Punkte auf der positiven und negativen Seite von f die Relativverschiebung $-b_l = g_l$ erleiden. Wir definieren daher den „Verschiebungsdipol" Q_{jl} durch

$$Q_{jl} \equiv \lim_{f \to 0} \iint\limits_f n_j\,g_l\,df \qquad (\text{II. 151})$$

und entsprechend den Verschiebungsquadrupol Q_{mjl} durch

$$Q_{mjl} \equiv \lim_{f \to 0} \iint\limits_f x_m\,n_j\,g_l\,df . \qquad (\text{II. 152})$$

Das Vorzeichen in Gl. (II. 151) ist so festgelegt, daß z. B. einem positiven Dipol Q_{11} ein Auseinanderziehen der Schnittufer entspricht. Symbolisch: $\leftarrow\!\!-\!\!-\!\!-\!\!\rightarrow$. Früher hatten wir einen Kräftedipol P_{11} positiv genannt, wenn er aus zwei Einzelkräften $\leftarrow\!\!-\!\!-\!\!-\!\!\rightarrow$ durch Grenzübergang hervorging.

Wir wollen nun Gl. (II. 151) mit Gl. (II. 122) vergleichen. Wir hatten dort den Ausdruck $-c_{ijkl}\,n_i\,b_j\,df$ als einen infinitesimalen Kräftedipol erkannt. Ein infinitesimaler Verschiebungsdipol schreibt sich nach Gl. (II. 151) $-n_j\,b_l\,df$. D. h. zwischen Kräftedipol und Verschiebungsdipol besteht die Beziehung[1]

$$P_{ij} = c_{ijkl}\,Q_{kl}, \qquad (\text{II. 153})$$

doch ist zu beachten, daß diese nur dann gilt, wenn die elastischen Konstanten des Körpers auch in der Umgebung des Dipols und direkt an dessen Ort homogen sind. Dies steckt als Voraussetzung in Gl. (II. 122).

---

[1] Zusammenfassend könnte man P_{ij} und Q_{ij} als „elastischen Dipol" bezeichnen.

Nunmehr schreiben wir die Gesamtkraft auf eine Versetzungsschleife (II. 150)[1]

$$K_k = Q_{jl}\,V_k\,\sigma_{jl} + Q_{mjl}\,V_k\,V_m\,\sigma_{jl} + \cdots. \qquad (\text{II. 154})$$

Wir wollen Quadrupole weiterhin nicht mehr betrachten. Die Kraft auf einen Verschiebungsdipol allein wird damit

$$K_k = Q_{jl}\,V_k\,\sigma_{jl}. \qquad (\text{II. 155})$$

Eine solche Kraft wirkt also auch auf antisymmetrische Verschiebungsdipole. Wir wollen jedoch auch diese nicht weiter betrachten, da sie nicht die Bedeutung der symmetrischen Verschiebungsdipole haben [82]. Weiterhin sei also Q_{jl} ein symmetrischer Tensor. Indem man nun in Gl. (II. 155) σ_{jl} nach dem Hookeschen Gesetz durch ε_{ij} ersetzt und (II. 153) berücksichtigt, erhält man als Kraft auf einen Kräftedipol

$$K_k = P_{ij}\,V_k\,\varepsilon_{ij}. \qquad (\text{II. 156})$$

Auch diese Gleichung gilt zunächst nur bei Homogenität der elastischen Konstanten innerhalb des Bereichs der mit dem Dipol äquivalenten Versetzungsschleife[2]. Ein Beispiel macht dies klarer:

In einem Körper II sei ein kleiner Bereich I eines anderen Materials derart eingezwängt, daß man der Grenzfläche f mit Normaleneinheitsvektor n zwischen I und II einen Verschiebungssprung g nach Gl. (I. 77) zuordnen kann. In diesem Fall ist $n_i g_j$ die zugehörige Dichte der Verschiebungsdipole in der Grenzfläche und $\iint_f n_i g_j\,df = Q_{ij}$ gewissermaßen der gesamte Verschiebungsdipol. Das Volumen des Einschlusses lassen wir unter Anwachsen von b_j gegen 0 gehen, so daß Q_{ij} endlich bleibt. Der zugehörige Kräftedipol (wir nehmen an, die höheren Pole verschwinden) gibt die Kräfte an, die der eingezwängte Bereich I gegen seine Umgebung ausübt. Bei gegebenem Verschiebungsdipol werden diese um so größer sein, je härter der Einschluß ist. Man kann nun zwar eine Gl. (II. 153) aufschreiben, darf darin aber c_{ijkl} weder mit den ela-

---

[1] Die in der Originalarbeit [82] vom Verfasser angegebene Form

$$\boldsymbol{K} = \operatorname{grad}\,(\sigma_{jl}\,Q_{jl} + V_m\,\sigma_{jl}\,Q_{mjl} + \cdots)$$

dieser Gleichung ist insofern nicht ganz glücklich gewählt, als man dort hinzusetzen muß, daß vor Ausführung der Multiplikationen in der Klammer die Differentiation grad von σ_{jl} durchgeführt werden muß. Auch könnte diese Form der Gl. (II. 154) zu falschen Schlüssen über die physikalische Bedeutung der Klammerausdrücke führen, s. u.).

[2] Die Homogenität ist nicht gewahrt, wenn die Relativverschiebung g, wie es dem Grenzübergang (II. 151) entspricht, gegen unendlich geht. D. h. die Gln. (II. 156) gelten zunächst nur für Dipole infinitesimaler Stärke. Nur für diesen Fall gilt ja auch die Peach-Köhlersche Formel exakt. Der Schluß auf Gültigkeit von Gl. (II. 156) bei endlicher Dipolstärke folgt w. u.

stischen Moduln von I noch von II identifizieren, sondern hat erst ein elastisches Randwertproblem bezüglich der Grenzfläche f zu lösen, um den richtigen Wert c_{ijkl} zu ermitteln.

Bei den praktischen Anwendungen dieser Überlegungen (§ 31) interessiert ganz besonders der Fall, in dem die elastische Homogenität am Orte des Einschlusses nicht gewahrt ist. Dann bleibt Gl. (II. 156), nicht aber Gl. (II, 155) gültig. Man erkennt dies am besten am Anschluß an eine Methode, mit der Eshelby [38] die Kraft auf elastische Singularitäten im elastischen Feld bestimmt hat.

Ein Körper mit Oberfläche S_0 sei durch Oberflächenkräfte $n_i\,\sigma_{ij}^a$, die in ihm Verschiebungen s_i^a und Spannungen σ_{ij}^a hervorrufen, beansprucht. Ferner enthalte er am Orte x' eine Singularität[1], die zusätzlich zu Verschiebungen und Spannungen s_i^s und σ_{ij}^s Anlaß geben, und eine zweite Singularität mit den entsprechenden Größen s_i^t und σ_{ij}^t. Die Kraft auf die Singularität wird durch die mit Gl. (II. 146) äquivalente Beziehung

$$K_l = -(dW^a/dx'_l + dW^i/dx'_l) \equiv K_l^a + K_l^b + K_l^t \qquad \text{(II. 157)}$$

definiert, wo dW^i/dx'_l aus zwei Anteilen besteht: $-K_l^b \equiv dW^b/dx'_l$ ist die sog. „Bildkraft", d. i. die Kraft, welche die Singularität über die Oberfläche auf sich selbst ausübt, $-K_l^t \equiv dW^t/dx'_l$ ist die Kraft infolge der Änderung der Wechselwirkungsenergie zwischen den beiden Singularitäten. Ferner wird die Gültigkeit des zuletzt erwähnten Satzes von Colonnetti für das betr. Medium vorausgesetzt. Zunächst ist offenbar

$$dW^a = dx'_l \iint\limits_{S_0} \sigma_{ij}^a \frac{\partial s_i^s}{\partial x'_l}\, dS_j \qquad \text{(II. 158)}$$

$$K_l^a = \iint\limits_{S_0} \sigma_{ij}^a \frac{\partial s_i^s}{\partial x'_l}\, dS_j. \qquad \text{(II. 159)}$$

Maßgebend für diesen Anteil ist demnach, welche zusätzlichen Verschiebungen die Oberfläche des Körpers bei einer Verrückung der Singularität um dx'_l erfährt. Der entsprechende Ausdruck für K_l^b wurde von Eshelby zu

$$K_l^b = \iint\limits_{S_0} \sigma_{ij}^b \frac{\partial s_i^s}{\partial x'_l}\, dS_j \qquad \text{(II. 160)}$$

abgeleitet. Diese Form ist plausibel, da die Bildkraft ja über die Oberfläche wirkt. Weil die Ausdrücke (II. 159) und (II. 160) von der Exi-

---

[1] Der Begriff „Singularität" ist hier sehr weit gefaßt, es kann sich z. B. auch um Ansammlungen von Singularitäten oder sonst um beliebige Störungen handeln, welche in einem Teilgebiet des Körpers lokalisiert sind.

stenz der zweiten Singularität völlig unabhängig sind, kann man die Integrationsfläche S_0, ohne den Wert des Integrals zu ändern, auf eine geschlossene Fläche S zusammenziehen, die nun nur noch die bewegliche Singularität umschließt. Nach einigen Umformungen erhält man (,l bedeutet Differentiation nach x_l)

$$K_l^a + K_l^b = \iint\limits_s [(s_i^a + s_i^b)\, \sigma_{ij,l}^\infty - (\sigma_{ij}^a + \sigma_{ij}^b)\, s_{i,l}^\infty]\, dS_j, \quad \text{(II. 161)}$$

wo s_i^∞, σ_{ij}^∞ Verschiebungen und Spannungen bedeuten, welche die Singularität im unendlichen Medium haben würde. Eshelby konnte nun nachweisen, daß die Kraft K_l^t sich in der gleichen Form darstellen läßt, so daß sich schließlich als Gesamtkraft

$$K_l = \iint\limits_s (s_i\, \sigma_{ij,l}^\infty - \sigma_{ij},\, s_{i,l}^\infty)\, dS_j \quad \text{(II. 162)}$$

ergibt, wo $s_i \equiv s_i^a + s_i^b + s_i^t$, entsprechend σ_{ij}. Gl. (II. 162) läßt sich nach weiteren Umformungen in der Form

$$K_l = \iint\limits_s M_{jl}\, dS_j, \qquad M_{jl} \equiv -\sigma_{ij}\, s_{i,\,l} + \frac{1}{2}\, \sigma_{ik}\, \varepsilon_{ik}\, \delta_{jl} \quad \text{(II. 163)}$$

schreiben. In Analogie zu den Verhältnissen der Elektrostatik nennt Eshelby den asymmetrischen Tensor M_{jl} den „Maxwell-Tensor der Elastizität".

Die Gln. (II. 162) und (II. 163) sind sehr allgemein gültig. Besonders wichtig ist ihre Anwendung auf punktförmige Singularitäten. Das Linienelement der Versetzung wird dagegen nicht erfaßt, da man um dieses keine geschlossene Fläche S, die ganz in einem Gebiet ohne innere Spannungsquellen liegt, ziehen kann. Für unsere Zwecke beruht die Bedeutung der Eshelbyschen Gleichungen darauf, daß die in ihnen benötigte Singularität gewissermaßen nicht an deren Ort, sondern in einiger Entfernung von diesem definiert ist (durch die Verschiebungen, die sie dort hervorrufen würde, wenn das Medium unendlich ausgedehnt wäre), wo übersichtlichere Verhältnisse herrschen, als im Zentrum der Singularität. Es kommt also z. B. gar nicht darauf an, ob der Kräftedipol (dieser ist ja für die Verschiebung s_i^∞ nach Gl. (II. 89) maßgebend) von einer weichen oder harten Einzwängung herrührt. Maßgebend ist nur die Größe der Verschiebung s_i^∞, die er auf der Fläche S erzeugt. Diese ist aber nach Gl. (II. 89) dem Kräftedipol proportional. Hieraus schließt man sofort auf die allgemeine Gültigkeit von Gl. (II. 156), denn wenn sie für einen Fall gilt (keine Inhomogenität am Orte des Einschlusses), muß sie auch bei beliebiger Inhomogenität gelten.

Man kann nun weiter in Gl. (II. 162) σ_{ij} und s_i nach Taylor entwickeln und kommt nach mehreren Umformungen im Falle des Dipols auf unsere Formel (II. 156) [83]. Dies ist zugleich der Beweis dafür, daß Gl. (II. 156) auch bei endlicher Dipolstärke gilt. Eshelby [38] hat diese Rechnung für den Spezialfall des sog. Dilatationszentrums (s. Love [95]) $P_{ij} \equiv P_{ii} > 0$ durchgeführt, der besonderes Interesse hat, da Atome einer Sorte B im Gitter von Atomen der Sorte A oft als solche Zentren beschrieben werden können (§ 31).

Man kann nun die Arbeit ausrechnen, welche von der Kraft K_k in Gl. (II. 156) bei einem Platzwechsel des Dipols von einem Punkt mit der Deformation Null nach einem Punkt mit der Deformation ε_{ij} geleistet wird und erhält

$$\int_{\varepsilon_{ij}=0}^{\varepsilon_{ij}} K_k \, dx_k = \int P_{ij} \nabla_k \varepsilon_{ij} \, dx_k = P_{ij} \int \nabla_k \varepsilon_{ij} \, dx_k = P_{ij} \, \varepsilon_{ij}. \qquad \text{(II. 164)}$$

Diese Arbeit ist offenbar vom Wege unabhängig. Demnach kann man den Ausdruck

$$U = - P_{ij} \, \varepsilon_{ij} \qquad \text{(II. 165)}$$

als die potentielle Energie des Dipols P_{ij} im Deformationsfeld ε_{ij} deuten. Im Falle, daß außer P_{ij} keine anderen Eigenspannungsquellen vorhanden sind, ist $P_{ij} \, \varepsilon_{ij}$ gleich der Änderung der potentiellen Energie der Randkräfte plus der Änderung der Selbstenergie des Dipols infolge der geänderten, über die Oberfläche gehenden Rückwirkung auf sich selbst. Das Vorzeichen in Gl. (II. 165) besagt vernünftigerweise, daß z. B. ein komprimierter Einschluß ($P_{ii} > 0$) in einem komprimierten Teil des Körpers ($\varepsilon_{ii} < 0$) eine positive Energie ergibt. Man sieht weiter, daß im Fall von Volumenkräften keine so einfache Formel wie (II. 156) gelten kann, da solche Kräfte im allgemeinen kein Potential haben, und sich somit kein vom Wege unabhängiges Integral $\int K_k \, dx_k$ ergeben kann.

Aus Gl. (II. 165) folgt leicht die Formel für das Drehmoment $\boldsymbol{L}$ auf einen symmetrischen Kräftedipol P_{ij}. Schreiben wir diesen entsprechend zu Gl. (II. 90) $P_{ij} = l_i \, P_j$, so ist die Änderung von P_{ij} bei Drehung um einen Winkel $d\mathfrak{d}_k$ wegen $d\boldsymbol{l} = d\mathfrak{d} \times \boldsymbol{l}$, $d\vec{\boldsymbol{P}} = d\mathfrak{d} \times \vec{\boldsymbol{P}}$[1]

$$dP_{ij} = dl_i \, P_j + l_i \, dP_j = (\epsilon_{ikl} \, l_l \, P_j + \epsilon_{jkl} \, l_i \, P_l) \, d\mathfrak{d}_k$$

$$= (\epsilon_{ikl} \, P_{lj} + \epsilon_{jkl} \, P_{il}) \, d\mathfrak{d}_k. \qquad \text{(II. 166)}$$

Andererseits ist die Änderung der potentiellen Energie des Dipols bei einer infinitesimalen Drehung

$$dU = - L_k \, d\mathfrak{d}_k = - \varepsilon_{ij} \, dP_{ij} = - \varepsilon_{ij} \, (\epsilon_{ikl} P_{lj} + \epsilon_{jkl} \, P_{il}) \, d\mathfrak{d}_k. \qquad \text{(II. 167)}$$

Wegen der Symmetrie von ε_{ij} und P_{ij} schließen wir damit sofort auf

$$L_k = 2 \, \epsilon_{ikl} \, P_{lj} \, \varepsilon_{ij}. \qquad \text{(II. 168)}$$

---

[1] Hier ist vorausgesetzt, daß sich die Selbstenergie des Dipols während der Drehung nicht ändert.

Über den Gültigkeitsbereich dieser Formel gilt dasselbe wie bei Gl. (II. 156).

Im Fall eines inhomogenen Einschlusses (das soll heißen, die elastische Homogenität ist am Orte des Einschlusses gestört), tritt noch ein weiterer zuerst wohl von Eshelby [38] und Crussard [27] genauer untersuchter Effekt hinzu, die „Polarisation" der Singularität[1]. Der einfachste Fall ist ein spannungsfreier Körper mit einem Einschluß aus einem anderen Material, der gerade ohne Zwang in eine Lücke von II hinein paßt. Wird nun der Körper z. B. durch Oberflächenkräfte beansprucht, so wird in dem Einschluß ein Kräftedipol P_{ij}^{ind} induziert, auf den ebenfalls Gl. (II. 156) anzuwenden ist, denn Eshelby konnte zeigen, daß man wieder einen Ausdruck wie (II. 163) erhält. Man definiert dann zweckmäßig eine Polarisierbarkeit R_{ijkl} durch die Gleichung

$$P_{ij}^{ind} = R_{ijkl}\, \varepsilon_{kl},\tag{II. 169}$$

zu deren Bestimmung grundsätzlich, auch bei den kleinsten Einschlüssen, ein Randwertproblem bezüglich der Grenzfläche zu lösen ist. Für den Fall des kugelförmigen Einschlusses bei elastischer Isotropie erhält man nach Eshelby elementare Lösungen [38], [40][2].

Es ist nun klar, daß man das elastische Verschiebungsfeld einer beliebigen punktförmigen Eigenspannungsquelle im unendlichen Medium durch die Gleichung

$$s_i = P_{jk}\, V_j S_{ki} + P_{jkl}\, V_j V_k S_{li} + \cdots\tag{II. 170}$$

darstellen kann, woraus sich dann in üblicher Weise die Eigenspannungen berechnen lassen. Nun ist ein Quadrupol nichts anderes, als zwei zusammenrückende Dipole, Entsprechendes gilt für die höheren Pole. D. h. man kann jede solche Eigenspannungsquelle durch eine geeignete Kombination von Kräftedipolen beschreiben. Diese sind ihrerseits wieder nichts anderes als Versetzungsschleifen von infinitesimaler Ausdehnung. Demnach gilt der schon im Vorwort gebrachte Satz: Alle Eigenspannungen im Kontinuum werden durch Versetzungen hervorgerufen. In § 14 hieß es: Alle Eigenspannungen rühren von Inkompatibilitäten her. Dies gilt auch jetzt noch und ist im Einklang mit dem obigen Satz: Denn nach Gl. (II. 51) verdanken die Inkompatibilitäten ihren Ursprung den Versetzungen. Man kann demnach die Versetzungen oder

---

[1] Siehe auch die weiteren Arbeiten von Crussard [28], Eshelby [40] und Teltow [151].

[2] Eshelby [165] konnte neuerdings zeigen, daß das in einem ellipsoidförmigen Einschluß induzierte Spannungsfeld homogen ist, wenn das induzierende Spannungsfeld in großer Entfernung vom Einschluß homogen ist (gilt auch bei elastischer Anisotropie). Ein entsprechendes Ergebnis für die Polarisation eines ellipsoidförmigen Dielektrikums ist ja wohlbekannt.

die Inkompatibilitäten als elementare Eigenspannungsquellen bezeichnen. Konsequenter ist hingegen die Aussage, welche mit Gl. (II. 17) identisch ist: Die Versetzungen sind die Wirbel der elastischen Distorsionen, so wie die Kräfte die Quellen der Spannungen sind.

Andererseits kann man auch stetige Verteilungen von Eigenspannungsquellen, also Versetzungen, durch eine räumliche Verteilung solch punktförmiger Quellen beschreiben. Man könnte so mit dem gleichen Recht den Kräftedipol für das Elementare in der Eigenspannungstheorie erklären. Die Lage ist wie in der (stationären) Maxwellschen Theorie. Dort sind infinitesimale Stromschleifen und magnetische Dipole äquivalent. Trotzdem gibt man dem elektrischen Strom den Vorzug. Nur dieser tritt in den eigentlichen Maxwellschen Gleichungen auf. In diesem Sinne haben wir auch der Versetzung den Vorzug gegeben und damit, wie wir glauben, eine eindrucksvolle Darstellung der Kontinuumsmechanik des Festkörpers erhalten.

III. Abschnitt

Versetzungen im Kristall

§ 20. Allgemeines

Dieses Kapitel bringt Anwendungen der Kontinuumstheorie der Versetzungen auf reale Körper, deren wichtigste kristallin aufgebaut sind. Physikalische Probleme dieser Art bezogen sich bisher vornehmlich auf den einzelnen Kristall, mit der Übertragung der hier gewonnenen Ergebnisse auf den Vielkristall, wie er im allgemeinen in der Technik vorliegt, ist man noch nicht weit gekommen. So werden auch wir uns fast ganz darauf beschränken, Probleme des Einkristalls zu behandeln, doch sei ausdrücklich bemerkt, daß einer Anwendung der Kontinuumstheorie der Versetzungen auf vielkristalline Körper an sich nichts Prinzipielles im Wege steht, wir kommen hierauf gleich noch einmal zurück.

Ein wesentlicher Unterschied zwischen einem Kontinuum und einem Körper, der aus einzelnen Massenpunkten besteht, wie z. B. der Kristall, ist der, daß in letzterem zunächst kein Volumenelement definiert ist. Im Kontinuum ist die Distorsion des Volumenelements die entscheidende geometrische Größe, von Verschiebungen war verhältnismäßig wenig die Rede. In einem Punktsystem hat man dagegen primär eine Verschiebung der Punkte und ist versucht, hierauf alles Weitere aufzubauen. Indessen zeigt sich schnell, daß man im allgemeinen auf diese Weise nicht durchkommt, da so die benötigte Zahl von Freiheitsgraden nicht erreicht wird. Man hat statt dessen die Relativverschiebungen je zweier Nachbaratome zu betrachten. Aus den Überlegungen von § 21 folgt leicht, daß eine Verteilung solcher Relativverschiebungen dreimal so viel Freiheitsgrade hat, wie eine Verteilung von Verschiebungen. Man kann dann eine Theorie der Versetzungen im Kristall völlig exakt entwickeln (§ 21), wobei man allerdings keine Differentialgleichungen, sondern Differenzengleichungen erhält. Da indessen die Zahl der Punkte (Atome) in einem Kristall ungeheuer groß ist, kann man diese Differenzengleichungen für viele Zwecke mit bester Näherung als Differentialgleichungen schreiben, und man muß dies im allgemeinen auch tun, da man sonst das Problem numerisch nicht mehr bewältigen kann.

Dieses Vorgehen ist besonders sinnvoll für die zahlreichen mehr „mikroskopischen" Probleme der Kristallphysik, in denen man sich etwa für Verhalten und Eigenschaften der einzelnen Versetzung interessiert. Bei den makroskopischen Problemen dagegen hat man es mit den vereinten Auswirkungen sehr vieler Versetzungen zu tun, in diesem Fall ist es natürlich, sich gewisse „physikalische" Volumenelemente vorzustellen, welche Eigenschaften haben müssen, die aus den folgenden Überlegungen hervorgehen:

Voraussetzung für die Anwendbarkeit der Kontinuumsmechanik auf reale Körper ist einerseits, daß die Verformung der Volumenelemente des Körpers als makroskopisch stetige Funktion des Ortes gemessen werden kann. Dabei sollten die Volumenelemente hinreichend klein gegen die äußeren Abmessungen des Körpers sein, da man sonst keine Differentialgleichungen mehr formulieren kann. Andererseits liegen die realen Gleit- und Kletterebenen diskret und mikroskopisch beträchtlich weit auseinander, wobei ihr Abstand und der Betrag der auf ihnen erfolgten Gleitung (bzw. des Kletterns) statistischen Schwankungen unterworfen sind. Soll sich eine Distorsion von Volumenelement zu Volumenelement stetig ändern, so kann nur eine mittlere Distorsion gemeint sein, und auch diese wird sich nur dann stetig ändern, wenn jedes Volumenelement von hinreichend vielen Versetzungen getroffen wurde. Ist der Gleitebenenabstand z. B. 10^{-6} cm und sieht man 1000 Gleitebenen als notwendig für eine Mittelung der Schwankungen an, so muß das physikalische Volumenelement eine Linearausdehnung von mindestens 10^{-3} cm haben. Dies kann man im allgemeinen noch als hinreichend klein gegenüber den Körperdimensionen bezeichnen. Bei wesentlich größeren Gleitebenenabständen, wie sie in speziellen Fällen manchmal vorkommen, und bei gleichzeitig kleinen Versuchskörpern mag jedoch auch einmal das nach der obigen Vorschrift berechnete Volumenelement nicht mehr klein genug gegenüber den Körperdimensionen sein, dann ist offenbar die Anwendung der Kontinuumsmechanik nicht mehr sinnvoll. Wir sehen, daß die Theorie der Versetzungen im

Kristall grundsätzlich „weniger genau" ist als die Kontinuumstheorie der Versetzungen, aber immer noch genau genug, um ihre Benützung zu rechtfertigen und zu verlangen. Die Unexaktheit dieser Rechnungen besteht natürlich darin, daß man die physikalischen Volumenelemente dann als mathematisch infinitesimal annimmt, was bedeutet, daß man alle Formeln der Kontinuumstheorie nunmehr als zutreffend auch für den realen Körper ansieht.

Dieses Vorgehen ist sehr einfach und entspricht der Konzeption dieses Buches. Ein anderer Standpunkt ist der, daß man die in der Kontinuumstheorie gewonnenen makroskopischen Gleichungen von den Gleichungen des mikroskopischen Problems her aufbaut, indem man das Zusammenwirken sehr vieler Versetzungen addiert und die nötigen Mittelungen anstellt. Bei diesem Vorgehen bleibt man andauernd im Kristall. Der Festkörperphysiker ist gewohnt, in Kristallen zu denken, und für ihn ist der Kristall ein in hohem Maße anschaulicher Körper. Daher soll der Übergang von den mikroskopischen zu den makroskopischen Größen auch kurz dargestellt werden (§ 22).

Im Vielkristall ändern sich im allgemeinen die Deformationen von einem Kristallit zum anderen unstetig, einmal wegen der elastischen Anisotropie, zum anderen wegen der plastischen Anisotropie der Kristallite, die davon herrührt, daß es in jedem Kristallit nur einige diskrete Gleitsysteme (= Gleitebenenschar plus zugehörige mögliche Gleitrichtung) gibt, welche dann bei einer bestimmten Schubspannung in Tätigkeit treten[1]. Will man eine sich von Volumenelement zu Volumenelement stetig ändernde Deformation haben, so kann es sich wieder nur um eine mittlere Deformation handeln, und man braucht ein physikalisches Volumenelement, welches aus vielen Kristalliten besteht.

Schwieriger ist die Frage nach den Strukturkrümmungen zu beantworten. Natürlich kann man die starre (elastische) Drehung eines Volumenelements gegenüber dem Ausgangszustand „idealer Vielkristall" definieren, doch hat der Begriff der Orientierung in diesem Vielkristall keinen Sinn mehr. Das Problem ist nun, ob in einem Vielkristall die stattgefundenen starren Drehungen der Volumenelemente (z. B. bei Abwesenheit elastischer Deformationen) den Zustand des Körpers ändern. Dann müssen sie sich makroskopisch experimentell nachweisen lassen. Die Untersuchung dieser Frage ergibt (§ 23), daß sich in der Tat auch im Vielkristall Strukturkrümmungen nachweisen lassen. Danach kann offenbar die Kontinuumstheorie der Versetzungen in ihrer früher entwickelten Form auf den Vielkristall angewendet werden[2].

---

[1] Dies führt dazu, daß im allgemeinen nicht alle Kristallite gleichzeitig zu fließen beginnen. Mit den hierbei auftretenden interessanten Problemen hat sich u. a. G r e e n o u g h [168] erfolgreich beschäftigt.

[2] Hierauf hat mich Herr Prof. U. D e h l i n g e r aufmerksam gemacht.

§ 21. Die geometrische Grundgleichung im Kristall: Die mikroskopische Theorie.

Wir beginnen mit einer Definition der Versetzung im Kristall, die auf **Frank** [47] zurückgeht. Abb. 19a zeigt eine Netzebene des Idealkristalls von Abb. 2, Abb. 19b dasselbe für den „gestörten" oder „Realkristall" von Abb. 3. Der Unterschied der Ortsvektoren zweier Nachbaratome in Abb. 19a und b sei δx bzw. $\delta x'$. Man bilde nun die Summe $\sum\limits_{\mathfrak{C}} \delta x'$ längs eines beliebigen geschlossenen Weges $\mathfrak{C}'$ im Realkristall.

Man gehe also etwa vom Punkt P' aus von Atom zu Atom 7 Schritte in x_3-Richtung, dann 4 Schritte in x_1-Richtung usw. auf beliebigem Wege nach P' zurück. Danach wiederhole man dasselbe Programm (also 7 Schritte in x_3-Richtung, 4 Schritte in x_1-Richtung usw.) von dem P' entsprechenden Punkt P in Idealkristall aus (Umlauf $\mathfrak{C}$). Mit dem Schritt, mit dem man beim Umlauf $\mathfrak{C}'$ wieder P' erreicht hat, ist man entsprechend bei $\mathfrak{C}$ dann nicht auch wieder bei P angelangt, wenn der Umlauf um eine Versetzungslinie herum geht, wie die Abbildungen zeigen. Wir bestimmen nun, daß der Weg $\mathfrak{C}'$ die Versetzungslinie im Rechtsschraubensinn umlaufen soll. Dann ist der Vektor $\overrightarrow{Q\,P} \equiv \delta b$ vom Endpunkt Q des $\mathfrak{C}'$ entsprechenden Weges $\mathfrak{C}$ zu seinem Anfangspunkt P für die von dem Umlauf $\mathfrak{C}'$ umfaßte Versetzung charakteristisch. Man kann also die Versetzung mit Hilfe dieses „**Frankschen Burgers**-Umlaufs" definieren[1]. δb wird der **Burgers**-Vektor der Kristallversetzung genannt. Die weiteren Betrachtungen werden ergeben, daß er dem **Burgers**-Vektor im Kontinuum entspricht.

Wir können uns denken, die Versetzung in Abb. 19b sei von rechts herein in den Kristall eingewandert. Dabei haben je zwei benachbarte Atome, zwischen denen die Versetzung hindurchgewandert ist, eine plastische Relativverschiebung $\delta g = -\delta b$ erlitten[2]. Bilden wir also die Umlaufsumme $\sum\limits_{\mathfrak{C}} \delta g$, so erhalten wir

$$\sum_{\mathfrak{C}} \delta g = -\delta b. \tag{III. 1}$$

---

[1] In der bisherigen Literatur wird der **Burgers**-Vektor der einzelnen Versetzung meist mit b bezeichnet (auch in Abb. 19a). Vom Kontinuumsstandpunkt empfiehlt sich eher die Bezeichnung δb (s. u.). Man suche kein besonderes Geheimnis hinter dieser Bezeichnung.

[2] Es ist nicht unnötig hinzuzusetzen, daß für alle übrigen Atompaare $\delta g = 0$ verlangt werden muß. Das Minuszeichen entspricht der Konvention, daß einerseits der Richtungssinn der Versetzungslinie so zu wählen ist, daß $\mathfrak{C}$ bzw. $\mathfrak{C}'$ ein Rechtsschraubenumlauf wird, daß andererseits δg die Relativverschiebung der Atome auf der positiven Seite von $\mathfrak{C}$ gegenüber denjenigen auf der negativen Seite sein soll.

Diese Gleichung entspricht durchaus der Gl. (I. 12) von § 3. Doch ist
folgendes jetzt zu beachten: So wie der Umlauf definiert wurde, ist

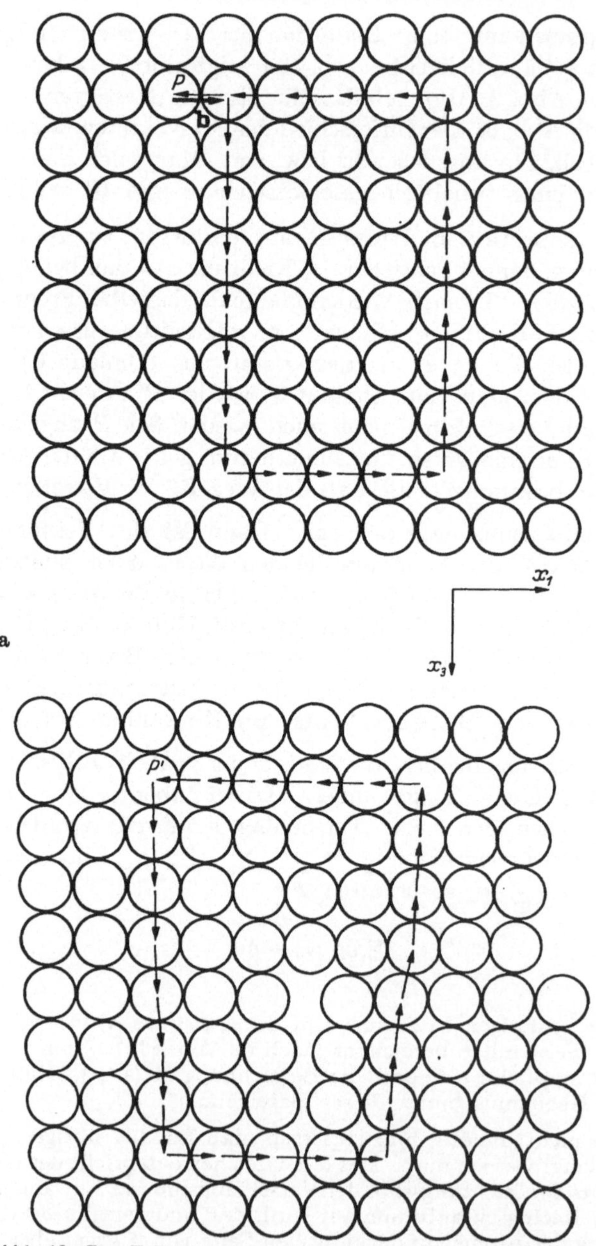

Abb. 19. Zur Erläuterung des Frankschen Burgers-Umlaufs.
Der Buchstabe *P* in a gehört um ein Atom weiter nach rechts

von vornherein δb ein sog. Gittervektor, d. i. ein Vektor, der (im Idealkristall) von einem Atom zu einem anderen Atom zeigt. Dies ist ein physikalisches Erfordernis: Die plastische Relativverschiebung der Atome bei der Wanderung der Atome muß so erfolgen, daß die regelmäßige Anordnung der Atome, abgesehen vom Zentrum der Versetzung, überall erhalten bleibt; eine unregelmäßige Atomanordnung über flächenhafte oder gar dreidimensionale Bereiche würde eine außerordentlich große Erhöhung der inneren Energie des Kristalls bedeuten und ist daher „verboten".

Andererseits kann man eine gewisse räumliche Ausdehnung des besonders stark gestörten Bereiches in unmittelbarer Umgebung der Versetzung nicht von vornherein ausschließen. D. h. man kann zwar annehmen, daß die von der Versetzung getroffenen Atome in größerem Abstand vom Versetzungszentrum bereits die volle Relativverschiebung δg erlitten haben, für die sich ganz nah am Zentrum befindlichen Atome ist dies aber noch nicht unbedingt gesagt, d. h. der Übergang von δg zwischen den Werten $-\delta b$ (in Abb. 19 b) rechts von der Versetzung und Null (links von der Versetzung) braucht nicht von einem Atom zum anderen abrupt zu erfolgen, sondern er kann sich z. B. über einen Bereich von zwei bis drei Atomabständen erstrecken. Dies würde unserer früheren Konzeption einer „Versetzungsweite" 2ζ entsprechen. Wir wollen uns, um diese Möglichkeit einzubegreifen, wieder vorstellen, daß die Versetzung aus flächenhaft angeordneten Fäden der infinitesimalen Stärke ∂b aufgebaut ist, wobei für die Versetzung $\int \partial b = \delta b$ sein muß. Jeder Faden gibt dann eine Relativverschiebung der Atome, zwischen denen er hindurchwandert, um $-\partial b$[1].

Es liege nun ein Kristall im idealen Ausgangszustand vor, seine Atome seien etwa durchnumeriert, die relative Lage je zweier Nachbaratome sei durch δx_i gekennzeichnet. Mit δu_j bezeichnen wir eine zunächst nur gedachte Relativverschiebung des Atoms auf der positiven Seite von δx_i gegenüber demjenigen auf der negativen. Es sei also $\delta u_j(x_i)$ im ganzen Kristall gegeben, wo x_i der Ort des auf der negativen Seite von δx_i gelegenen Atoms im Ausgangszustand sei. Wir wollen zulassen, daß δu_j beliebig unstetig ist, so daß insbesondere der Kristall nach Ausführung der Relativverschiebungen nicht mehr zusammenhängend zu sein braucht. Nur daß am Ende zwei oder mehr Atome auf einen Punkt fallen, soll ausgeschlossen sein.

Die Frage ist nun: Ist es überhaupt möglich, den Kristall in solch eine Lage zu bringen, daß tatsächlich immer zwei Atome die durch δu_j

---

[1] Nach F r a n k ist der Umlauf $\mathfrak{C}'$ in hinreichendem Abstand vom Versetzungszentrum zu führen, so daß alle Versetzungsfäden innerhalb des Umlaufs liegen. Wir werden dies in unseren Untersuchungen nicht verlangen.

vorgeschriebene Verschiebungsdifferenz erlitten haben? Die Antwort lautet: Dies ist im allgemeinen nicht möglich. Man sieht das Wesentliche schon an einem aus nur vier Atomen 1, 2, 3, 4 bestehenden ebenen

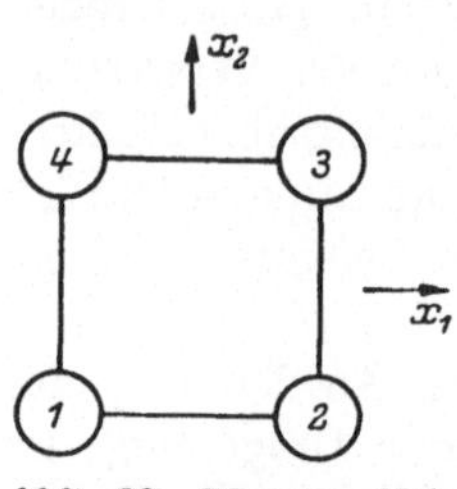

Abb. 20. Ebener „Kristall", bestehend aus vier Atomen. Die Atompaare 13 und 24 sind keine Nachbaratome

„Kristall". Schreibt man nämlich δu_j für die Atompaare 12, 23, 34 vor, so ist die gegenseitige Lage der vier Atome bereits vollständig bestimmt, und eine etwaige Angabe für das letzte Atomnachbarpaar 41 ist nicht mehr willkürlich, sondern muß mit den ersten drei Angaben verträglich sein (Abb. 20).

Die nächste Frage ist: Wie lauten allgemein die einschränkenden Bedingungen, denen die δu_j unterliegen müssen, damit die Herstellung eines durch die δu_j beschriebenen Zustands möglich ist? Man sieht sofort, daß die Summe der δu_j genommen längs eines beliebigen Weges von einem Atom a zu einem Atom b vom Weg unabhängig sein muß, d. h.

$$\sum \delta u_j = 0 \qquad \text{(III. 2)}$$

für einen beliebigen geschlossenen Weg, geführt im Idealkristall. Aus Gl. (III. 2) folgt die Existenz einer Funktion $u_j(x_i)$, die noch beliebig unstetig sein kann. u_j ist natürlich die Verschiebung der Atome, eindeutig bis auf eine starre Verschiebung des Kristalls.

Durch die Gleichung

$$\delta u_j = \gamma_{ij}\, \delta x_i \qquad \text{(III. 3)}$$

sei der „mikroskopische" Distorsionstensor $\gamma \equiv (\gamma_{ij})$ definiert. Wir erklären ihn wie folgt: Ein bestimmtes Atom befinde sich am Orte x_i.

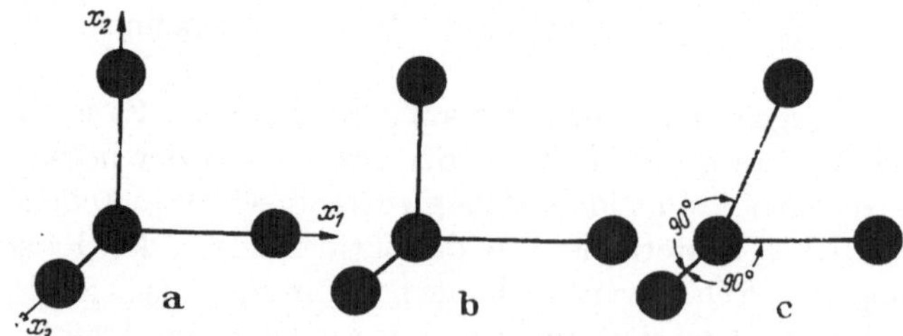

Abb. 21. Zur Definition des mikroskopischen Distorsionstensors

Seine drei Nachbaratome in Richtung der positiven x_i-Achsen haben die Lagen (im Idealkristall) $x_i + \delta x_i$. Diese vier Atome, die das Basisdreibein des Gitters bilden, reichen aus, um sinnvoll eine Distorsion am Punkt x_i zu definieren und zu veranschaulichen. Nach Gl. (III. 3) bedeutet z. B. das Auftreten einer Distorsion γ_{11}, daß die beiden um

δx_1 auseinander liegenden Punkte eine Relativverschiebung δu_1 in x_1-Richtung erleiden, d. h. ein positives γ_{11} ist eine Dehnung des Dreibeins in x_1-Richtung (Abb. 21b). Entsprechend sieht man, daß z. B. γ_{21} eine Scherung des Dreibeins wie in Abb. 21c bedeutet. Im Fall kleiner Distorsionen ist der symmetrische Teil von γ_{ij} eine reine Deformation, der antisymmetrische Teil eine reine Drehung des Dreibeins.

Setzen wir Gl. (III. 3) in Gl. (III. 2) ein, so folgt mit dem Stokesschen Satz[1]

$$({}^{\delta}\mathrm{Rot}\,\gamma)_{il} \equiv \epsilon_{ijk}\frac{\delta\gamma_{kl}}{\delta x_j} = 0. \tag{III. 4}$$

Nur Distorsionen, welche der Gl. (III. 4) genügen, sind tatsächlich in unserem Euklidischen Raum möglich[2].

Die Anwendung des Stokesschen Satzes ist auch im Fall diskret verteilter Punkte und beliebig unstetiger Relativverschiebungen δu_j sinnvoll, wie man schon am Beispiel der vier Atome in Abb. 20 zeigen kann. Alle Punkte sollen in der Ebene $x_3 = 0$ bleiben. Dann sind gemäß Gl. (III. 3) die folgenden Distorsionen definiert: Für Punkt 1 β_{11}, β_{12}, β_{21}, β_{22}, für Punkt 2 β_{21}, β_{22}, für Punkt 3 keine, für Punkt 4 β_{11}, β_{12}. Formal hat man

$$(\mathrm{Rot}\,\beta)_{31} = \frac{\delta\beta_{21}}{\delta x_1} - \frac{\delta\beta_{11}}{\delta x_2}\,; \quad (\mathrm{Rot}\,\beta)_{32} = \frac{\delta\beta_{22}}{\delta x_1} - \frac{\delta\beta_{12}}{\delta x_2} \tag{III. 5}$$

von Null verschieden, oder als Differenzengleichung geschrieben

$$(\mathrm{Rot}\,\beta)_{31} = \frac{\beta_{21}(2) - \beta_{21}(1)}{\delta x_1} - \frac{\beta_{11}(4) - \beta_{11}(1)}{\delta x_2}\,;$$

$$(\mathrm{Rot}\,\beta)_{32} = \frac{\beta_{22}(2) - \beta_{22}(1)}{\delta x_1} - \frac{\beta_{12}(4) - \beta_{12}(1)}{\delta x_2}. \tag{III. 6}$$

Es kommen also gerade die oben als definiert festgestellten Distorsionskomponenten vor. Nach Multiplikation mit $\delta x_1\,\delta x_2$ erhält man $\Sigma\,\delta x_i\,\beta_{ij}$. Insgesamt also, wenn wir δF_k für $\delta x_i\,\delta x_j$ schreiben

$$\delta F_k(\mathrm{Rot}\,\beta)_{kj} = \Sigma\,\delta x_i\,\beta_{ij}, \tag{III. 7}$$

d. i. der Stokessche Satz.

Die bisherigen Betrachtungen waren rein geometrischer Natur. Darüber, ob bei der Relativverschiebung zwischen zwei Atomen rücktreibende Kräfte auftreten, wurde nicht gesprochen. Nunmehr betrachten wir den Vorgang der Einwanderung einer Versetzung in den Idealkristall der Abb. 2, wodurch dieser in den Zustand der Abb. 3 oder 5 gebracht

---

[1] Mit ${}^{\delta}$Rot soll angedeutet werden, daß es sich um Differenzengleichungen im Atomraum handelt.

[2] Dagegen gibt es zu jeder beliebigen Verteilung δu_j einen nicht-Euklidischen Raum, in dem diese möglich wird. Die x_i sind dann die Koordinaten dieses Raumes, z. B. einer gekrümmten Fläche im Falle des zweidimensionalen Kristalls.

wird. Macht man im Idealkristall einen Umlauf $\mathfrak{C}$, und summiert man jeweils die oben genannte Relativverschiebung δg_j zwischen zwei Atomen, so wird

$$\sum_{\mathfrak{C}} \delta g_j = -\,\delta b_j, \qquad\qquad\qquad \text{(III. 8)}$$

wenn der $\mathfrak{C}$ entsprechende Umlauf $\mathfrak{C}'$ im Kristall nach der Versetzungswanderung die Versetzung umfaßt, andernfalls ergibt sich $\Sigma\,\delta g_j = 0$[1]. Aus Gl. (III. 8) folgt, daß die plastische Relativverschiebung δg_j in einem Kristall mit Versetzungen nicht die Bedingungen (III. 2) erfüllt. Nun zeigen die Abb. 3 und 5 anschaulich, daß eine Versetzung im Kristall immer auch von einem elastischen Deformationshof umgeben ist. Wir bezeichnen die elastischen Relativverschiebungen zweier Nachbaratome mit δa_j. Die gesamte Relativverschiebung, wir wollen sie jetzt δs^G nennen, setzt sich aus der elastischen und plastischen zusammen

$$\delta s_j^G = \delta a_j + \delta g_j, \qquad\qquad\qquad \text{(III. 9)}$$

und es gilt

$$\sum \delta s_j^G = 0 \qquad\qquad\qquad \text{(III. 10)}$$

für jeden beliebigen geschlossenen Weg. Hieraus folgt die Existenz einer Funktion $s_j^G(x_i)$, welche die Differenz des Ortes eines bestimmten Atoms im Idealzustand und im „versetzten" Zustand bis auf eine allen Atomen gemeinsame konstante Verschiebung angibt. Die Existenz dieser Funktion, die nicht stetig zu sein braucht, ist die Folge dessen, daß die Operation, welche z. B. den Kristall vom Zustand der Abb. 2 in denjenigen der Abb. 3 oder 5 überführt, im Euklidischen Raum möglich ist.

Weiter definieren wir die i. allg. asymmetrischen Tensoren der (mikroskopischen) Gesamtdistorsion $\boldsymbol{\beta}^G \equiv (\beta_{ij}^G)$, der elastischen Distorsion $\boldsymbol{\beta} \equiv (\beta_{ij})$ und der plastischen Distorsion $\boldsymbol{\beta}^P \equiv (\beta_{ij}^P)$ durch die Gleichungen

$$\delta s_j^G = \beta_{ij}^G\,\delta x_i, \qquad \delta a_j = \beta_{ij}\,\delta x_i, \qquad \delta g_j = \beta_{ij}^P\,\delta x_i. \qquad \text{(III. 11)}$$

Dann müssen wir zuerst erklären, wie weit man überhaupt mit der elastischen und plastischen Distorsion einen Sinn verbinden kann, da diese doch natürlich genau so wie die δa_j und δg_j Operationen darstellen, die für sich allein im Euklidischen Raum nicht möglich sind. Nun bemerkt man, daß eine jede Operation δu_j, die sich nur auf ein Dreibein

---

[1] Man kann an Stelle des Ideal- plus Realkristalls auch nur einen Idealkristall betrachten, in den Versetzungen einwandern, infolge einer Hemmung jedoch zunächst keine Distorsionen stattfinden. In diesem Sinne kann auch in einem Idealkristall Versetzungen unterbringen. So aufgefaßt erhält man einfache Gleichungen auch für beliebig große Distorsionen. Vgl. § 10, Anfang.

bezieht, im Euklidischen Raum durchführbar ist, erst wenn man weitere Atome hinzufügt, z. B. einen Würfel aus 8 Atomen bildet, wird die Beschränkung (III. 2) wirksam. Offenbar hängt dies damit zusammen, daß ein Dreibein gewissermaßen keine Versetzung in seinem Innern haben kann, während z. B. der genannte Würfel dies kann (s. u.).

Setzen wir die dritte Gl. (III. 11) in Gl. (III. 8) ein, so folgt mit dem Stokesschen Satz

$$\sum_{F} \delta F_i \, ({}^{\delta}\text{Rot } \boldsymbol{\beta}^P)_{ij} = - \, \delta b_j, \qquad\qquad \text{(III. 12)}$$

wo F eine in $\mathfrak{C}$ eingespannte Fläche ist. Dieses Ergebnis ist noch dann sinnvoll, wenn der Umlauf nur vier Atome berührt. Dann schreibt sich Gl. (III. 12)

$$({}^{\delta}\text{Rot } \boldsymbol{\beta}^P)_{ij} = - \, \delta b_j / \delta F_i, \qquad\qquad \text{(III. 13)}$$

falls man voraussetzt, daß alle Fäden der Versetzung das in die vier Atome eingespannte Flächenelement δF_i durchstoßen[1]. $\delta b_j / \delta F_i$ ist dann offenbar die mittlere Flächendichte der Versetzungsfäden im Bereich von δF_i. Die Aussage gilt auch dann noch, wenn ein Teil der Fäden der Versetzung außerhalb von δF_i liegt, sofern man unter δb_j eben nur den Gesamt-Burgers-Vektor derjenigen Fäden versteht, welche δF_i durchstoßen[2]. M. a. W. $\delta b_j / \delta F_i$ ist die (mikroskopische) Versetzungsdichte, wir nennen sie α_{ij} und schreiben für Gl. (III. 13)

$$ {}^{\delta}\text{Rot } \boldsymbol{\beta}^P = - \, \boldsymbol{\alpha}. \qquad\qquad \text{(III. 14)}$$

Falls viele Versetzungen die Fläche F der Gl. (III. 12) durchstoßen, steht auf der rechten Seite dieser Gleichung der Gesamt-Burgers-Vektor aller F durchstoßenden Versetzungen.

Wegen Gl. (III. 10) gilt für die Gesamtdistorsion

$$\boldsymbol{\beta}^G = \boldsymbol{\beta} + \boldsymbol{\beta}^P \qquad\qquad \text{(III. 15)}$$

natürlich

$$ {}^{\delta}\text{Rot } \boldsymbol{\beta}^G = 0, \qquad\qquad \text{(III. 16)}$$

und so erhalten wir die (mikroskopische) geometrische Grundgleichung des Kristalls zu

$$ {}^{\delta}\text{Rot } \boldsymbol{\beta} = \boldsymbol{\alpha}. \qquad\qquad \text{(III. 17)}$$

Diese Gleichung besagt, daß die Anwesenheit von Versetzungen in Kristallen immer mit elastischen Distorsionen verbunden ist, da die

---

[1] Im Sinne von Fußnote [1] von S. 102.

[2] In § 25 wird gezeigt, daß man die Verteilung der Versetzungsfäden in einer Versetzung näherungsweise ausrechnen kann, das Ergebnis ist, daß die weitaus meisten Fäden einer Versetzung innerhalb eines Querschnitts der Größe $|\delta F|$ liegen.

bei der Einwanderung oder Bildung der Versetzungen definitionsgemäß auftretenden plastischen Distorsionen für sich allein im Euklidischen Raum nicht möglich sind[1].

§ 22. Die geometrische Grundgleichung im Kristall: Übergang zur makroskopischen Theorie

In diesem Paragraphen wollen wir den Übergang von den mikroskopischen zu den makroskopischen Größen machen. Dazu definieren wir zunächst das makroskopische (= physikalische) Volumenelement ΔV, welches im Ausgangszustand ein Idealkristall von der in § 20 geforderten Mindestgröße sein soll. Durch die Bezeichnung „Element" ist zum Ausdruck gebracht, daß andererseits der Versuchskörper eine sehr große Zahl solcher Volumenelemente enthalten soll.

Hiernach kommen wir zu dem Versetzungstensor. Es ist klar, daß wir jetzt auf den Fadenaufbau der einzelnen Versetzung nicht mehr zu achten brauchen, sondern wir können diese wie früher durch ihren Tangenteneinheitsvektor und Burgers-Vektor, d. h. durch $t_i\,\delta b_j$ beschreiben. Bei den riesigen, in allen Kristallen vorkommenden Zahlen von Versetzungen kann man natürlich nicht mehr von jeder Linie den Verlauf und Burgers-Vektor angeben.

Wir fragen uns nun, in welcher Weise wir einen Zustand mit sehr vielen dicht beieinander verlaufenden Versetzungen möglichst einfach und vollständig beschreiben können. Offenbar doch, indem wir an jedem Punkt x des Kristalls angeben, wie viele (N^{ab}) Versetzungen von der Richtung t^a und dem Burgers-Vektor δb^b durch jedes gerichtete Flächenelement ΔF bei x hindurchgehen, wobei die Flächenelemente ja so groß sein sollen, daß sie von vielen Versetzungen getroffen werden, so daß eine Mittelung sinnvoll ist, m. a. W. die Zahlen N^{ab} ändern sich von einem Flächenelement zum anderen nur wenig. Man kann dann sagen, daß die Versetzungen die Flächenelemente mit einer gewissen Dichte durchstoßen.

Wir bezeichnen mit Δb den Gesamt-Burgers-Vektor aller durch ΔF verlaufenden Versetzungen. Er ist

$$\Delta b = \sum_{a,b} N^{ab}\,\delta b^b. \qquad (\text{III. }18)$$

Man beachte, daß sich Δb nicht ändert, wenn man z. B. die Zahlen N^{ab} verdoppelt und gleichzeitig die zugehörigen Burgers-Vektoren halbiert. Der Übergang zur kontinuierlichen Verteilung ist nun so zu machen, daß man gleichzeitig die Zahlen N^{ab} immer weiter anwachsen

---

[1] Herrn Prof. E. Fues danke ich für seine kritischen Bemerkungen zu meinen früheren Arbeiten, die mich zu der oben gegebenen Darstellung veranlaßt haben.

und die Burgers-Vektoren gegen Null gehen läßt, so daß der Gesamt-Burgers-Vektor $\varDelta\boldsymbol{b}$ konstant bleibt[1].

In einer makroskopischen Theorie kann man nun eine diskrete Verteilung, wie sie ja durch die Zahlen N^{ab} dargestellt wird, nicht mehr erfassen. D. h. man muß sich hier auf die Angabe des Gesamt-Burgers-Vektors $\varDelta\boldsymbol{b}$ beschränken. Dies ist bei Kristallen ein wirklicher Verlust, der i. allg. erst durch eine zusätzliche kristallographische Betrachtung wieder hereingeholt werden kann. Das kommt daher, daß hier die Burgers-Vektoren nur diskrete Werte annehmen können, und die Versetzungen deshalb tatsächlich als Einzelwesen auftreten[2]. Infolgedessen interessiert hier auch für viele Zwecke gerade die Aufteilung der Versetzungslinien auf solche von bestimmtem Typ, wie sie durch Gl. (III. 18) beschrieben wird.

Wenn wir zu jedem Flächenelement $\varDelta\boldsymbol{F}$ den Gesamt-Burgers-Vektor aller durch $\varDelta\boldsymbol{F}$ hindurchgehenden Versetzungslinien kennen, sind wir über den Versetzungszustand mit der obigen Einschränkung orientiert. Wir sind nunmehr in der Lage, den makroskopischen Tensor der Versetzungsdichte $\boldsymbol{\alpha} = (\alpha_{ij})$ mit Hilfe der Gleichung

$$\varDelta b_j = \alpha_{ij}\,\varDelta F_i \qquad\qquad \text{(III. 19)}$$

zu definieren. Da nach Voraussetzung der Versetzungsverlauf in der Umgebung des Flächenelements merklich homogen ist, können wir die Versetzungen innerhalb der Volumenelemente $\varDelta V$ als gerade annehmen. Außerdem wollen wir annehmen, daß die Versetzungen α_{ij} die Flächen $\varDelta F_i$ senkrecht durchstoßen. Die realen Versetzungslinien tun dies zwar i. allg. nicht, doch hatten wir die Aufteilung des Gesamt-Burgers-Vektors auf die einzelnen Versetzungslinien verschiedenen Typs gemäß Gl. (III. 18) ja der Kristallographie überwiesen. Unsere makroskopischen Versetzungslinien α_{ij} verlaufen also alle in i-Richtung und haben alle ihren Burgers-Vektor in j-Richtung. Infolgedessen stellen die Diagonalkomponenten von $\alpha_{ij}(\boldsymbol{x})$ am Orte $\boldsymbol{x}$ wie früher Schraubenversetzungen, die übrigen Komponenten Stufenversetzungen dar.

Die makroskopische Versetzungsdichte im Kristall ist eine sehr anschauliche Größe, sie stellt ja direkt eine Schar von Linien wie in Abb. 3 und 5 dar. Deren Fluß durch eine beliebige Fläche F, d. h. der Versetzungsfluß, ist gleich dem Gesamt-Burgers-Vektor aller F durch-

---

[1] Dieser Grenzübergang wurde zuerst von Nye [113] durchgeführt.

[2] Mit wenigen Ausnahmen gilt der Satz, daß der Burgers-Vektor nicht nur ein Gittervektor (§ 21), sondern der kleinstmögliche Gittervektor sein muß, damit die Störung im Versetzungszentrum nicht zu viel Energie verbraucht (diese geht ja mit $\boldsymbol{b}^2$, § 18). Dann sind im kubisch primitiven Gitter drei diskrete Burgers-Vektoren möglich, im kubisch flächenzentrierten Gitter sind es sechs.

stoßenden Versetzungslinien und nach Gl. (III. 19)

$$b = \iint_F \Delta F \cdot \alpha.$$

(III. 20)

Wir kommen nunmehr zu dem Zusammenhang zwischen den mikroskopischen und makroskopischen Distorsionen. Dazu möge zunächst wieder jedes Paar von Nachbaratomen des Kristalls im Ausgangszustand wie oben eine Relativverschiebung δu_j zugedacht erhalten. δu_j sei jetzt innerhalb eines aus sehr vielen Atomen bestehenden Volumenelements, welches wir dV nennen wollen (um es von dem oben verwendeten Volumenelement ΔV zu unterscheiden, s. u.), homogen verteilt, es mag sich jedoch von einem Element zum anderen unstetig ändern. Abb. 22 zeigt ein einfaches Beispiel.

Wir können die geometrische Lage aller Atome in Abb. 22b kennzeichnen, indem wir das durch Gl. (III. 3) definierte (mikroskopische)

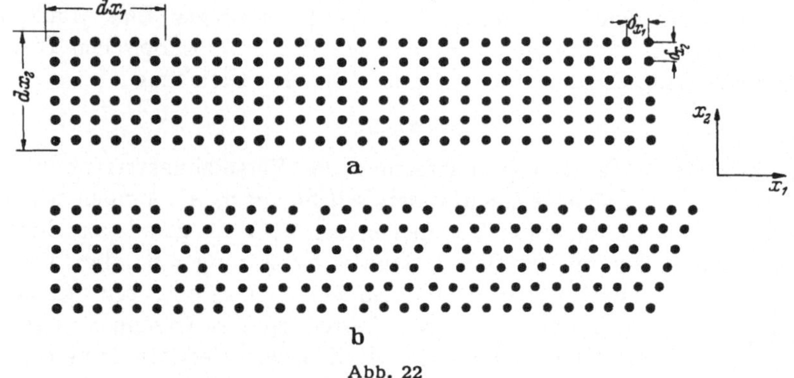

Abb. 22

γ_{ij} als Funktion des Ortes der Atome im Ausgangszustand angeben. Man erhält dann γ_{21} und γ_{11} von Null verschieden, wobei γ_{21} nur von x_1 abhängt, während γ_{11} nur für die Atome, welche die Elemente dV auf der $+x_1$-Seite begrenzen, von Null verschieden ist und dort nur von x_2 abhängt. Die Bedingungen (III. 4), die natürlich überall erfüllt sein müssen, schreiben sich dann

$$\frac{\delta\gamma_{21}}{\delta x_1} - \frac{\delta\gamma_{11}}{\delta x_2} = 0.$$

(III. 20)

Aus Gl. (III. 3) läßt sich bei bekannten γ_{ij} die Funktion u_j bis auf eine starre Verschiebung des Gesamtkristalls gewinnen.

Eine andere Beschreibung des Zustands von Abb. 22b wäre, daß man jetzt die Distorsion immer für ein ganzes Volumenelement dV angibt, da sie innerhalb dieses nach Voraussetzung konstant ist. Wir können dies als eine Definition der makroskopischen Distorsion betrachten.

Die Diagonalkomponenten werden als Funktion des Ortes im Ausgangszustand durch das Verhältnis Verlängerung des Elements zu Ausgangslänge, die übrigen Komponenten durch den Tangens des Scherwinkels gemessen. Im Innern eines homogen distordierten Volumenelements hat natürlich jedes atomare Dreibein die zahlenmäßig gleiche (mikroskopische) Distorsion wie das Element (makroskopisch). Für ein Element der Abb. 22b ist (makroskopisch) allein γ_{21} von Null verschieden. $dx_i = n\,\delta x_i$ sei z. B. der Abstand der Schwerpunkte zweier Nachbarelemente dV im Ausgangszustand. Dann ist doch zahlenmäßig $d\gamma_{21}$ gleich dem Wert $\delta\gamma_{21}$ in der Grenzfläche, also $d\gamma_{21}/dx_1$ zahlenmäßig gleich dem Wert $\delta\gamma_{21}/n\,\delta x_1 = \delta\gamma_{11}/n\,\delta x_2$ in der Grenzfläche. Bei gegebenem makroskopischen $\gamma_{21}(x_1)$ kann man also das mikroskopische γ_{11} in der Grenzfläche bis auf eine Konstante zurückgewinnen. Es folgt zugleich, daß für das makroskopische γ_{ij} i. allg. die Aussage

$$(\mathrm{Rot}\ \boldsymbol{\gamma})_{il} \equiv \epsilon_{ijk}\frac{\partial\gamma_{kl}}{\partial x_j} \neq 0 \qquad\qquad (\text{III. 22})$$

gilt, im Gegensatz zu dem mikroskopischen γ_{ij}. Die Bedingung dafür, daß Rot $\boldsymbol{\gamma} = 0$ ist, lautet im obigen Beispiel offenbar $\delta\gamma_{11}/\delta x_2 = 0$, m. a. W. in den Grenzflächen der Volumenelemente darf es keinen veränderlichen Verschiebungssprung geben. Wir kommen hierauf gleich zurück.

Die eben angenommenen Homogenität der Distorsion innerhalb eines aus sehr vielen Atomen bestehenden Volumenelements ist bei dem realen Vorgang der plastischen Verformung nicht gegeben. Doch kann man bei hinreichender Größe von dV annehmen, daß wenigstens eine gemittelte Homogenität besteht, die sich meßtechnisch etwa darin zu erkennen gibt, daß sich die Oberfläche eines markierten Volumenelements dV bei der Verformung oder auch bei der Entspannung nach Herausschneiden nicht merkbar deformiert (andernfalls sind die in § 20 genannten Voraussetzungen für die Anwendbarkeit der Kontinuumstheorie nicht erfüllt).

Hiernach können wir die physikalischen Volumenelemente dV mit den in § 3 verwendeten mathematischen Volumenelementen dV identifizieren, worin nun gerade die Unexaktheit liegt, die wir in § 20 beschrieben hatten. An diesen Elementen definieren wir wie früher in § 2 die Tensoren der makroskopischen Gesamtdistorsionen sowie der elastischen und plastischen Distorsionen β_{ij}^G, β_{ij}, β_{ij}^P. Wir hatten früher gefunden, daß die Gleichung

$$\mathrm{Rot}\ \boldsymbol{\beta}^G = 0 \qquad\qquad (\text{III. 23})$$

notwendig ist, wenn der Körper nach der Verformung keine Risse zeigen soll [1]. Wir sehen, daß diese makroskopische Gleichung etwas ganz anderes

---

[1] Die durch Gl. (III. 23) eingeschränkte Funktion β^G ist natürlich auch solcher Art, daß sie nirgends verlangt, daß Teile zweier Nachbarelemente

aussagt, als die mikroskopische Gleichung (III. 16)

$$^{\delta}\text{Rot } \boldsymbol{\beta}^G = 0. \tag{III. 24}$$

Diese sichert die Möglichkeit der Operation im Euklidischen Raum. Von Rißbildung ist dabei nicht die Rede, in der Tat ist ja der Begriff „Riß" in einem aus diskreten Punkten bestehenden System gar nicht definiert. Im Gegensatz hierzu sichert die Art, in der die Distorsionen der makroskopischen Theorie definiert werden, von vornherein die Möglichkeit der Operation im Euklidischen Raum[1], und zwar gilt dies nicht nur für die Gesamtdistorsion, sondern auch für die elastischen und plastischen Distorsionen. Zusätzlich kommt nun die Einschränkung (III. 23), welche Rißbildung verhindert.

Man beachte, auch die makroskopische plastische Distorsion ist eine für sich allein im Euklidischen Raum durchführbare Operation, allerdings ist danach i. allg. der Zusammenhang des Körpers zerstört, da Rot $\boldsymbol{\beta}^P \neq 0$. Von den an Gl. (III. 22) anschließenden Bemerkungen folgt, daß dort, wo Rot $\boldsymbol{\beta}^P \neq 0$ ist, zwischen den Volumenelementen ein linear veränderlicher plastischer Verschiebungssprung besteht, und nach § 8 ist dies immer dort der Fall, wo Versetzungen zwischen Volumenelementen in konstanter Dichte stecken geblieben sind. Führt man im Ausgangszustand einen Umlauf um ein Flächenelement ΔF, das aus vielen Elementen dF besteht, so erhält man wie in § 3 den Gesamt-Burgers-Vektor der stecken gebliebenen Versetzungen zu

$$\Delta b_j = - \oint_{\mathfrak{C}} dx_i\, \beta_{ij}^P = - \iint_{\Delta F} dF_k (\text{Rot } \boldsymbol{\beta}^P)_{kj} = - \Delta F_k (\text{Rot } \boldsymbol{\beta}^P)_{kj}, \tag{III. 25}$$

wenn man eine homogene Verteilung von Rot $\boldsymbol{\beta}^P$ im Bereich von ΔF voraussetzt. Nach Vergleich mit Gl. (III. 19) erhält man wieder

$$\text{Rot } \boldsymbol{\beta}^P = - \boldsymbol{\alpha} \tag{III. 26}$$

und nach Kombination mit Gl. (III. 23) die makroskopische Grundgleichung

$$\text{Rot } \boldsymbol{\beta} = \boldsymbol{\alpha}. \tag{III. 27}$$

Wir haben hier so gerechnet, als ob die Versetzungen zwischen den Volumenelementen stecken bleiben würden. In Wirklichkeit bleiben diese eher räumlich als flächenhaft stecken. Indem wir jedoch den

---

sich an der gleichen Stelle befinden. Bezeichnet man das Raumstück, in dem sich (was nur in Gedanken möglich ist) die Teile zweier Volumenelemente zugleich (d. h. sich überdeckend) befinden, als „negativen Riß", so braucht man diesen Fall nicht immer ausdrücklich neben dem normalen „positiven Riß" zu erwähnen.

[1] Anders ausgedrückt: Eine Verformung, die sich mit Hilfe eines makroskopischen Distorsions-Tensorfeldes beschreiben läßt, ist es prinzipiell im Euklidischen Raum durchführbar.

Grenzübergang $dV \to 0$ durchführen, wird ja aus der flächenhaften Anordnung zwischen den Volumenelementen eine räumliche Anordnung.

Wir hatten den Fall linear veränderlicher plastischer Verschiebungs-
sprünge besprochen, nicht aber den Fall konstanter Verschiebungs-
sprünge. Bei solchen werden die Volumenelemente makroskopisch
gegeneinander versetzt, d. h. die Verschiebung der Punktes des Mediums
wird makroskopisch unstetig. Diesem Fall scheint keine besondere
praktische Bedeutung zuzukommen, wir wollen ihn daher nicht weiter
betrachten.

§ 23. Ebene Versetzungsanordnungen im Kristall

In diesem Paragraphen handelt es sich um eine Anwendung der
Grenzflächengleichungen von § 8 und 9 auf den kristallinen Körper. Die

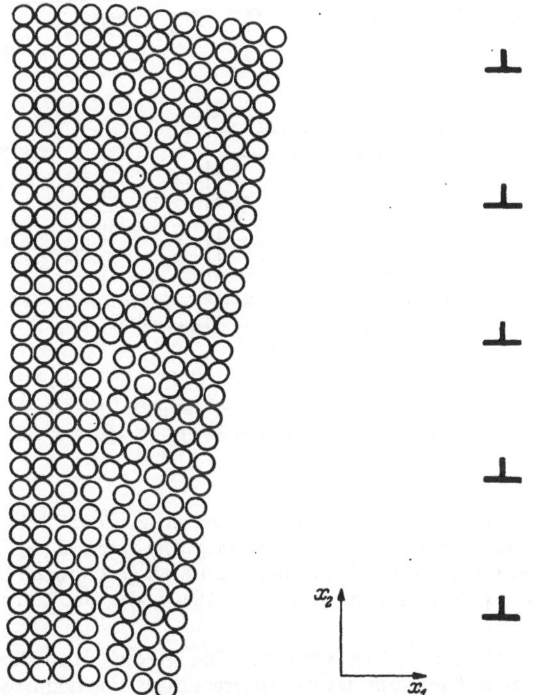

Abb. 23. Korngrenze 1. Art. Der Orientierungsunterschied zwischen den
zusammenstoßenden Körnern ist $|g|/d$, wenn d der Abstand der Versetzungen ist.
Dies folgt von Gl. (III. 32)

Grenzfläche zwischen zwei Kristalliten, welche sich nur durch ihre Orientierung unterscheiden, nennt man „Korngrenze". Solche Korngrenzen
entstehen z. B. beim Wachstum der Kristalle aus der Schmelze. Das

Wachsen findet von irgendwelchen sich statistisch bildenden Keimen aus statt. Wenn zwei benachbarte Keime verschiedene Orientierung haben und wachsen, stoßen sie schließlich mit diesen verschiedenen Orientierungen aneinander, und längs der Grenzfläche entsteht ein Bereich atomarer Unordnung. Wenn der Orientierungsunterschied nicht mehr als etwa 20° beträgt, kann man in der Korngrenze einzelne Versetzungen unterscheiden, welche den Übergang von einer Orientierung zur anderen vermitteln. Ein einfaches Beispiel zeigt Abb. 23. Die zugehörige Versetzungsanordnung ist daneben schematisch gezeichnet[1]. Es handelt sich hier um eine Wand von Stufenversetzungen, deren Burgers-Vektor senkrecht zur Wandebene steht. Eine Wand von Stufenversetzungen mit Burgers-Vektor in der Wand gibt dagegen keinen Orientierungsunterschied (Abb. 24). Solche Versetzungswände kommen in Phasen-

Abb. 24

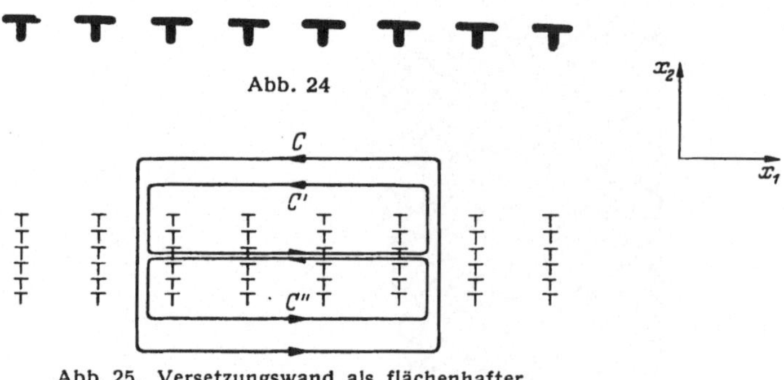

Abb. 25. Versetzungswand als flächenhafter
Inkompatibilitätsdipol

grenzen vor (§ 32) und in nicht konstanter Dichte als Aufstauungen in Gleitebenen[2], wenn ein Hindernis das Weiterwandern der Versetzungen blockiert.

---

[1] Mit dem Symbol ⊥ wird oft eine senkrecht zur Papierebene verlaufende gerade Stufenversetzung gekennzeichnet. Die beiden Striche geben in leicht verständlicher Weise Gleitebene und eingeschobene Netzebene der Versetzung an. Die Versetzung in Abb. 19b wäre also durch ⊥ zu kennzeichnen.

[2] Diese nennt man „Gleitzonen". Die Berechnung der Versetzungsverteilung in einer Gleitzone ist ein interessantes mathematisches Problem, welches unter verschiedenen Voraussetzungen von Eshelby, Frank und Nabarro [166] und von Leibfried [89] gelöst wurde. Leibfried zeigte u. a., daß man an Stelle der diskreten Versetzungsverteilung eine kontinuierliche schon dann mit guter Näherung verwenden kann, wenn die Gleitzone nur wenige Versetzungen enthält. Man bekommt dann die Gleichgewichts-Versetzungsverteilung in Abhängigkeit von den angelegten äußeren Spannungen aus einer linearen Integralgleichung. Das sich hieran anschließende Problem, die zu dieser Gleichgewichtsverteilung gehörigen Eigenspannungen

Wir behandeln zunächst die Korngrenzen. Aus § 7 wissen wir, daß auch Wände von gekreuzten Schraubenversetzungen als Korngrenzen dienen können. Dies läßt sich leider nicht gut zeichnen. Zwei Aufgaben kommen in der Praxis vor:

1. Gegeben der Orientierungsunterschied zwischen zwei Körnern, gesucht die Versetzungsanordnung, welche die Korngrenze aufbaut.

2. Gegeben eine Versetzungswand, gesucht der Orientierungsunterschied zwischen den beiden angrenzenden Körnern[1].

Wir zerlegen diese Aufgaben in einen kontinuumstheoretischen und einen kristallographischen Teil. In ersterem ermittelt man die makroskopische Versetzungsdichte α, im zweiten dann mit ihrer Hilfe und den kristallographischen Gegebenheiten die mikroskopische Versetzungsanordnung.

Die Lösung des kontinuumstheoretischen Teils können wir sofort angeben. Eine Korngrenze ist nach obigem allein durch den Orientierungsunterschied zwischen zwei Körnern definiert. Irgendwelche makroskopischen Deformationen sind dabei nicht beteiligt. (Mikroskopische elastische Deformationen, die daher rühren, daß die Burgers-Vektoren in Kristallen endliche Stärke haben, brauchen wir, jedenfalls im Kontinuumsteil der Aufgabe, nicht zu berücksichtigen.) Es ist für unseren Fall also die elastische Distorsion β_{ij} einfach eine starre Drehung ω_{ij} der Volumenelemente und aus Gl. (I. 67) wird

$$\epsilon_{ijk}\, n_i\, \omega_{jl}\, \big|_{\mathrm{II}} - \epsilon_{ijk}\, n_i\, \omega_{jl}\, \big|_{\mathrm{I}} = \bar{\alpha}_{kl}. \qquad \text{(III. 28)}$$

Im Falle großer Orientierungsunterschiede hat man für ω_{jl} den Drehtensor nach Gl. (I. 94) einzusetzen. Bei kleinen Orientierungsunterschieden ist dessen symmetrischer Teil vernachlässigbar und man kann an Stelle des antisymmetrischen Teils den zugehörigen Drehvektor

$$\omega_i = \frac{1}{2}\,\epsilon_{ijk}\,\omega_{jk}, \qquad \omega_{ij} = \epsilon_{ijk}\,\omega_k \qquad \text{(III. 29)}$$

nehmen. Aus Gl. (III. 28) wird dann

$$\epsilon_{ijk}\,\epsilon_{jlm}\, n_i\, \omega_m\, \big|_{\mathrm{II}} - \epsilon_{ijk}\,\epsilon_{jlm}\, n_i\, \omega_m\, \big|_{\mathrm{I}} = \bar{\alpha}_{kl} \qquad \text{(III. 30)}$$

und mit der Zerlegungsformel (A. 2)

$$(\delta_{kl}\, n_m\, \omega_m - n_l\, \omega_k)\, \big|_{\mathrm{II}} - (\delta_{kl}\, n_m\, \omega_m - n_l\, \omega_k)\, \big|_{\mathrm{I}} = \bar{\alpha}_{kl}{}^2 \qquad \text{(III. 31)}$$

---

zu berechnen, konnte von Haasen und Leibfried [169] durch Integration in der komplexen Ebene allgemein gelöst werden. Die Spannungen ergeben sich dann im wesentlichen durch Differentiationen der Versetzungsverteilung. Leibfried [172] hat ferner Aufstauungen kreisförmiger Versetzungen in einer Gleitebene behandelt. Die Anwendungen all dieser Rechnungen betreffen die Verfestigung der Metalle.

[1] Die allgemeine Lösung dieser Aufgaben verdankt man Frank [46].

[2] Dies ist offenbar die Grenzflächenform der Gl. (I. 59).

In Abb. 23 waren nur die Komponenten n_1 und ω_3 von Null verschieden. Also enthält die zugehörige Versetzungsdichte $\overline{\alpha}_{ij}$ nur die Komponente ($n_1 = 1$)

$$\overline{\alpha}_{31} = -\omega_3 \big|_{\mathrm{II}} + \omega_3 \big|_{\mathrm{I}}, \tag{III. 32}$$

das sind genau die gezeichneten Versetzungen. Falls die Drehung zwischen zwei Kristalliten um eine Achse senkrecht zur Grenzfläche besteht („twist boundary", im Gegensatz zu der oben behandelten „tilt boundary") erhält man gekreuzte Schraubenversetzungen. Hat die Drehachse, z. B. die x_1-Richtung (nur n_1 und ω_1 von Null verschieden), so ergibt sich von Gl. (III. 31) allein

$$\alpha_{22} = \alpha_{33} = \omega_1 \big|_{\mathrm{II}} - \omega_1 \big|_{\mathrm{I}} \tag{III. 33}$$

von Null verschieden.

Wir zeigen nun, daß tatsächlich diese Korngrenzen zu keinen makroskopischen Spannungen führen. Hierzu ist notwendig und hinreichend, daß die Flächeninkompatibilitäten verschwinden. Von Gl. (I. 87) folgt sofort, daß wegen der konstanten Flächendichte der Versetzungen in der Grenzfläche $\overline{\overline{\eta}} = 0$ ist. Für $\overline{\overline{\eta}}$ hat man von Gl. (I. 90) $\overline{\overline{\eta}} = (\overline{\alpha} \times n^S)$. Sind i_i die cartesischen Basisvektoren, so hat man für die Korngrenze von Abb. 23 mit $n = i_1$ und $\overline{\alpha} = \overline{\alpha}_{31} i_3 i_1$

$$(\overline{\alpha}_{31} i_3 i_1 \times i_1)^S = 0 \tag{III. 34}$$

d. h. $\overline{\overline{\eta}} = 0$, keine Spannungen. Für die gekreuzten Schraubenversetzungen ist $\overline{\alpha} = \alpha_{22} i_2 i_2 + \alpha_{33} i_3 i_3$, somit wegen $\alpha_{22} = \alpha_{33} \equiv \alpha_0$

$$[\alpha_0 (i_2 i_2 + i_3 i_3) \times i_1]^S = \alpha_0 (-i_2 i_3 + i_3 i_2)^S = 0, \tag{III. 35}$$

also wieder $\overline{\overline{\eta}} = 0$.

Hingegen hat man für die Versetzungswand der Abb. 24 $\overline{\alpha} = \overline{\alpha}_{32} i_3 i_2$ und berechnet daraus

$$(\overline{\alpha}_{32} i_3 i_2 \times i_1)^S = -\overline{\alpha}_{32} i_3 i_3, \tag{III. 36}$$

d. h. $\overline{\overline{\eta}}_{33} = -\overline{\alpha}_{32}$. In diesem Fall treten demnach makroskopische elastische Deformationen und Spannungen auf.

Man kann die Doppelbelegung $\overline{\overline{\eta}}_{33}$ leicht veranschaulichen, indem man den Umlauf $\oint K_{ij}\, dx_j$ von § 7 heranzieht, welcher ja die Inkompatibilitäten ergibt. Dazu stellen wir uns vor, daß die Wand der Abb. 24 aus einer Reihe von Korngrenzen infinitesimaler Breite durch Grenzübergang hervorgegangen sei (Abb. 25). Der Umlauf $\mathfrak{C}$ ergibt offensichtlich Null, nicht aber die beiden Umläufe $\mathfrak{C}'$ und $\mathfrak{C}''$, diese bringen vielmehr einen entgegengesetzt gleichen Drehwinkel D. Dies zeigt an, daß die Versetzungswand von Abb. 24 nichts weiter ist, als eine Doppelbelegung von Flächeninkompatibilitäten.

Man kann in der Korngrenze von gekreuzten Schraubenversetzungen das Vorzeichen der einen Schar umdrehen und erhält dann von Gl. (III. 35) eine Flächeninkompatibilität $\overline{\overline{\eta}}_{23}$. Dagegen trägt eine einzelne Schar paralleler Schraubenversetzungen zur einen Hälfte zu $\overline{\overline{\eta}}$ bei, zur anderen verursacht sie einen Orientierungsunterschied. Damit sind alle Versetzungswände konstanter Dichte besprochen.

Wir fassen diese Ergebnisse über Versetzungswände konstanter Dichte noch einmal zusammen: Es gibt vier wesentliche verschiedene Anordnungen:

1. Stufenversetzungen ⊢ ⊢ ⊢ ⊢ ⊢ ⊢
Korngrenze 1. Art (tilt)

2. Gekreuzte Schraubenversetzungen, Burgers-Vektor und Linienrichtung in beiden Scharen parallel oder antiparallel.
Korngrenze 2. Art (twist)

keine weitreichenden Eigenspannungen.

3. Stufenversetzungen ⊥ ⊥ ⊥ ⊥ ⊥ ⊥

4. Gekreuzte Schraubenversetzungen, Burgers-Vektor und Linienrichtung in einer Schar parallel, in der anderen antiparallel

Quelle weitreichender Eigenspannungen, kein Orientierungsunterschied.

Bei nicht konstanter Dichte der Versetzungen in einer Wand tritt eine Flächeninkompatibilität $\overline{\eta}$ auf, die immer mit Spannungen verbunden ist[1].

Zum Schluß wollen wir noch die in § 20 aufgeworfene Frage nach den Strukturkrümmungen im Vielkristall behandeln. Es möge etwa der Körper von Abb. 14 ein idealer Vielkristall sein, welcher die Versetzungswanderung erleiden soll, die ihn in die Lage der Abb. 14b bringen würde, wenn man zuvor die Schichten auseinander geschnitten hätte. In Wirklichkeit bleibt er zusammenhängend und kommt in den Zustand der Abb. 1. Die Frage ist nun, ob der Kristall in Abb. 1 noch ein idealer

---

[1] Es seien ferner Arbeiten von Read und Shockley [174], sowie von van der Merwe [100] erwähnt, in denen die Energie einer Kleinwinkelkorngrenze elastizitätstheoretisch (als Summe der Eigen- und Wechselwirkungsenergien der die Korngrenze aufbauenden Versetzungen) als Funktion des Orientierungsunterschieds berechnet wird. Wegen interessanter neuer Anwendungen der Theorie flächenhafter Versetzungsanordnungen vgl. Bilby [3], Bilby und Christian [6], Bullough und Bilby [14]. Die letztgenannten beiden Arbeiten enthalten Anwendungen auf die wichtigen Phasenumwandlungen vom martensitischen Typ.

Weiterhin hat Bullough [162] mit Hilfe der genannten Theorie eine Erklärung für die beobachtete Zwillingsstruktur in den Kristallgittern vom Diamanttyp gegeben.

Vielkristall ist, oder nicht. Im letzten Fall muß man dies röntgenographisch nachweisen können[1].

Wir hatten gesehen, daß man Korngrenzen als Wände von Versetzungen auffassen kann. Dies gilt nun nicht nur für kleine Orientierungsunterschiede, diese haben nur die Besonderheit, daß man hier die einzelnen Versetzungen noch unterscheiden kann. Man kann sich indessen vorstellen, daß z. B. in Abb. 23 immer mehr Versetzungen heranwandern und sich in die Korngrenze hineinlegen, so daß man schließlich beliebig große Orientierungsunterschiede bekommt. Benützen wir also den Satz, daß Korngrenzen grundsätzlich flächenhafte Versetzungsanordnungen sind[2]. Dann bedeutet die Aussage ,,idealer Vielkristall" in spannungsfreiem Zustand eine ganz bestimmte Forderung für die Versetzungen des Körpers. Es kann nur die folgende Forderung sein: Der Burgers-Umlauf um ein beliebiges Flächenelement ΔF, welches sehr viele Kristallite schneidet, muß Null ergeben[3]. Durch diese Vorschrift kann man geradezu den idealen Vielkristall definieren. Hiernach folgt sofort, daß der Körper in Abb. 1 kein idealer Vielkristall mehr ist, und dies muß sich z. B. röntgenographisch nachweisen lassen[4].

Bei starker Biegung ist der Abstand der Versetzungswände in Abb. 1 kleiner als die mittlere Lineardimension eines Kristalliten. Dann verlaufen in den meisten Kristalliten eine Anzahl solcher Versetzungswände, welche zu einer mittleren Krümmung der Netzebenen führen. Diese macht sich als Asterismus in Röntgenaufnahmen bemerkbar. Damit ist wohl hinreichend erklärt, daß auch im Vielkristall makroskopische Strukturkrümmungen nachgewiesen werden können.

§ 24. Die Versetzungstypen des kubisch flächenzentrierten Kristalls

Wir hatten bisher immer kubisch primitive Kristalle betrachtet. Man erhält dadurch ein vereinfachtes Bild der wirklichen Verhältnisse, welches für viele Zwecke ausreicht. Tatsächlich gibt es indessen keine Metalle, welche im kubisch primitiven Gitter kristallisieren. Es ist nun

---

[1] Man vgl. hierzu auch Seeger [139].

[2] In der Kristallphysik macht man von diesem Satz i. allg. keinen Gebrauch, da sich die ,,Grobkorngrenzen" anders oft einfacher beschreiben lassen. Manchmal jedoch ist deren Beschreibung als Flächenversetzung (S. 40) bequem (Bullough [162]).

[3] Man stelle sich etwa in Gedanken das Volumenelement ΔV in einem Ausgangszustand als Idealkristall vor, welcher dann durch Versetzungswanderung in den Zustand des Vielkristalls gebracht wird. Der Burgers-Umlauf mag dann im Idealkristall geführt werden.

[4] Dieser Schluß gilt auch für amorphe Körper, die damit ebenfalls in die Kontinuumstheorie der Versetzungen einbezogen werden können.

typisch für die Metalle, daß sie eine hohe Raumerfüllung anstreben, so daß es dort z. B. nie vorkommt, daß benachbarte Netzebenen wie im kubisch primitiven Gitter auf Opposition stehen, sondern sie ordnen sich auf Lücke an, wie Abb. 26 am Beispiel des kubisch flächenzentrierten Gitters zeigt. So kommt es, daß die weitaus meisten Metalle in nur drei verschiedenen Gittern kristallisieren, der hexagonal dichtesten Kugelpackung, dem kubisch flächenzentrierten und dem kubisch raumzentrierten Gitter, von denen wieder das mittlere am häufigsten auftritt. In all

diesen Kristallen hat man nicht so einfache Verhältnisse wie im kubisch primitiven Gitter, darüber soll wenigstens im Fall des kubisch flächenzentrierten Gitters kurz berichtet werden, da sich hieran mancherlei wichtige Probleme anschließen[1].

Zur Beschreibung des Kristallgitters führt man drei cartesische Basisvektoren a_i ein, die z. B. in Abb. 26 vom linken unteren vorderen Eckatom zum rechten unteren (a_1) bzw. linken oberen (a_2) vorderen Eckatom zeigen, und es sei $a_3 = a_1 \times a_2$. Um eine parallele Netzebenenschar zu kennzeichnen, gibt man in runden Klammern die Kom-

Abb. 26. Kubisch flächenzentrierter Kristall, nach Jagodzinski [68]

ponenten eines ihrer Normalenvektoren an, welche man zuvor durch gemeinsame Faktoren kürzt, so daß sie ganzzahlig, und teilerfremd werden[2]. Also sind (100) die Ebenen $\perp$ zu a_1, (010) $\perp a_2$, (100) $\perp a_3$. Diese Netzebenenscharen sind kristallographisch gleichwertig, will man sie zusammenfassend kennzeichnen, so verwendet man geschweifte Klammern: {100} sind alle mit den Ebenen (100) kristallographisch gleichwertigen Ebenen.

Um eine Richtung zu kennzeichnen, gibt man die Komponenten eines in dieser Richtung liegenden Vektors an, welche ebenfalls ganzzahlig und teilerfremd gemacht werden[2]. [100] ist also die Richtung von a_1 usw. Alle mit dieser Richtung kristallographisch gleichwertigen Richtungen (also [010], [001], ferner [$\bar{1}$00], [0$\bar{1}$0], [00$\bar{1}$], wo $\bar{1} = -1$) kennzeichnet man durch $\langle 100 \rangle$.

---

[1] Die wichtigsten kubisch flächenzentrierten Metalle sind Gold, Silber, Kupfer, Aluminium, Messing, Nickel, gewisse Eisenlegierungen. Eisen ist bei Raumtemperatur dagegen kubisch raumzentriert.

[2] Diese vereinfachte Darstellung gilt nur für kubische Kristalle, wo Kovarianz und Kontravarianz nicht unterschieden werden müssen. Wegen der etwas komplizierteren Verhältnisse im allgemeinen Fall s. z. B. Jagodzinski [68].

Die wichtigsten Ebenen des kubisch flächenzentrierten Gitters sind die Ebenen {111}, da nur diese unter normalen Verhältnissen als Gleit- und Kletterebenen möglich sind. Die {111}-Ebenen sind die dichtest gepackten Ebenen, deren eine in Abb. 27 gezeichnet ist. Eine zweite Ebene kann nun in die Stellung B oder C kommen. Eine Stapelfolge $ABABABAB \ldots$ („Zweischichtfolge") ergibt die hexagonal dichteste Kugelpackung, eine Folge $ABCABCABC \ldots$ („Dreischichtfolge") das kubisch flächenzentrierte Gitter.

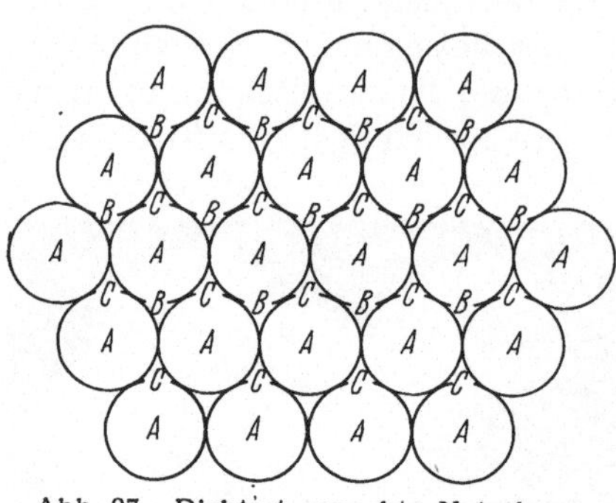

Abb. 27. Dichtest gepackte Netzebene, nach Seeger [134]

Für die innere Energie eines Kristalls sind überwiegend die Kräfte zwischen benachbarten Atomen maßgebend. Wenn nun z. B. die Stapelfolge Fehler enthält, derart etwa daß man $ABCABABCABC \ldots$ hat, so bleibt trotzdem jedes Atom in gleicher Weise von 12 nächsten Nachbarn umgeben, wie zuvor, erst die Ordnung zwischen übernächsten Nachbarn ist nicht mehr dieselbe. Die dadurch bedingte Erhöhung der inneren Energie ist wegen der kurzen Reichweite der atomaren Kräfte indessen relativ klein, so daß solche „Stapelfehler" (stacking fault) relativ häufig vorkommen.

Wie in § 22 bemerkt, sollte der Burgers-Vektor einer Versetzung der kleinstmögliche Gittervektor sein, er zeigt daher, wie man leicht überlegt, im kubisch flächenzentrierten Gitter immer in eine $\langle 110 \rangle$-Richtung. Diese Richtung ist zugleich immer die Gleitrichtung. Nun ist (110) die Ebene senkrecht zur Richtung [110]. Eine Stufenversetzung mit Burgers-Vektor in Richtung [110] ist indessen nicht der Rand einer eingeschobenen Ebene (110), sondern zweier, da die „Dicke" einer (110)-Ebene gleich einem halben Atomabstand ist, wie z. B. von Abb. 26 folgt. Schematisch ist dies in Abb. 28a dargestellt. In der Praxis hat man nun den wichtigen Vorgang der Aufspaltung solch einer „vollständigen" Versetzung in zwei sog. „Shockleysche Halbversetzungen", Abb. 28b[1]. Die Bezeichnung soll darauf hinweisen, daß die Burgers-Vektoren der beiden Halbversetzungen keine ganzen Gittervektoren mehr sind. Man schreibt diesen Vorgang der Aufspaltung meist als „Reaktions-

---

[1] Der Stapelfehler und die aufgespaltenen Versetzungen wurden zuerst von Heidenreich und Shockley [64] beschrieben. An ausführlichen Darstellungen hierzu s. u. a. Frank [45], Frank und Nicholas [50], Read [121], Thompson [152], Seeger [134], [136], [140].

gleichung"

$$\frac{1}{2}\,[110] = \frac{1}{6}\,[211] + \frac{1}{6}\,[12\bar{1}],\qquad\qquad\text{(III. 37)}$$

wo [110]/2 für den Burgers-Vektor der vollständigen Versetzung steht,
die anderen Ausdrücke rechts in Gl. (III. 37) für die Burgers-Vektoren
der Halbversetzungen. Gl. (III. 37) ist einfach eine Additionsgleichung
für diese Vektoren. Man überlegt leicht, daß in der Ebene zwischen den
Halbversetzungen ein Stapelfehler hinterblieben ist, der nun seinerseits
die innere Energie um die „Stapelfehlerenergie" erhöht, so daß sich
ein Gleichgewichtsabstand $2\,\eta$ der beiden Halbversetzungen einstellt.

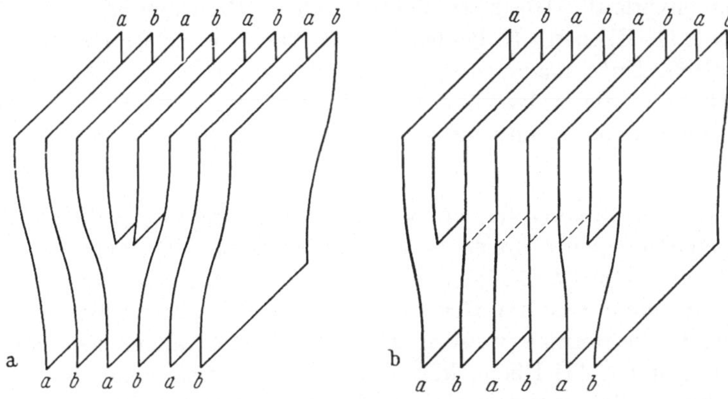

Abb. 28. Schematische Darstellung einer Stufenversetzung im kubisch flächenzentrierten
Gitter (*a*). Diese spaltet unter Bildung eines Stapelfehlers in zwei Halbversetzungen auf
(b). Mit der Markierung *ababab* . . . ist angedeutet, daß die gezeichneten ⟨110⟩-Ebenen
eine Zweischichtfolge darstellen. Nach Seeger [134]

Der Burgers-Vektor [211]/6 bedeutet (Abb. 27), daß z. B. ein Atom
von der Stellung B in die Stellung C verschoben wird, wenn zwischen ihm
und der Nachbarnetzebene A eine Halbversetzung hindurchwandert.
Sind beide Halbversetzungen hindurchgewandert, so ist es wieder in
der Stellung B. Man kann dann nicht mehr unterscheiden, ob die Versetzung, welche die Relativverschiebung verursacht hatte, aufgespalten
war oder nicht. Für viele Zwecke, vor allem bei makroskopischen Problemen, kann man daher die Aufspaltung der Versetzungen außer acht
lassen.

Allgemein gilt der Satz, daß jeder Stapelfehler, der im Innern des
Kristalls endigt, von einer unvollständigen Versetzung begrenzt ist.
Es ist nicht nötig, daß vollständige Versetzungen und damit die Halbversetzungen gerade sind, sie können auch z. B. geschlossene Ringe
in den {111}-Ebenen bilden, also stückweise als Schraubenversetzungen
verlaufen, wobei dann an diesen Stellen die Aufspaltung $2\,\eta$ etwas kleiner
ist.

Ohne Begründung seien noch die folgenden Ergebnisse über Versetzungen in kubisch flächenzentrierten Metallen in vereinfachter Darstellung mitgeteilt:

1. Vollständige Versetzungen: Sie verlaufen fast ausschließlich in {111}-Ebenen und sind dort immer in Shockleysche Halbversetzungen aufgespalten. Wo sie z. B. von einer {111}-Ebene in die Nachbarebene überwechseln, muß die Aufspaltung auf Null zurückgehen. Solch eine Stelle heißt „Sprung" (jog). Die vollständigen Versetzungen können nur in ihrer Stapelfehlerebene gleiten und überhaupt nicht klettern. Eine reine Schraubenversetzung verläuft immer in $\langle 110 \rangle$-Richtung, da Linienverlauf // Burgers-Vektor. Diese Richtung ist Schnittlinie zweier {111}-Ebenen. In beiden Ebenen kann die Schraubenversetzung aufspalten. Unter einem entsprechenden Zwang kann sie daher von einer Gleitebene in die andere überwechseln, hat also mehr Bewegungsmöglichkeiten als die Stufenversetzung, die immer an eine Gleitebene gebunden ist.

2. Franksche unvollständige Versetzung [45]: Sie ist die Randlinie einer eingeschobenen (oder herausgenommenen) Netzebene {111}, ihr Burgers-Vektor ist $\langle 111 \rangle/3$. Sie begrenzt ebenfalls einen Stapelfehler. Diese Versetzung ist im Gegensatz zu den Shockleyschen Halbversetzungen, die normalerweise in Paaren auftreten, allein beständig. Sie kann in ihrer {111}-Ebene klettern, hat aber sonst keine Bewegungsmöglichkeit. Sie ist also weitgehend komplementär zu den unter 1 genannten Versetzungen.

3. Die zusammengesetzte Lomer-Cottrell-Versetzung [94], [24]. Treffen längs der Schnittlinie zweier {111}-Ebenen zwei aufgespaltene Versetzungen zusammen, so können die beiden sich am nächsten liegenden Halbversetzungen „reagieren", so daß man eine zusammengesetzte Versetzung großer Stabilität erhält. Man hat dann einen Stapelfehler, der von einer {111}-Ebene in die andere umbiegt. Solch eine Lomer-Cottrell-Versetzung kann weder gleiten noch klettern und ist deshalb völlig unbeweglich. Sie stellt ein äußerst wirksames Hindernis für eine Wanderung weiterer Versetzungen in den betreffenden Gleitebenen dar und spielt deshalb in der Theorie der Verfestigung eine große Rolle[1].

Was sonst noch in kubisch flächenzentrierten Kristallen an Versetzungen möglich ist, spielt gegenüber den unter 1 bis 3 beschriebenen Versetzungen eine untergeordnete Rolle.

---

[1] Vgl. hierzu die Arbeiten von Mott [104], Leibfried und Haasen [92], Cottrell und Stokes [26], Friedel [56], Seeger, Diehl, Mader und Rebstock [143].

§ 25. Die nicht-lineare Behandlung der singulären Versetzung nach Peierls

Ein Blick auf die Versetzungen in Abb. 3 und 5 zeigt, daß im Zentrum der Versetzung die elastischen Deformationen sicherlich viel zu groß sind, als daß man sie mit einer linearen Theorie berechnen könnte[1]. Tatsächlich sind diese bis heute auch noch nicht exakt berechnet worden. Man hatte am Anfang vor allem gar keinen Anhalt für die Ausdehnung $2\,\zeta$ des Versetzungszentrums, welche ja maßgebend in die Gleichung für die Energie der Versetzung eingeht (§ 18). Peierls ist es durch eine sehr interessante Kombination mikroskopischer und makroskopischer Methoden gelungen, wenigstens näherungsweise die Ausdehnung des Versetzungszentrums zu berechnen.

Der Grundgedanke von Peierls [116][2] ist es, der Nicht-Linearität der Verhältnisse wenigstens in der Gleitebene Rechnung zu tragen. Man denkt sich durch einen Schnitt in der Gleitebene den Kristall in

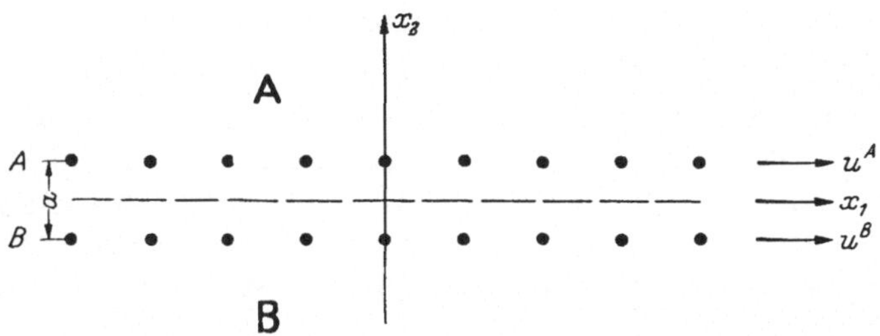

Abb. 29.   Zur Erläuterung des Peierlsschen Modells. Die Netzebenen A und B (senkrecht zur Papierebene) begrenzen die Halbräume A und B

zwei Hälften getrennt, die je als elastische Halbräume $A: x_2 > a/2$ und $B: x_2 < -a/2$ behandelt werden (Abb. 29). Zusätzlich wird dann ein nicht-lineares Elastizitätsgesetz verwendet, welches zwischen den beiden Halbräumen vermittelt. Dabei wird die spezielle Atomanordnung in der Gleitebene berücksichtigt. Die einfachsten Verhältnisse erhält man im kubisch primitiven Gitter mit {100}-Gleitebenen, welcher Fall von Peierls behandelt wurde. Doch haben Leibfried und Dietze [91] auch den kubisch flächenzentrierten Kristall bewältigt[3].

---

[1] Dasselbe gilt auch im Fall der aufgespaltenen Versetzung.

[2] Um die weitere Entwicklung der sehr kurz gehaltenen Peierlsschen Arbeit hat sich besonders Nabarro [106] verdient gemacht. Manche Autoren sprechen daher auch vom Peierls-Nabarroschen Modell.

[3] Nabarro [106] hat die Wechselwirkung zweier Versetzungen im kubisch primitiven Kristall behandelt und van der Merwe [100] ebene Anordnungen vieler Versetzungen. Seeger und Schöck [141] konnten u. a. den Energiegewinn einer Versetzung beim Aufspalten in Halbver-

Die Bezeichnungen sind an Abb. 29 erläutert. Es sei zunächst der (kubisch primitive) Idealkristall vorhanden. Die tangentiale Verschiebung von sich gegenüber liegenden Atomen in den Netzebenen A und B bezeichnen wir mit u^A bzw. u^B, und ihre Relativverschiebung mit

$$u^{AB}(x_1) = u^A(x_1) - u^B(x_1), \qquad \text{(III. 38)}$$

wo mit x_1 die Ausgangslage gemeint ist. Der Kristall sei in allen Richtungen unendlich ausgedehnt, daher $\partial/\partial x_3 = 0$. Die elastizitätstheoretische Rechnung zeigt, sofern sie richtig ist, daß für die Stufenversetzung in der Gleitebene $x_2 = 0$, jedenfalls bis nahe an das Versetzungszentrum heran, von den Spannungen nur σ_{21} von Null verschieden ist (Gl. (II. 114)). Auch im Versetzungszentrum dürften die anderen Spannungen kleiner als σ_{21} sein. Sie werden daher in der ganzen Gleitebene Null gesetzt. Man bezeichnet dies als „Peierlssche Annahmen", wobei wir hierin auch noch das von Peierls verwendete Elastizitätsgesetz einbegreifen wollen, welches zwischen den Ebenen A und B vermittelt. Man kommt zu ihm durch die folgende Überlegung:

Verschiebt man den oberen Halbraum tangential gegenüber dem unteren um einen Atomabstand a, so befindet sich der ganze Kristall wieder im Gleichgewicht, d. h. es sind keine rücktreibenden Kräfte mehr da. Hieraus folgt, daß die Reaktion bei einer Relativverschiebung u^{AB}, d. i. die Spannung σ_{21}, eine periodische Funktion von u^{AB} mit der Periode a sein muß. Der einfachste Ansatz ist das von Peierls verwendete Gesetz

$$\sigma_{21} = \frac{G}{2\pi} \sin \frac{2\pi\, u^{AB}(x_1)}{a}, \qquad \text{(III. 39)}$$

wo die freie Konstante so gewählt ist, daß für kleine Verschiebungen das Hookesche Gesetz herauskommt.

Beim Aufschneiden längs der Gleitebene im Zustand mit Versetzung müssen wir, wenn keine Verrückung der Atome der Ebenen A und B stattfinden soll, die flächenhafte Kraftdichte σ_{21} für die Netzebene A und $-\sigma_{21}$ für B anbringen. Der zu diesen „Oberflächenkräften" des Halbraums A gehörige Deformationszustand im Innern des Halbraums ist in der Elastizitätstheorie schon seit Boussinesq u. a. bekannt. Es gilt für die Ebene A (vgl. Leibfried und Lücke [93], Gl. (12))

$$\frac{du^A(x_1)}{dx_1} = \frac{m-1}{\pi m G} \int\limits_{-\infty}^{\infty} \frac{\sigma_{21}(x_1')}{x_1 - x_1'} \, dx_1', \qquad \text{(III. 40)}$$

setzungen nach Peierls berechnen. Die ausführlichste Zusammenstellung all dieser Ergebnisse findet man bei Seeger [134].

eine entsprechende Gleichung mit Vorzeichenwechsel auf einer Seite gilt für B, d. h.[1]

$$\frac{du^{AB}(x_1)}{dx_1} = \frac{2(m-1)}{\pi\, m\, G} \int_{-\infty}^{\infty} \frac{\sigma_{21}(x_1')}{x_1 - x_1'}\, dx_1'. \qquad \text{(III. 41)}$$

Rechts setzt man Gl. (III. 39) ein

$$\frac{du^{AB}}{dx_1} = \frac{m-1}{\pi^2\, m} \int_{-\infty}^{\infty} \frac{\sin(2\pi\, u^{AB}/a)}{x_1 - x_1'}\, dx_1' \qquad \text{(III. 42)}$$

und erhält nach dem Hilbertschen Integraltheorem[2] die sog. Peierlssche Integralgleichung

$$\int_{-\infty}^{\infty} \frac{du^{AB}(x_1')/dx_1'}{x_1 - x_1'}\, dx_1' = -\frac{m-1}{m} \sin \frac{2\pi\, u^{AB}(x_1)}{a}, \qquad \text{(III. 43)}$$

welche imstande ist, die Verschiebungen u^A und u^B der Ebenen A und B zu liefern.

Wie Eshelby [37] gezeigt hat, kann man durch einen entsprechenden Ansatz für eine Schraubenversetzung in x_3-Richtung mit $x_2 = 0$ als Gleitebene die sehr ähnliche Integralgleichung

$$\int_{-\infty}^{\infty} \frac{dw^{AB}(x_1')/dx_1'}{x_1 - x_1'}\, dx_1' = -\sin \frac{2\pi\, w^{AB}(x_1)}{a} \qquad \text{(III. 44)}$$

ableiten, wo w^{AB} die Relativverschiebung der Atome wie oben, nur in x_3- statt in x_1-Richtung ist.

Gl. (III. 43) hat nach Peierls, wie man leicht nachrechnet, die strenge Lösung (vgl. Fußnote 1)

$$u^A = -\frac{a}{2\pi} \operatorname{arc\,tg} \frac{x_1}{\zeta'}, \qquad \zeta' \equiv \frac{a}{2}\frac{m}{m-1} \approx \frac{3}{4}\, a, \qquad \text{(III. 45)}$$

welche einer statischen Stufenversetzung mit Burgers-Vektor vom Betrag $b = a$ in x_1-Richtung entspricht (s. u.). Mit u^A bzw. u^{AB} ist nach Gl. (III. 39) zugleich σ_{21} für die Atomebenen A und B bekannt, d. h. die Oberflächenkräfte der Halbräume. Das sich anschließende klassische Problem, zu diesen Kräften die zugehörige Airysche Spannungsfunktion in den ganzen Halbräumen zu finden, hat nach Leibfried und Lücke [93] für den Halbraum A die Lösung

$$\chi = -\frac{G\,\zeta'}{2\pi}\left(x_2 - \frac{a}{2}\right) \ln\left[x_1^2 + (x_2 - a/2 + \zeta')^2\right]. \qquad \text{(III. 46)}$$

---

[1] Es ist also $d(u^A + u^B)/dx_1 = 0$, die freie Integrationskonstante setzen wir Null, d. h. $u^A = -u^B$.

[2] Dieses lautet $f(\xi) = \dfrac{1}{\pi} \displaystyle\int_{-\infty}^{\infty} \frac{g(x)}{\xi - x}\, dx$, $g(x) = \dfrac{1}{\pi} \displaystyle\int_{-\infty}^{\infty} \frac{f(\xi)}{\xi - x}\, d\xi$ [128].

Diese Gleichung enthält gegenüber der früheren Lösung (II. 113) die Zusatzglieder $-a/2$ bzw. $-a/2 + \zeta' \approx a/4$ und zeigt damit an, daß wenige Atome vom Versetzungszentrum entfernt, sich die Peierlssche Lösung von derjenigen (II. 113) praktisch nicht mehr unterscheidet.

Wie von Eshelby [37] betont wurde, und wie aus unserer Gl. (I. 77) folgt, kann man

$$\frac{du^{AB}}{dx_1} = \frac{a}{\pi} \frac{\zeta'}{x_1^2 + \zeta'^2} \qquad \text{(III. 47)}$$

als flächenhafte Versetzungsbelegung in der Gleitebene deuten, wobei

$$\frac{a}{\pi} \int_{-\infty}^{\infty} dx_1 \, \zeta'/(x_1^2 + \zeta'^2) = a, \qquad \text{(III. 48)}$$

d. h. der Gesamt-Burgers-Vektor der Flächenversetzungen ist natürlich dem Betrage nach gleich a. Die Peierlssche Rechnung liefert also das folgende Ergebnis: Die Stufenversetzung im kubisch primitiven Kristall hat eine flächenhafte Ausdehnung, man kann sie wie früher als aufgebaut aus Fäden der Stärke du^{AB} betrachten. Die Verteilungsfunktion der Fäden ist die Glockenkurve (III. 47)[1]. $2\,\zeta'$ ist deren Halbwertsbreite[2].

Nach Eshelby [37] fällt die Lösung von Gl. (III. 44), welche die statische Schraubenversetzung im kubisch primitiven Gitter beschreibt, exakt mit der elastizitätstheoretischen Lösung zusammen. Offenbar leistet in diesem Fall die Peierlssche Methode weniger als bei der Stufenversetzung, man kommt so zu keiner endlichen Selbstenergie der Versetzungslinie.

Wir berichten nun kurz die wichtigsten Ergebnisse von Leibfried und Dietze [91] für Versetzungen, die in den dichtest gepackten Ebenen der kubisch flächenzentrierten und hexagonalen Kristalle liegen. Hier reicht der einfache Ansatz (III. 39) nicht mehr aus, man braucht ein Elastizitätsgesetz, welches σ_{21} und σ_{23} als periodische Funktionen von u^{AB} und w^{AB} gibt. Mit diesem erhält man zwei simultane Integralgleichungen vom Peierlsschen Typ, die wir nicht hinschreiben wollen. Diese Gleichungen haben keine elementaren Lösungen mehr. Nach Leibfried und Dietze erhält man einfache und brauchbare Näherungslösungen, indem man die gesamte elastische Energie pro Längeneinheit

$$T = T^A + T^B + T^{AB}, \qquad \text{(III. 49)}$$

---

[1] Daß die Ausdehnung der Versetzung zwei- und nicht dreidimensional herauskommen konnte, liegt an der Anlage der Rechnung. Ob nicht in Wirklichkeit die Versetzung eine dreidimensionale Ausdehnung hat, kann noch nicht mit Sicherheit gesagt werden. Jedenfalls führt schon die zweidimensionale Ausdehnung zu einer endlichen Selbstenergie.

[2] In der Literatur wird meist ζ' als Versetzungsweite bezeichnet.

wo T^A und T^B sich auf die beiden Halbräume bezieht, und T^{AB} deren gegenseitige potentielle Energie pro Längeneinheit im verzerrten Zustand ist, zum Minimum macht. Leibfried und Dietze konnten beweisen, daß diejenigen Verschiebungen u^A und w^A, welche diesen Energieausdruck zum Minimum machen, der Peierlsschen Integralgleichung genügen, so daß die genannte Variationsmethode tatsächlich ein konsequentes Näherungsverfahren darstellt. Leibfried und Dietze haben die Lösungen für mehrere spezielle Versetzungstypen, insbesondere auch für die wichtigen Halbversetzungen, angegeben.

Wir geben gleich die allgemeinste (Näherungs)-Lösung für Halbversetzungen in den dichtest gepackten Ebenen an [83]: Die Gleitebene sei wieder $x_2 = 0$, der Burgers-Vektor liegt ebenfalls in dieser Ebene (§ 24). β sei sein Winkel mit der Linienrichtung. Man findet mit dem zu (III. 45) entsprechenden Ansatz

$$u^A = -\frac{b}{2\pi}\sin\beta \,\, \mathrm{arc\,tg}\,\frac{x_1}{\zeta'}\,, \qquad w^A = -\frac{b}{2\pi}\cos\beta \,\, \mathrm{arc\,tg}\,\frac{x_1}{\zeta'}\,, \qquad \text{(III. 50)}$$

wo ζ' freier Parameter ist, die minimale Energie pro Längeneinheit zu

$$T = \frac{G\,b^2}{4\pi}\left(\frac{m}{m-1}\sin^2\beta + \cos^2\beta\right)\left(\ln\frac{R}{2\,\zeta'} + 1\right) \qquad \text{(III. 51)}$$

mit

$$\zeta' = \frac{\pi\sqrt{2}}{3\sqrt{3}}\,b\left(\frac{m}{m-1}\sin^2\beta + \cos^2\beta\right). \qquad \text{(III. 52)}$$

Dabei ist $2\,R$ die gegen unendlich gehende Lineardimension des Mediums in der x_1-Richtung. Die von Leibfried und Dietze angegebenen Formeln für Halbversetzungen folgen hieraus durch Spezialisierung des Winkels β.

Gl. (III. 51) eignet sich nicht zum Vergleich mit der früher gewonnenen Gl. (II. 144), da das L der letzteren zu dem R der ersteren keine Beziehung hat. Nun können wir aber leicht eine zu Gl. (III. 47) entsprechende flächenhafte Versetzungsverteilung in der Gleitebene ausrechnen. Identifizieren wir $2\,u^A$ und $2\,w^A$ mit den Komponenten g_1 und g_3 des Verschiebungssprungs in Gl. (I. 77), so erhalten wir die Versetzungsdichte $\overline{\alpha}$ leicht zu

$$\overline{\alpha} = -i_3\left(\frac{du^A}{dx_1}\,i_1 + \frac{dw^A}{dx_1}\,i_3\right) = i_3\,(\sin\beta\,i_1 + \cos\beta\,i_3)\frac{b}{2\pi}\frac{\zeta'}{x_1^2 + \zeta'^2}\,. \quad \text{(III. 53)}$$

Hier gibt i_3 die Linienrichtung, der Klammerausdruck die Richtung des Burgers-Vektors der Halbversetzung. Danach fassen wir die Dichte (III. 53) als eine Anordnung von lauter Versetzungsfäden mit infinitesimaler Stärke

$$db = \frac{b}{\pi}\frac{\zeta'}{x_1^2 + \zeta'^2} \equiv b\,\gamma\,(x_1)\,dx_1 \qquad \text{(III. 54)}$$

auf. Damit erhalten wir von Gl. (II. 142)

$$T = \frac{G}{4\pi}\left(\frac{m}{m-1}\sin^2\beta + \cos^2\beta\right)\frac{b^2\,\zeta'^2}{\pi^2}\int\limits_{-\infty}^{\infty}\frac{dx_1}{x_1^2+\zeta'^2}\int\limits_{-\infty}^{\infty}\frac{dx_1'}{x_1'^2+\zeta'^2}$$

$$\cdot\left(\ln\frac{2L}{|x_1-x_1'|}-1\right).\qquad\text{(III. 55)}$$

Wir begnügen uns mit einer Abschätzung dieses Integrals, indem wir an Stelle von (III. 54) für db nun

$$db = \frac{b}{\pi\zeta'}dx_1\quad\text{für}\quad -\frac{\pi\zeta'}{2}\leq x_1\leq\frac{\pi\zeta'}{2}\,,\quad\text{sonst 0}\qquad\text{(III. 56)}$$

setzen, was wie (III. 54) der Bedingung $\int\limits_{-\infty}^{\infty}db = b$ genügt. (III. 53) bedeutet in dem angegebenen Bereich eine konstante Verteilung von Versetzungsfäden. $b/\pi\,\zeta'$ ist die Höhe des Maximums der Glockenkurve $b\,\gamma(x_1)$. Das sich so ergebende Integral haben wir in § 18 schon ausgerechnet, man ersetze das dortige ζ durch $\pi\,\frac{\zeta'}{2}$. Damit ergibt sich die Energie pro Längeneinheit zu

$$T = \frac{G\,b^2}{4\pi}\left(\frac{m}{m-1}\sin^2\beta + \cos^2\beta\right)\left(\ln\frac{2L}{\pi\,\zeta'\,e^{3/2}}-1\right).\qquad\text{(III. 57)}$$

Diese Formel folgte von Gl. (II. 145), von der wir festgestellt hatten, daß sie auch im Falle gekrümmter Versetzungslinien gültig ist, sofern man die Abschneidelänge ε richtig einsetzt. Für ε hatten wir in § 18 den Wert $\varepsilon = \zeta/e^{3/2}$ berechnet. Mit $\zeta = \pi\,\zeta'/2$ und Gl. (III. 52) erhält man somit

$$\varepsilon/b = \frac{\pi^2}{\sqrt{54\,e^{3/2}}}\left(\frac{m}{m-1}\sin^2\beta + \cos^2\beta\right),\qquad\text{(III. 58)}$$

wo der Faktor vor der Klammer fast genau 0,3 ist. Damit sind wir in der Lage, die Energie auch gekrümmter Halbversetzungen in den dichtest gepackten Ebenen der kubisch flächenzentrierten und hexagonalen Kristalle mit sicher nicht ganz schlechter Näherung auszurechnen[1].

Wir hatten uns in diesen Rechnungen auf die Shockleyschen Halbversetzungen beschränkt. Diese spielen in den kubisch flächenzentrierten und hexagonalen Kristallen bei Raumtemperatur die Hauptrolle. In

---

[1] Die Rechnungen enthalten zwar einige Näherungen (z. B. die Peierlsschen Annahmen), andererseits ist aber die Energie gegen nicht zu große Änderungen von ε nicht empfindlich, da sie von ε nur logarithmisch abhängt. Man kann die Rechnung noch verfeinern, indem man das Integral (III. 55) exakt auswertet, ferner indem man die elastische Anisotropie auch in den Halbräumen A und B berücksichtigt. Im Fall gerader Versetzungen sind solche Rechnungen von Seeger und Schöck [141] mit Erfolg durchgeführt worden.

anderen Kristallen, z. B. kubisch raumzentrierten, hat man andere Typen von Versetzungen und muß für jeden Typ eine eigene Peierlssche Rechnung durchführen.

Zusammenfassend läßt sich die Peierlssche Methode wie folgt beurteilen: Sie liefert mit der Versetzungsweite ζ' ein Maß für die Ausdehnung des Versetzungszentrums, von deren Größe folgt, daß die elastizitätstheoretische Rechnung bereits in einer Entfernung von wenigen Atomabständen von der Versetzungslinie zuverlässige Ergebnisse liefert. Die Peierlssche Rechnung gibt also einen Anhalt dafür, in welchen Fällen von einer elastizitätstheoretischen Behandlung von Versetzungen noch sinnvolle Ergebnisse zu erwarten sind, und zwar gibt sie diesen Anhalt auch dann, wenn sie selbst wegen zu großer Komplikationen nicht mehr angewandt werden kann. Zur Behandlung des Versetzungszentrums selbst (z. B. zur Berechnung seiner Energie) liefert die Peierlssche Rechnung eine erste Näherung.

IV. Abschnitt

Nicht-Riemannsche Geometrie der Versetzungen[1]

Kondo sowie Bilby, Bullough und Smith haben unabhängig die enge Beziehung zwischen den geometrischen Problemen der Plastizität und denjenigen der nicht-Euklidischen Geometrien erkannt. Man kann danach die hochentwickelten Methoden der Differentialgeometrie zur Behandlung solcher Probleme verwenden, insbesondere den Begriff der Torsion. Dieser stammt von Cartan, dessen Arbeiten hier eine sehr schöne Anwendung auf den realen Körper gefunden haben. Der Zusammenhang zwischen dem Versetzungstensor $\alpha^{\lambda\varkappa}$ und dem Torsionstensor $L^{\varkappa}{}_{[\mu\nu]}$ ist durch die Gleichung

$$\alpha^{\lambda\varkappa} = \epsilon^{\lambda\mu\nu} L^{\varkappa}{}_{[\mu\nu]} \tag{IV. 1}$$

gegeben. Der Unterschied zwischen den Theorien von Kondo und Bilby, Bullough und Smith ist ähnlich wie der Unterschied zwischen unserem I. und III. Abschnitt: Die Theorie von Kondo ist eine Kontinuumstheorie, während Bilby, Bullough und Smith ihre Theorie im Kristall entwickeln. Weitere Unterschiede zwischen den beiden Theorien werden in § 28 besprochen.

---

[1] Den Herren Prof. K. Kondo und Dr. B. A. Bilby bin ich für Diskussionen zu diesem Thema sehr dankbar. Herrn Dr. J. D. Eshelby danke ich dafür, daß er mir freundlicherweise das Buch von Kondo [74] zur Verfügung stellte, wodurch mir die Arbeiten von Kondo zuerst bekannt wurden (Dez. 1956).

§ 26. Die Theorie von Kondo und Mitarbeitern[1]

Wir wiederholen zunächst Bekanntes, wobei wir uns der Darstellung von Kondo [74] anschließen. In einer reinen Elastizitätstheorie interessiert man sich nur am Rande für Drehungen, solange diese keine elastischen Kräfte wachrufen. Die maßgebende Größe ist dann die elastische Deformation. Unter dem natürlichen Zustand eines Volumenelements versteht man denjenigen spannungsfreien Zustand, den es annimmt, wenn es weder von äußeren Kräften, noch von seinen Nachbarelementen einen Zwang erfährt. Bei Vorliegen von Eigenspannungen können die Volumenelemente ihren natürlichen Zustand erst nach Auseinanderschneiden annehmen, weil sie an den Euklidischen Raum gebunden sind. Man kann sich indessen in Gedanken einen nicht-Euklidischen Raum vorstellen, in den sie sich auch ohne Auseinanderschneiden hinein entspannen könnten, wenn der Zwang zum Verbleiben im Euklidischen Raum plötzlich beseitigt wäre. Einen solchen gedachten spannungsfreien Zustand im nicht-Euklidischen Raum können wir auch weiterhin als natürlichen Zustand definieren. Die auseinander geschnittenen Volumenelemente im natürlichen Zustand kann man dann als (materiellen) Euklidischen Raum betrachten, welcher den (materiellen) nicht-Euklidischen Raum an den betreffenden Punkten tangiert. Schließlich sei noch als Endzustand der (Euklidische) Zustand des Körpers in dem zu untersuchenden, mit Spannungen behafteten Stadium definiert.

Wir unterscheiden in den §§ 26 bis 28 Ko- und Kontravarianz. Ist ds_E^2 das Quadrat des Abstandes zweier beliebiger Punkte eines Volumenelements im Endzustand, ds_N^2 das Quadrat des Abstands derselben Punkte im natürlichen Zustand, so hat man

$$ds_E^2 - ds_N^2 = (\delta_{E\,ij} - g_{N\,ij})\, dx^i\, dx^j, \tag{IV. 2}$$

wo x^i die (raumfesten) cartesischen Orthogonalkoordinaten der Punkte im Endzustand sind. $g_{N\,ij}(x^i) = g_{N\,ji}(x^i)$ ist der Metriktensor des natürlichen Zustands. Die Metrik des Endzustands ist offenbar durch die Größen

$$\varepsilon_{ij} = (\delta_{ij} - g_{ij})/2 \tag{IV. 3}$$

vollständig bestimmt, wo die Subskripte E und N weggelassen sind, da wohl keine Verwechslungen zu befürchten sind. Aus der Theorie großer Deformationen ist bekannt, daß im Falle kleiner kompatibler Deforma-

---

[1] Die hier berichteten Ergebnisse sind alle in dem Buch [74] zusammengefaßt. Der größte Teil von ihnen wurde von Kondo auf dem 2. Nat. Congress f. Appl. Mech. Japan 1952, zum erstenmal vorgetragen [73].

tionen das ε_{ij} von Gl. (IV. 3) die Form

$$\varepsilon_{ij} = \left(\frac{\partial s_j}{\partial x^i} + \frac{\partial s_i}{\partial x^j}\right)\Big/ 2 \tag{IV. 4}$$

annimmt, demnach ist ε_{ij} mit dem bisher gebrauchten Deformationstensor identisch.

Das Verschwinden des aus dem zu g_{ij} gehörigen Christoffel-Symbol

$$\begin{Bmatrix} i \\ j\,k \end{Bmatrix} \equiv \frac{1}{2}\, g^{il} \left(\frac{\partial g_{kl}}{\partial x^j} + \frac{\partial g_{lj}}{\partial x^k} - \frac{\partial g_{jk}}{\partial x^l}\right) \tag{IV. 5}$$

gebildeten Riemann-Christoffelschen Krümmungstensors $R^i{}_{jkl}$ ist bekanntlich gleichbedeutend mit der Erfüllung der Kompatibilitätsbedingungen für die Deformationen. Durch

$$R^i{}_{jkl} \equiv \frac{\partial}{\partial x^k}\begin{Bmatrix} i \\ j\,l \end{Bmatrix} - \frac{\partial}{\partial x^l}\begin{Bmatrix} i \\ j\,k \end{Bmatrix} + \begin{Bmatrix} i \\ m\,k \end{Bmatrix}\begin{Bmatrix} m \\ j\,l \end{Bmatrix} - \begin{Bmatrix} i \\ m\,l \end{Bmatrix}\begin{Bmatrix} m \\ j\,k \end{Bmatrix} = 0 \tag{IV. 6}$$

ist daher die klassische Elastizitätstheorie gegenüber der Theorie der Eigenspannungen abgegrenzt. Diese Aussage gilt auch für große Deformationen, während die Form $\eta^{hm} = 0$ der Kompatibilitätsbedingungen nur für kleine Deformationen galt. Der total kovariante Krümmungstensor

$$R_{ijkl} = g_{ih}\, R^h{}_{jkl} \tag{IV. 7}$$

ist antisymmetrisch in den beiden ersten und letzten Indices und symmetrisch in den Paaren $i\,j$ und $k\,l$. Für kleine Deformationen gilt (s. Mc Connell [173])

$$R_{ijkl} = \epsilon_{hij}\, \epsilon_{klm}\, \eta^{hm}, \qquad \eta^{hm} = 4\,\epsilon^{hij}\, \epsilon^{klm}\, R_{ijkl}, \tag{IV. 8}$$

wie man leicht verifiziert, wenn man ε_{ij} von Gl. (IV. 4) mit Hilfe von (IV. 5) und (IV. 6) in Gl. (IV. 7) einführt. Man erhält dann

$$\eta^{hm} = \epsilon^{hij}\, \epsilon^{klm}\, \frac{\partial^2 \varepsilon_{jl}}{\partial x^i\,\partial x^k} \tag{IV. 9}$$

und mit (IV. 4) folgt hieraus $\eta^{hm} = 0$.

In einer auch die Eigenspannungen berücksichtigenden Elastizitätstheorie ist $R^i{}_{jkl} \neq 0$, die Beschreibung der Deformationen wird zu einem Problem der Riemannschen Geometrie. Da die in einer solchen Theorie zu bewältigenden Probleme sehr wesentlich geometrischer Art sind, kann man mit Kondo und Mitarbeitern [74] geradezu sagen, „Elastizitätstheorie ist Riemannsche Geometrie und umgekehrt".

Es war uns indessen in den bisherigen Betrachtungen gelungen, die geometrischen Fragen — wenigstens für kleine Distorsionen — ohne Riemannsche Geometrie befriedigend zu behandeln, und wir wollen deshalb den obigen Satz nicht als eine Vorschrift für den Elastizitätstheoretiker, sondern etwa als einen nützlichen Hinweis für den geometrisch besonders geübten Leser werten. Zweifellos vermag das Studium der Riemannschen und, wie wir sehen werden, nicht-Riemannschen Geometrie weitere Einsichten in die Geometrie der Verformung des festen Körpers zu bringen.

Kondo ordnet nun jedem (Euklidischen) Volumenelement im natürlichen Zustand sein eigenes lokales cartesisches Koordinatensystem mit Basisvektoren e_λ ($\lambda = 1, 2, 3$) zu, welche keiner Einschränkung unterworfen sein sollen. Es ist dann

$$dx = e_\varkappa \, d\omega^\varkappa \tag{IV. 10}$$

$$d\omega^\varkappa = A_i{}^\varkappa \, dx^i, \qquad dx^l = A_\mu{}^l \, d\omega^\mu \tag{IV. 11}$$

$$e_\lambda = A_\lambda{}^j \, i_j, \qquad i_j = A_j{}^\varkappa \, e_\varkappa \tag{IV. 12}$$

$$de_\lambda = e_\varkappa \, \Gamma^\varkappa{}_{\lambda\mu} \, d\omega^\mu \tag{IV. 13}$$

$$A_\varkappa{}^j \, A_i{}^\varkappa = \delta_i{}^j, \qquad A_\varkappa{}^j \, A_j{}^\lambda = \delta_\varkappa{}^\lambda, \tag{IV. 14}$$

wo $dx = dx^i \, i_i$ die Ortsdifferenz zweier Materiepunkte im Endzustand ist, und $d\omega^\varkappa$ die Komponenten des entsprechenden (sich auf dieselben Materiepunkte beziehenden) Vektors im natürlichen Zustand sind. $e_\varkappa, A_\mu{}^l, A_i{}^\varkappa, \Gamma^\varkappa{}_{\lambda\mu}$ sehen wir als Funktionen von x^i an. Für das natürliche System verwenden wir griechische, für das (cartesische) Endsystem lateinische Indices. Zur Abkürzung setzen wir

$$\partial_i \equiv \partial/\partial x^i, \qquad \partial_\nu \equiv A_\nu{}^i \, \partial/\partial x^i. \tag{IV. 15}$$

Nun müssen natürlich die ersten Integrabilitätsbedingungen

$$(\partial_j\partial_i - \partial_i\partial_j) \, x = 0 \tag{IV. 16}$$

erfüllt sein. Es ist $\partial_i \, x = e_\varkappa \, A_i{}^\varkappa, \ \partial_j \, x = e_\varkappa \, A_j{}^\varkappa,$

$$\left.\begin{aligned}
\partial_j\partial_i \, x &= A_i{}^\lambda \, \partial_j e_\lambda + e_\varkappa \, \partial_j A_i{}^\varkappa = e_\varkappa (\Gamma^\varkappa{}_{\lambda\mu} A_i{}^\lambda A_j{}^\mu + \partial_j A_i{}^\varkappa) \\
\partial_i\partial_j \, x &= \qquad\qquad\qquad e_\varkappa (\Gamma^\varkappa{}_{\lambda\mu} A_j{}^\lambda A_i{}^\mu + \partial_i A_j{}^\varkappa)
\end{aligned}\right\} \tag{IV. 17}$$

also

$$\Gamma^\varkappa{}_{\lambda\mu}(A_i{}^\lambda A_j{}^\mu - A_j{}^\lambda A_i{}^\mu) + \partial_j A_i{}^\varkappa - \partial_i A_j{}^\varkappa = 0, \tag{IV. 18}$$

von wo durch Multiplikation mit $A_\nu{}^i \, A_\pi{}^j$ und Gl. (IV. 14) leicht

$$\Gamma^\varkappa{}_{[\lambda\mu]} = \frac{1}{2} A_\lambda{}^i A_\mu{}^j (\partial_j A_i{}^\varkappa - \partial_i A_j{}^\varkappa) \tag{IV. 19}$$

folgt. Mit eckigen Klammern wird immer gekennzeichnet, daß der antisymmetrische Teil bezüglich der betroffenen Indices zu nehmen ist. Den antisymmetrischen Teil einer affinen Konnexion bezeichnet man nach Cartan [15] als Torsion. Wo er nicht verschwindet, befindet man sich im Bereich einer nicht-Riemannschen Geometrie. Bekanntlich ist $\Gamma^{\varkappa}{}_{[\lambda\mu]}$ ein Tensor 3. Stufe, seine cartesischen Komponenten lauten

$$\Gamma^{i}{}_{[km]} = A_{\varkappa}{}^{i}\, A_{k}{}^{\lambda}\, A_{m}{}^{\mu}\, \Gamma^{\varkappa}{}_{[\lambda\mu]}, \tag{IV. 20}$$

und mit den Beziehungen (IV. 14) folgt ([74], S. 461)

$$\Gamma^{i}{}_{[km]} = \frac{1}{2} A_{\varkappa}{}^{i}\,(\partial_{m} A_{k}{}^{\varkappa} - \partial_{k} A_{m}{}^{\varkappa}). \tag{IV. 21}$$

Die Gln. (IV. 10) und (IV. 11) welche das Koordinatensystem e_{λ} definieren, sind i. allg. Pfaffsche Differentialformen, d. h.

$$(\partial_{i}\partial_{j} - \partial_{j}\partial_{i})\, e_{\lambda} \neq 0. \tag{IV. 22}$$

Die linke Seite dieser Gleichung liefert nach einfacher Rechnung den zu $\Gamma^{\varkappa}{}_{\lambda\mu}$ gehörigen, sich auf den natürlichen Zustand beziehenden Riemann-Christoffelschen Krümmungstensor, den wir nicht explizit hinschreiben wollen, zu

$$R^{\varkappa}{}_{\lambda\mu\nu} \neq 0. \tag{IV. 23}$$

Man kann nun einen Vektor c^{λ} um ein infinitesimales Flächenelement $\Delta F^{\mu\nu} = \epsilon^{\mu\nu\varrho}\, \Delta F_{\varrho}$ herum nach den Vorschriften der Differentialgeometrie[1] parallel (in bezug auf die Konnexion $\Gamma^{\varkappa}{}_{\lambda\mu}$) verschieben, also das Integral

$$- \oint \Gamma^{\varkappa}{}_{\lambda\mu}\, c^{\lambda}\, d\omega^{\mu} \tag{IV. 24}$$

bilden und erhält (vgl. Kondo) als Änderung von c^{λ} auf diesem Wege

$$\Delta c^{\varkappa} = \left(\frac{1}{2} R^{\varkappa}{}_{\lambda[\mu\nu]}\, c^{\lambda} + \Gamma^{\varkappa}{}_{[\mu\nu]}\right) \Delta F^{\mu\nu}. \tag{IV. 25}$$

Kondo hat nun den obigen Umlauf mit dem Frankschen Burgers-Umlauf (§ 21) verglichen. Die Torsion $\Gamma^{\varkappa}{}_{[\mu\nu]}$ gibt Anlaß zu einer Translation

$$\Delta b^{\varkappa} = \Gamma^{\varkappa}{}_{[\mu\nu]}\, \Delta F^{\mu\nu} = \alpha^{\varrho\varkappa}\, \Delta F_{\varrho}, \tag{IV. 26}$$

wo $\Gamma^{\varkappa}{}_{[\mu\nu]}$ durch den zugehörigen Tensor 2. Stufe ausgedrückt ist. Man sieht durch Vergleich mit Gl. (I. 14), daß $\Gamma^{\varkappa}{}_{[\mu\nu]}$ gemäß

$$\Gamma^{\varkappa}{}_{[\mu\nu]} = \frac{1}{2}\, \epsilon_{\mu\nu\varrho}\, \alpha^{\varrho\varkappa}, \qquad \alpha^{\lambda\varkappa} = \epsilon^{\lambda\mu\nu}\, \Gamma^{\varkappa}{}_{[\mu\nu]} \tag{IV. 27}$$

mit unserem früheren Versetzungstensor α zusammenhängt, sofern $\Delta b^{\varkappa}$ wirklich der Burgers-Vektor ist. Diese Frage wird in § 28 besprochen.

Der zweite Anteil in Gl. (IV. 25) ist schwieriger zu diskutieren. Man vgl. dazu Kondo [74], S. 466ff. Es sei zunächst zusätzlich noch folgendes bemerkt: Der zu $R^{\varkappa}{}_{\lambda\mu\nu}$ gehörige Tensor $R_{\iota\lambda\mu\nu} = g_{\iota\varkappa}\, R^{\varkappa}{}_{\lambda\mu\nu}$ $(g_{\iota\varkappa} \equiv e_{\iota}\cdot e_{\varkappa})$ ist nur noch bezüglich der letzten beiden Indices anti-

---

[1] Siehe z. B. Schouten [130].

symmetrisch, da $\Gamma^{\varkappa}{}_{\lambda\mu}$ nicht mehr die Form $\left\{\begin{matrix}\lambda\\\varkappa\,\mu\end{matrix}\right\}$ hat. Man kann aber von $R_{\iota\lambda\mu\nu}$ einen Anteil der obigen Symmetrie abspalten und erhält

$$\varDelta C_{\iota} = \frac{1}{2}\, R_{[\iota\lambda][\mu\nu]}\, C^{\lambda}\, \varDelta F^{\mu\nu}. \tag{IV. 28}$$

$'R_{[\iota\lambda][\mu\nu]}$ nach Gl. (IV. 8) eingesetzt bekommt man

$$\varDelta C_{\iota} = \epsilon_{\iota\lambda\pi}\, \eta^{\pi\varrho}\, C^{\lambda}\, \varDelta F_{\varrho} \tag{IV. 29}$$

oder in Vektorschreibweise

$$\varDelta \boldsymbol{C} = \boldsymbol{C} \times \boldsymbol{\eta} \cdot \varDelta \boldsymbol{F}. \tag{IV. 30}$$

Demnach ist $\varDelta\boldsymbol{C} \perp \boldsymbol{C}$, d. h. der Vektor erfährt (im Falle kleiner Distorsionen) eine reine Drehung

$$\varDelta \boldsymbol{D} = -\boldsymbol{\eta} \cdot \varDelta \boldsymbol{F}. \tag{IV. 31}$$

Dieses Ergebnis zeigt (vgl. Gl. (I. 64)), daß man mit Hilfe der nicht-Riemannschen Geometrie nicht nur unsere früheren, die Versetzungen betreffenden Ergebnisse (s. u.) wieder gewinnt, sondern auch die sich auf die Inkompatibilitäten beziehenden Ergebnisse[1].

Außer Cartanscher Torsion und Riemannscher Krümmung ist noch eine weitere Größe in diesem Zusammenhang wichtig, die jetzt besprochen wird. Man sieht das Wesentliche am bequemsten für zweidimensionale Materie, also etwa eine gebogene Membran. Im allgemeinen kann man diese zwischen zwei starre ebene Wände einspannen und sie so in den zweidimensionalen Euklidischen Raum zwingen, in dem sie dann „Eigenspannungen" aufweist. Bildet aber z. B. die Membran einen dünnen kreisförmigen Hohlzylinder, so geht dies nicht mehr, ohne daß man zuerst einen Schnitt führt. Für diese Membran ist, obwohl sie gebogen ist, die Riemann-Krümmung Null. Ihre im dreidimensionalen Euklidischen Raum, in den sie eingebettet ist, festzustellende Krümmung wird durch $\partial^2 \boldsymbol{X}/\partial x^i\, \partial x^j$ beschrieben, wenn für einen Augenblick $\boldsymbol{X}$ der Ort im dreidimensionalen Raum und x^i die Koordinaten in der Fläche sind.

Man kann sich nun vorstellen, daß unser dreidimensionaler Körper im natürlichen Zustand eine „dreidimensionale Membran" eines sechsdimensionalen Euklidischen Raums darstellt. X^A ($A = 1 \ldots 6$) seien dessen cartesische Koordinaten. Dann wird der „Euler-Schoutensche Krümmungstensor"[2] durch

$$H^A{}_{ij} = \frac{\partial^2 X^A}{\partial x^i\, \partial x^j} \tag{IV. 32}$$

---

[1] Der Unterschied im Vorzeichen ist rein konventionell bedingt.
[2] Wegen dieser Bezeichnung vgl. [130], S. 256.

definiert [130], wo x^i nun wieder die frühere Bedeutung hat. Der Zusammenhang zwischen R_{ijkl} und $H^A{}_{ij}$ .ist durch

$$R_{ijkl} = \sum_{A=1}^{6} (H^A{}_{ik}\, H^A{}_{jl} - H^A{}_{il}\, H^A{}_{jk}) \qquad\qquad \text{(IV. 33)}$$

gegeben ([74], S. 468), von wo man entnimmt, daß zwar mit $H^A{}_{ij} = 0$ immer R_{ijkl} verschwindet, aber das Umgekehrte nicht gilt. Auch den letzten Fall hat man in eine vollständige Theorie einzubeziehen.

Nunmehr klassifiziert Kondo die in Kristallen auftretenden Gitterfehler wie folgt:

1. Gitterfehler mit inkompatibler Metrik, gekennzeichnet durch einen nicht verschwindenden Riemannschen Krümmungstensor im natürlichen Zustand („Krümmungsfehlstellen").

2. „Nicht-Riemannsche" Gitterfehler, gekennzeichnet durch einen nicht verschwindenden Torsionstensor im natürlichen Zustand („Torsionsfehlstellen").

3. Gitterfehler, verbunden mit einem nicht verschwindenden Euler-Schouten-Tensor.

Nach Kondo ist es einerseits möglich, daß von den drei Größen $\Gamma^i{}_{[jk]}, R_{ijkl}, H^A{}_{ij}$ allein $\Gamma^i{}_{[jk]}$ von Null verschieden ist, es kann aber auch $H^A{}_{ij}$ allein von Null verschieden, und es kann $\Gamma^i{}_{[jk]} = 0$, aber $R_{ijkl} \neq 0$ sein. Aus der Tatsache, daß der Anteil von $\Delta c^\varkappa$, welcher gemäß Gl. (IV. 25) dem Krümmungstensor entspricht, proportional zu dem herumgeführten Vektor c^λ ist, schließt Kondo, daß der Krümmungstensor auch Fehlstellen beschreibt, die sich über ein größeres Volumen erstrecken, während der Torsionstensor für Versetzungen in einer kleineren (mehr mikroskopischen) Skala zuständig ist. Als Fehlstellen, die mit Hilfe des Krümmungstensors beschrieben werden, sind vor allem Aufstauungen von Versetzungen in einer Gleitebene, im Volumen verteilte Fremdatome und Gitterverzerrungen durch Temperaturschwankungen genannt. Vermöge Gl. (IV. 33) lassen sich alle Krümmungsfehlstellen auch mit Hilfe des Euler-Schouten-Tensors beschreiben.

Wenn wir diese Aussagen mit unserer früheren Darstellung vergleichen, sehen wir, daß zwei Punkte noch einer Klärung bedürfen.

a) Die Riemannsche Krümmung soll auch bei Abwesenheit von Torsion, d. h. von Versetzungen, endlich sein können [1]. Man kann zeigen, daß dies mit der Bedingung (IV. 46) von BBS nicht vereinbar ist, welche besagt, daß $L^\alpha{}_{\beta\gamma}$ die Form (IV. 37) hat. Tatsächlich läßt Kondo auch allgemeinere Formen für die Konnexion zu. Der hier betrachtete Fall geht also über die Theorie von BBS wie auch über unsere Theorie hinaus, in der alles auf die Versetzungen zurückgeführt werden konnte. Es wird

---

[1] Die folgende beiden Sätze sind ein Vorausgriff auf § 27.

Aufgabe der künftigen Forschung sein, genauer zu präzisieren, welche Erscheinungen durch solch einen Krümmungstensor bei verschwindender Torsion erfaßt werden.

b) Verschwindet R_{ijkl}, so ist bei Abwesenheit äußerer Kräfte, jedenfalls im Fall kleiner Distorsionen, keine elastische Deformation vorhanden, der Kristall ist frei von Eigenspannungen. Es sei zusätzlich $\Gamma^i_{[jk]} = 0$. Dann ist nach unseren früheren Vorstellungen die einzige noch mögliche Distorsion, die den Körper kompakt läßt, die plastische Distorsion Grad s^P, bei der Versetzungen den Körper verformen, diese aber am Ende des Vorgangs nicht mehr im Körper sind. Es liegt nahe, diese Distorsion mit dem Tensor $H^A{}_{ij}$ im Falle $R_{ijkl} = 0$, $\Gamma^i_{[jk]} = 0$ in Verbindung zu bringen, zumal (in Analogie zu dem obigen Zylinderbeispiel) flächenhafte Schnitte nötig sind, um den sich im Euler-Schoutenschen Krümmungszustand befindlichen Körper in den dreidimensionalen Euklidischen Zustand zu bringen. Jedem Schnitt entspräche die Wanderung einer Versetzung durch den Körper[1].

Sicherlich wird die endgültige Klärung der genannten zwei Punkte das hier entworfene Bild so abrunden, daß es vollständig in Einklang mit unseren früheren Ergebnissen kommt. Schon jetzt ist die Übereinstimmung sehr überzeugend. Wir weisen nur noch darauf hin, daß Gl. (IV. 17) nichts anderes ist, als unsere geometrische Grundgleichung, geschrieben jetzt in den (raumfesten) cartesischen Koordinaten des Endzustands. Wir werden dies im nächsten Paragraphen nachweisen.

§ 27. Die Theorie von Bilby, Bullough und Smith [3, 4, 5]

Die in der Theorie von Bilby und Mitarbeitern betrachteten Zustände sind der Idealkristall als Bezugszustand, beschrieben durch ein cartesisches Koordinatensystem mit den Basisvektoren i_α, die Gittervektoren sein sollen (§ 21), und der Endzustand, von den Autoren als „versetzter" Zustand („discolated state") bezeichnet. Um diesen zu beschreiben, wähle man an jedem Punkt drei unabhängige Basisvektoren $e_a(P)$, die überall dieselben Gittervektoren sein sollen[2,3]. Diese können

---

[1] Eine zweidimensionale Membran kann definitionsgemäß nur zweiachsige Spannungen aufnehmen. Sie kann daher spannungsfrei zu dem genannten Zylinder gebogen werden.

[2] Bei der realen plastischen Verformung werden die kleinen Bereiche, welche von den Gleit- und Kletterebenen begrenzt sind, nur elastisch verformt, in ihnen bleiben benachbarte Atome während des ganzen Vorgangs benachbart. Da diese „Elementarbereiche" sehr klein gegenüber dem physikalischen Volumenelement (§ 20) sind, kann man ihre elastische Distorsion als homogen ansehen. Dann kann man sich unter den e_a direkt das atomare Dreibein (etwa im Schwerpunkt des Elementarbereichs) vorstellen, so daß e_a direkt das Gitter im versetzten Zustand beschreibt.

[3] Wir verwenden jetzt mit BBS griechische Indices für das cartesische Bezugsystem.

als aus den Basisvektoren des Bezugsgitters durch eine Distorsion

$$e_a = D_a{}^\alpha \, i_\alpha, \qquad i_\beta = E_\beta{}^a \, e_a \qquad \text{(IV. 34)}$$

hervorgegangen gedacht werden, wo $D_a{}^\alpha$ der zugehörige Tensor der affinen Transformation und $E_\beta{}^a$ der dazu reziproke Tensor ist, also

$$D_a{}^\alpha E_\alpha{}^b = \delta_a{}^b, \qquad E_\alpha{}^a D_a{}^\beta = \delta_\alpha{}^\beta. \qquad \text{(IV. 35)}$$

BBS definieren nun ein neues Gesetz der Parallelverschiebung im Euklidischen Raum, indem sie festsetzen, daß Vektoren in verschiedenen Punkten, welche im e_a-System die gleichen Maßzahlen haben, parallel sein sollen. Der tatsächliche Unterschied zwischen zwei parallelen Vektoren C an zwei benachbarten Punkten P und Q wird als ein Vektor, gezogen vom Punkt P, ausgerechnet. Die Autoren erhalten nach einfacher Rechnung

$$dC^\mu = E_\lambda{}^a \frac{\partial D_a{}^\mu}{\partial x^\gamma} C^\lambda \, dx^\gamma \qquad \text{(IV. 36)}$$

und betrachten weiterhin einen Euklidischen Raum mit der linearen Konnexion

$$L^\alpha{}_{\beta\,\gamma} = - E_\beta{}^a \frac{\partial D_a{}^\alpha}{\partial x^\gamma} = D_a{}^\alpha \frac{\partial E_\beta{}^a}{\partial x^\gamma} \qquad \text{(IV. 37)}$$

bzw. dem dazu gehörigen Parallelverschiebungsgesetz (IV. 36). Der Torsionstensor folgt zu

$$L^\alpha{}_{[\beta\,\gamma]} = \frac{1}{2} D_a{}^\alpha \left(\frac{\partial E_\beta{}^a}{\partial x^\gamma} - \frac{\partial E_\gamma{}^a}{\partial x^\beta} \right), \qquad \text{(IV. 38)}$$

was der Gl. (IV. 21) von Kondo entspricht. Jetzt wird der Franksche Burgers-Umlauf durchgeführt. Das typische Element dieses Umlaufs im versetzten Kristall ist[1]

$$dx^\alpha \, i_\alpha = dx^\alpha \, E_\alpha{}^a \, e_a. \qquad \text{(IV. 39)}$$

Der entsprechende Schritt im Bezugsgitter hat nach § 21 numerisch die gleichen Komponenten im i_α-System, wie der Schritt (IV. 39) im e_a-System und schreibt sich danach

$$dx^\lambda \, E_\lambda{}^a \, i_a \quad \text{für} \quad \alpha = a. \qquad \text{(IV. 40)}$$

---

[1] Im Sinne von Fußnote 2, S. 132 mag man sich vorstellen, daß man nicht von einem Atom zum anderen geht, sondern von einem Elementarbereich zum anderen. Dies entspricht der Tatsache, daß im Falle makroskopisch stetiger Versetzungsverteilungen die Versetzungen zwischen den Elementarbereichen angeordnet sind. Wegen einer ausführlichen Diskussion der Verallgemeinerung des Burgers-Umlaufs von § 21 auf stetige Versetzungsverteilungen siehe die Arbeiten von BBS [3], [4].

Der Umlauf um eine Fläche F mit Rand C liefert nach § 21 den zugehörigen Burgers-Vektor (= Versetzungsfluß) zu

$$\boldsymbol{B} \overset{n}{=} - \oint_{\mathfrak{C}} dx^\lambda \, E_\lambda{}^a \, \boldsymbol{i}_a \quad \text{für} \quad \alpha = a. \tag{IV. 41}$$

Wegen des Zeichens $\overset{n}{=}$ s. u. Anwendung des Stokesschen Satzes und Übergang zu infinitesimaler Fläche liefert

$$dB^\alpha \overset{n}{=} - \frac{1}{2} \left(\frac{\partial E_\mu{}^a}{\partial x^\lambda} - \frac{\partial E_\lambda{}^a}{\partial x^\mu} \right) dF^{\lambda\mu} \quad \text{für} \quad \alpha = a. \tag{IV. 42}$$

In Gl. (IV. 41) ist mit dx^λ die Differenz zweier Punkte im Endzustand gemeint, auch $E_\lambda{}^a$ soll im Endzustand genommen werden. Infolgedessen bezieht sich auch die ganze rechte Seite von Gl. (IV. 42) auf den Endzustand. Daher ist Gl. (IV. 42) (und auch schon die Gleichung vorher) keine gewöhnliche Vektorgleichung, das Zeichen $\overset{n}{=}$ besagt vielmehr, daß zahlenmäßig für $\alpha = a$ die Komponenten auf beiden Seiten der Gl. (IV. 42) dieselben sind. Wegen (IV. 34) ist dann die rechte Seite von Gl. (IV. 42) gleich dem Vektor im Endzustand, den man erhält, wenn man dB^α auf den Endzustand abbildet, also

$$dL^\alpha = D_a{}^\alpha \, dB^a \tag{IV. 43}$$

oder

$$dL^\alpha = \frac{1}{2} D_a{}^\alpha \left(\frac{\partial E_\beta{}^a}{\partial x^\gamma} - \frac{\partial E_\gamma{}^a}{\partial x^\beta} \right) dF^{\beta\gamma}. \tag{IV. 44}$$

dL^α heißt nach BBS „lokaler Burgers-Vektor", während dB^a als „wahrer Burgers-Vektor", bezeichnet wird. Man beachte: Vom Standpunkt einer invarianten Darstellung gibt es natürlich nur einen Burgers-Vektor, dB^a und dL^α sind lediglich zwei verschiedene Charakterisierungen dieses Vektors. Für kleine Distorsionen kann $D_a{}^\alpha$ in Gl. (IV. 44) durch $\delta_a{}^\alpha$ ersetzt werden, man braucht lokalen und wahren Burgers-Vektor nicht mehr zu unterscheiden. Aus dem Vergleich mit Gl. (I. 14) findet man wieder den Zusammenhang zwischen dem Torsionstensor und der Versetzungsdichte als durch

$$L^\varkappa{}_{[\mu\nu]} = \frac{1}{2} \epsilon_{\mu\nu\varrho} \, \alpha^{\varrho\varkappa}, \qquad \alpha^{\lambda\varkappa} = \epsilon^{\lambda\mu\nu} \, L^\varkappa{}_{[\mu\nu]} \tag{IV. 45}$$

gegeben. BBS sprechen von der lokalen Versetzungsdichte.

Der Riemann-Christoffelsche Krümmungstensor

$$L^\alpha{}_{\beta\gamma\delta} = \frac{\partial L^\alpha{}_{\beta\delta}}{\partial x^\gamma} - \frac{\partial L^\alpha{}_{\beta\gamma}}{\partial x^\delta} + L^\alpha{}_{\lambda\gamma} L^\lambda{}_{\beta\delta} - L^\alpha{}_{\lambda\delta} L^\lambda{}_{\beta\gamma} \tag{IV. 46}$$

mit der Konnexion (IV. 37) verschwindet identisch. Dies ist nach BBS die Bedingung dafür, daß man überhaupt die lokale Basis $\boldsymbol{e}_a$ überall eindeutig definieren kann und bedeutet Fernparallelismus. Dies entspricht der Tatsache, daß man sich im Bezugs- und im Endzustand im Euklidischen Raum befindet. Bei Kondo war der Krümmungstensor (IV. 23) dagegen im nicht-Riemannschen (natürlichen) Zustand genommen worden und verschwand daher nicht[1]. Dasselbe Ergebnis erhält man in der BBS-Theorie, wenn man den Krümmungstensor bezüglich der $e_a \cdot e_b$ Metrik (von BBS „lokale Metrik" genannt) nimmt. Dies ist also nicht derselbe Krümmungstensor wie (IV. 46). Das Verschwinden auch des mit der lokalen Metrik genommenen Krümmungstensors würde bebedeuten, daß der Kristall frei von Eigenspannungen ist.

Es hat sich gezeigt, daß die eben berichtete Theorie sehr geeignet ist, um die reinen Rotationszustände von Nye (§ 7) zu untersuchen, die wie die Zustände der klassischen Elastizitätstheorie durch ein Verschwinden der Inkompatibilitäten gekennzeichnet sind (§ 7). Wir können die betreffenden Rechnungen, die als Anwendungen der nicht-Riemannschen Geometrie auf reale Körper sehr interessant sind, hier nicht im einzelnen wiedergeben, sondern beschränken uns auf einen besonders wichtigen Punkt, den Zusammenhang zwischen Torsionstensor und Nyeschem Krümmungstensor.

Ausgangspunkt ist das Parallelverschiebungsgesetz (IV. 36), das wir in der Form

$$dC_a = - L_{abc}\, C^b\, dx^c \qquad\qquad \text{(IV. 47)}$$

schreiben. Wir spalten L_{abc} in symmetrischen Teil $L_{(ab)c}$ und antisymmetrischen $L_{[ab]c}$:

$$dC_a = - \left(L_{(ab)c} + L_{[ab]c} \right) C^b\, dx^c. \qquad\qquad \text{(IV. 48)}$$

Denkt man sich für die C^b nacheinander die Gittervektoren e_b genommen, so ist dC_a die Änderung dieser beim Fortschreiten zum Nachbarpunkt. Man sieht sofort, daß dabei $L_{(ab)c}$ eine reine Deformation, $L_{[ab]c}$ eine reine Drehung des Gitters bedeutet (man setze etwa nacheinander für C^b die Vektoren e_1, e_2; im Fall $L_{[ab]c}$ ist dann $dC \perp C$ und der Winkel zwischen e_1, e_2 bleibt erhalten, während bei $L_{(ab)c}$ i. allg. die Längen und Winkel der e_a geändert werden. Setzt man

$$L_{[ab]c} \equiv \epsilon_{abd}\, \varkappa^d{}_c\,, \qquad \varkappa^d{}_c = \frac{1}{2}\, \epsilon^{abd} L_{abc}\,, \qquad \text{(IV. 49)}$$

so wird der Rotationsteil von dC

$$dC_a{}^{\text{Rot}} = - \epsilon_{abd}\, \varkappa^d{}_c\, C^b\, dx^c\,, \qquad\qquad \text{(IV. 50)}$$

---

[1] Die beiden maßgebenden Krümmungstensoren sind von unserem früheren Standpunkt aus durch $\varDelta\beta^{G}_{\alpha\beta} \equiv L_{\alpha\beta\gamma\delta}\, \varDelta F^{\gamma\delta}$, $\varDelta\beta_{\alpha\beta} \equiv R_{\alpha\beta\gamma\delta}\, \varDelta F^{\gamma\delta}$ zu definieren, wo $\varDelta$ dieselbe Bedeutung wie in Gl. (IV. 31) hat.

oder in Vektorschreibweise $d\boldsymbol{C}^{\mathrm{Rot}} = -\,\boldsymbol{C}\times\boldsymbol{\varkappa}\cdot d\boldsymbol{x}$, von wo sich als Drehung des Gitters beim Fortschreiten von einem Punkt zum anderen

$$d\vec{\boldsymbol{\omega}} = \boldsymbol{\varkappa}\cdot d\boldsymbol{x} \qquad\qquad (\text{IV. 51})$$

ergibt. Definitionsgemäß ist $\boldsymbol{\varkappa}$ dann der Nyesche Krümmungstensor und (IV. 49) der Zusammenhang zwischen diesem und der Torsion. Mit dieser hängt also $\boldsymbol{\varkappa}$ in ganz ähnlicher Weise in bezug auf die ersten beiden Indices zusammen, wie der Versetzungstensor in bezug auf die letzten beiden. Im Fall reiner Rotationszustände läßt sich durch Vergleich mit Gl. (IV. 45) leicht die Nyesche Beziehung (I. 59) gewinnen [5][1]. In diesem Fall werden auch die Tensoren $\boldsymbol{\varkappa}$ und $\boldsymbol{K}$ von § 7 identisch[2].

BBS zeigen weiter, daß die schon bei Nye vorkommenden Gleichungen

$$\boldsymbol{\varkappa}\times \nabla = 0 \qquad\qquad (\text{IV. 52})$$

nur für kleine Drehungen richtig sind. Diese Gleichungen sind ja die Bedingungen dafür, daß $d\vec{\boldsymbol{\omega}}$ von Gl. (IV. 51) ein vollständiges Differential ist. Dies kann aber natürlich nur für kleine Drehwinkel gelten.

§ 28. Diskussion

In den letzten beiden Paragraphen wurde über die Anwendung nicht-Riemannscher Geometrie auf stetige Versetzungsverteilungen berichtet. Die genannten Autoren haben weiterhin, z. T. eingehend, den Zusammenhang mit bekannten Problemen der Differentialgeometrie erörtert — es seien etwa Cartans holonome Gruppen und Strukturgleichungen, Riccis Rotationskoeffizienten genannt — und so den Weg zu einem vertieften Verständnis der nicht-Riemannschen Auffassung der Versetzungen geebnet. In dem Buch von Kondo [74] wird darüber hinaus noch die interessante Möglichkeit beschrieben, dieselben Probleme mit Hilfe einer rein Riemannschen Geometrie in 6 Dimensionen zu behandeln, wobei man dann nicht mehr mit den (holonomen) Koordinaten x^i auskommt, sondern die anholonomen Koordinaten des Riemannschen Raums verwenden muß. Nach Ansicht dieses Autors ist die betreffende Methode zur Behandlung plastischer Probleme besonders geeignet, er hat darauf eine neue mathematische Theorie der Plastizität gegründet. Leider sind die Arbeiten von Kondo und Mitarbeitern dem Verfasser erst kurz vor Fertigstellung dieses Berichts bekannt geworden, so daß die zuletzt genannten Arbeiten nicht mehr berücksichtigt werden konnten.

---

[1] Man schreibe Gl. (IV. 49) dazu mit griechischen Indices.

[2] Wegen einer Diskussion der verschiedenen Krümmungstensoren vgl. auch Eshelby [41].

Nach Ansicht des Verfassers werden die Riemannschen und nicht-Riemannschen Geometrien vor allem für große elastische Distorsionen eine Rolle spielen. Denn erstens sind diese in anderem Zusammenhang außerordentlich gut erforschten Geometrien von vornherein für beliebig große Distorsionen formuliert. Zweitens ist der Inkompatibilitätstensor η_{ij} nur bei kleinen Distorsionen eindeutig für die Eigenspannungen verantwortlich, während es der Riemannsche Krümmungstensor auch bei großen ist. Andererseits hat man in diesen Theorien ständig mit Tensoren 3. und 4. Stufe zu rechnen, welche man wenigstens im Fall kleiner Distorsionen immer durch solche von niedrigerer Stufe ersetzen kann [s. Gl. (IV. 9) und (IV. 27)]. Infolgedessen erscheint die in den ersten Paragraphen dieses Berichts beschriebene Theorie im Falle kleiner Distorsionen besonders geeignet zu ein, zumal sie wohl auch den physikalischen Vorgängen bei der plastischen Verformung etwas näher stehen mag, als die anderen Theorien.

In der Vorbemerkung zu diesem Abschnitt hatten wir auf den Unterschied der Standpunkte von Kondo und BBS hingewiesen. Jetzt soll noch kurz ein zweiter Unterschied zwischen den beiden Theorien besprochen werden, der unabhängig von dem ersten besteht.

Für einen gegebenen Bezugs- und Endzustand des Körpers sind die $D_a{}^\alpha$ und $E_\beta{}^a$ in Gl. (IV. 34) eindeutig bestimm[1]t, die $A_\lambda{}^j$ und $A_j{}^\varkappa$ in Gl. (IV. 12) hingegen nicht. Hier hat man noch die Wahl des Koordinatensystems frei. Wir wollen nun zunächst über die bei Kondo freigelassene Orientierung der Elementarbereiche im natürlichen Zustand so verfügen, daß diese überall dieselbe Richtung hat. Weiter denken wir uns dem Endzustand ein virtuelles, ideales Punktgitter, am besten von der gleichen Form wie das reelle Atomgitter im Idealzustand, aufgeprägt, so daß z. B. die $\boldsymbol{i}_j$ die Basisvektoren dieses Gitters sind, so wie die $\boldsymbol{i}_\alpha$ die Basisvektoren des Bezugsgitters bei BBS sind. Könnte man dieses virtuelle Gitter auch im natürlichen Zustand nachweisen, so hätte es hier genau die umgekehrten (reziproken) Deformationen und Drehungen erlitten wie das wirkliche Atomgitter beim Übergang vom natürlichen in den Endzustand. Das virtuelle Gitter kann im natürlichen Zustand (in dem es deformiert ist), durch ein System von Basisvektoren $\boldsymbol{e}_\lambda$ vollständig beschrieben werden. Wählt man also bei Kondo das Basissystem $\boldsymbol{e}_\lambda$ nach den jetzigen Gesichtspunkten aus, so erhalten die Gln. (IV. 12) dieselbe Bedeutung für das virtuelle Gitter, wie die Gln. (IV. 34) für das reelle. D. h. diejenigen $A_j{}^\varkappa$, welche das virtuelle Gitter vom natürlichen in den Endzustand bringen, sind zahlenmäßig gleich denjenigen $D_a{}^\alpha$, welche das Atomgitter vom natürlichen oder, gleichwertig, vom Bezugszustand in den Endzustand bringen. Letzteres gilt wegen der obigen Festsetzung über die Orientierung im natürlichen Zustand.

---

[1] Bei einer Konvention gemäß Fußnote 2, S. 132.

Hieraus folgt, daß die Komponenten von $\Gamma^i{}_{[km]}$ in Gl. (IV. 21) und $L^\alpha{}_{[\beta\gamma]}$ in Gl. (IV. 38), welche sich ja beide auf die cartesischen Koordinaten des Endzustandes beziehen, zahlenmäßig nicht übereinzustimmen brauchen, folglich weichen auch die nach Gl. (IV. 27) und (IV. 45) berechneten Versetzungsdichten α i. allg. voneinander ab. Man könnte die nach Kondo berechnete Versetzungsdichte als „virtuell" bezeichnen. Es macht wohl keine besondere Schwierigkeit, die reelle und virtuelle Versetzungsdichte ineinander umzurechnen.

Letzten Endes ist dieser Unterschied im Ergebnis der beiden Theorien eine Sache der Konvention, der man nicht viel mehr Bedeutung beilegen sollte, als einer Vorzeichenkonvention. Im Falle kleiner Distorsionen verschwindet der Unterschied zwischen virtueller, lokaler und wahrer Versetzungsdichte, die Gln. (IV. 21) und (IV. 38) gehen dann direkt in die Form (I. 17) der geometrischen Grundgleichung über, wie wir jetzt zeigen:

Wie oben bemerkt, sind Kondos $A_j{}^\varkappa$ und BBSs $D_a{}^\alpha$ zahlenmäßig gleich. Ihre Bedeutung kann als eine Distorsion des Gitters vom Bezugs- in den Endzustand beschrieben werden. Diese Distorsion hat die Form $I + \beta$, wo β mit unserem früheren Distorsionstensor identisch ist ($I \equiv$ Einheitstensor 2. Stufe). Für kleine Distorsionen sind dann die reziproken, durch $A_\varkappa{}^i$ und $E_\beta{}^\alpha$ dargestellten Distorsionen gleich $I - \beta$. Setzt man dies in Gl. (IV. 21) und (IV. 38) ein, und vernachlässigt man in den vor der Klammer stehenden $A_\varkappa{}^i$ bzw. $D_a{}^\alpha$ β neben I, so erhält man

$$\Gamma^i{}_{[km]} = -\frac{1}{2}\left(\partial_m \beta_k{}^i - \partial_k \beta_m{}^i\right) \tag{IV. 53}$$

bzw.

$$L^\alpha{}_{[\beta\gamma]} = -\frac{1}{2}\left(\frac{\partial\beta_\beta{}^\alpha}{\partial x^\gamma} - \frac{\partial\beta_\gamma{}^\alpha}{\partial x^\beta}\right). \tag{IV. 54}$$

Diese Gleichungen sind identisch (daß einmal lateinische, das andere Mal griechische Indices auftreten, rührt ebenso wie der Unterschied im Vorzeichen nur von den unterschiedlichen von Kondo und BBS benützten Konventionen her). Zugleich sieht man bei Berücksichtigung von Gl. (IV. 45), daß Gl. (IV. 54) mit unserer geometrischen Grundgleichung (I. 17) im Falle kleiner Distorsionen identisch ist. Weiter kann man aus Gl. (IV. 42) eine echte Vektorgleichung machen, wenn man alle Größen auf der rechten Seite wie in § 10 auf den Bezugszustand bezieht. Dann erhält man nach Vergleich mit Gl. (I. 14) die geometrische Grundgleichung mit der für große Distorsionen geltenden Interpretation. Im allgemeinen Falle großer Distorsionen (vgl. § 10) braucht man die Grundgleichung bezogen auf die Koordinaten der Punkte im Endzustand, weil die Gleichgewichtsbedingungen sich ebenfalls auf diese Koordinaten beziehen. Dann hat man die Grundgleichung in der Form (IV. 21) bzw. (IV. 38) zu verwenden.

V. Abschnitt

Anwendungen

In dem Sinn kontinuumsmechanische Aufgaben, wie sie in der klassischen Elastizitätstheorie gewöhnlich behandelt werden, sind bisher in der Kontinuumstheorie der Versetzungen noch nicht bearbeitet worden, dazu war die Zeit seit ihrer Formulierung zu kurz. Die bisher mit kontinuumstheoretischen Methoden behandelten Probleme waren überwiegend physikalischer Art und betrafen vor allem einzelne Versetzungen und Atome. Es ist ein wesentlicher Zug der modernen Plastizitätsforschung, daß man die grundlegenden Erscheinungen zunächst vom Mikroskopischen her zu verstehen sucht. So hat sich gezeigt, daß man der Verfestigung der Metalle nur auf diese Weise näherkommen kann. Wir bringen zuerst in § 29 einiges über Verfestigung, weil wir glauben, bei dem mutmaßlichen Leser ein gewisses Interesse dafür voraussetzen zu können, andererseits um zu zeigen, in welcher Weise bei solchen Überlegungen oft schwierige mathematische Probleme auftauchen. Die Erscheinung der Verfestigung ist nicht rein mechanischer, sondern komplex physikalischer Natur, und wir können hier bestenfalls einen ganze kurzen Einblick geben, in welcher Weise solche Probleme heute behandelt werden. Wegen einer Darstellung des heutigen Standes der Verfestigungstheorie sei auf den neuen Handbuchartikel von Seeger [135] verwiesen.

Der Beschreibung der punktförmigen Gitterfehler (Fremdatome, Gitterlücken usw.) als elastische Dipole oder Polarisationszentren kommt nach unserer Ansicht grundsätzliche Bedeutung zu, wir behandeln deshalb in § 31 vier Aufgaben, die in eindrucksvoller Weise zeigen, welche weitreichende Probleme man mit den einfachen Formeln von § 19 über solche elastische Singularitäten bewältigen kann. Es wäre sicher eine lohnende Aufgabe für die experimentelle Forschung, die Dipolstärken und Polarisierbarkeiten für möglichst viele Einlagerungen von Atomen B in einer Grundsubstanz A zu messen und in Tabellen festzuhalten, wie dies z. B. bei den elektrischen und magnetischen Dipolen und Polarisierbarkeiten längst geschehen ist.

In § 32 schließlich zeigen wir Beispiele für die praktische Bedeutung des Spannungsfunktionstensors. Wir glauben, daß die vollständige Erforschung dieses Tensors noch manches Ergebnis von praktischer Bedeutung zutage fördern wird, wobei als besonders dringlich die Bearbeitung des dreidimensionalen und auch rotationssymmetrischen Randwertproblems empfunden wird. Dies sind nun Aufgaben wesentlich mathematischer Natur, und der § 32 möchte daher in mathematischen Kreisen als Anregung in diesem Sinne aufgefaßt werden. Daneben enthält § 32 die wichtigsten Ergebnisse über kreisförmige Versetzungen, die sonst in der Literatur nicht zu finden sind.

§ 29. Die Verfestigung der kubisch flächenzentrierten Metalle

Eines der interessantesten, aber zugleich auch schwierigsten Probleme der heutigen Festkörperphysik ist die Verfestigung der Metalle. Abb. 30 zeigt die typische Verfestigungskurve eines kubisch flächenzentrierten Einkristalls, wie man sie im Zugversuch feststellt. Man kann diese Kurve nicht aus den Grundgleichungen der Kontinuumsmechanik oder irgendwelchen Gesetzen der Festkörperphysik deduktiv herleiten, sondern ist weitgehend auf die Empirie angewiesen. Man macht sich gewisse Vorstellungen über die bei der plastischen Verformung sich im Innern des Körpers abspielenden Vorgänge und untersucht, unter welchen Umständen sie zu einer Verfestigung führen. Man

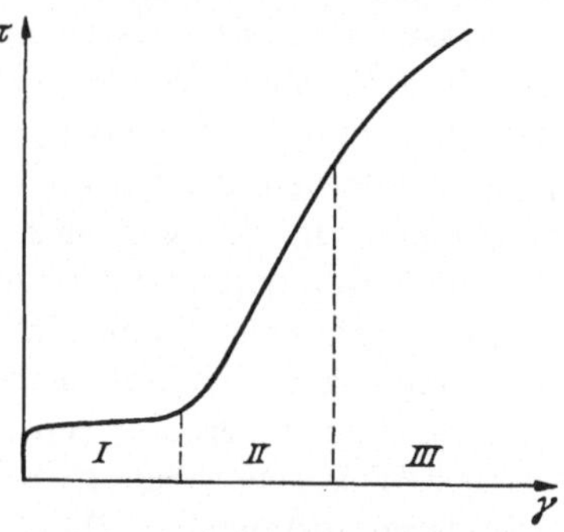

Abb. 30. Typische Verfestigungskurve eines kubisch flächenzentrierten Metalls (z. B. Cu). Im elastischen Bereich fällt die Kurve $\tau(\gamma)$ in unserem Maßstab praktisch mit der τ-Achse zusammen

stellt dann die entsprechenden Experimente an und prüft daran, wie weit sie mit den theoretischen Überlegungen in Einklang sind. Man hat auf diese Weise die drei sich deutlich unterscheidenden Verfestigungsbereiche I, II und III in Abb. 30 zu verstehen gelernt.

Taylor [149] hat im Jahre 1934 zuerst den Gedanken gehabt, daß bei der plastischen Verformung durch Versetzungswanderung und -verdichtung Eigenspannungsfelder erzeugt werden, die ein Weiterwandern der Versetzungen zu behindern bestrebt sind. Diese qualitative Vorstellung gilt auch heute noch.

Das Spannungsfeld in dem Kristall, herrührend von der von außen angebrachten Last, kann in seine Komponenten nach den Gleitebenen und Gleitrichtungen zerlegt werden. In einem der Gleitsysteme wird dann die Schubspannung am größten sein, wir nennen diese τ. Dieses sog. Hauptgleitsystem wird als erstes in Tätigkeit treten. Falls der Kristall in bezug auf die Zugachse günstig orientiert ist, bleibt dieses Gleitsystem bis zu großen Verformungen das Hauptgleitsystem, welches für den weitaus größten Teil der plastischen Formänderung verantwortlich ist. Die Abb. 31a, b zeigen, wie sich allein durch Abgleitung in einem Gleitsystem eine Verlängerung des Zugstabes ergibt. Für theoretische Untersuchungen wird i. allg. die äußere Schubspannung τ im Hauptgleitsystem gegen die Abgleitung aufgetragen. Diese ist definiert als

Verhältnis von (mittlerer) plastischer Relativverschiebung zweier Netzebenen im Abstand d zu d, das ist also die plastische Distorsion β_{ij}^{P}, wenn i die Gleitebene und j die Gleitrichtung in dem betrachteten Punkt auf der Verfestigungskurve kennzeichnet. Wir nennen diese Abgleitung weiterhin γ. τ hat zugleich die Bedeutung einer Fließspannung, denn Abb. 30 gibt diejenige Spannung an, die man benötigt, um einen Kristall, der eine Verformung γ durchgemacht hat, zum weiteren Fließen zu bringen.

Die Fließspannung eines reinen Metalls kann man nach Seeger [137] gemäß der Formel

$$\tau = \tau_S + \tau_G$$

in zwei Teile teilen, wo τ_S derjenige Anteil ist, den die Versetzungen in den Hauptgleitebenen brauchen, um die in den anderen Gleitebenen verlaufenden, die Hauptgleitebenen durchstoßenden Versetzungen (oft als „Versetzungswald" bezeichnet) zu durchschneiden. τ_G wird zur Überwindung der weitreichenden Spannungsfelder der Versetzungen im Hauptgleitsystem benötigt. Für viele Fragen spielt τ_S gegenüber τ_G keine Rolle, weshalb wir uns auf die Betrachtung von τ_G beschränken wollen.

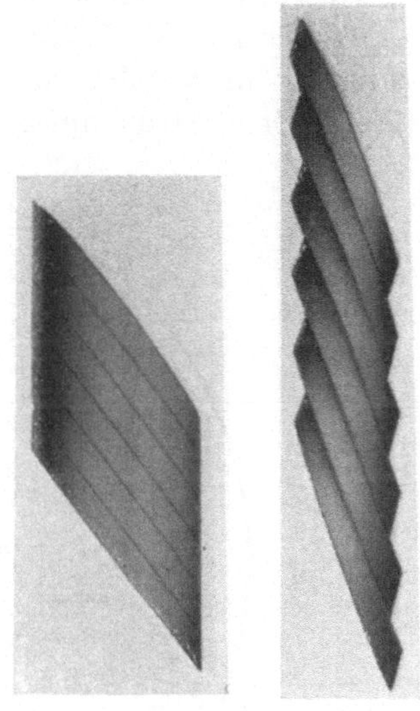

a   b
Abb. 31. Modell für plastische
Dehnung eines Stabes.
Nach Schmidt-Boas [129]

Frank und Read [51] haben einen Mechanismus angegeben, nach dem sich unter einer an das betreffende Gleitsystem angelegten Schubspannung geschlossene Versetzungsringe bilden können. Dazu benötigt man ein nicht zu kurzes Versetzungsstück $A\,B$ (Abb. 32a), welches an seinen Enden irgendwie verankert ist, etwa so, daß es dort mit anderen Versetzungen einen sog. Versetzungsknoten bildet (dieser ist in der Abbildung nicht gezeichnet), der dann oft unbeweglich ist. Unter einer geeigneten Schubspannung beult sich die Versetzung zunächst aus (Abb. 32b). Nach Gl. (II. 148) steht die Kraft auf eine Versetzung im Spannungsfeld immer senkrecht auf der Versetzungslinie, daher beult diese sich sukzessive zu den in Abb. 32c, d gezeichneten Formen aus. Die Kurvenstücke bei C haben denselben Burgers-Vektor, aber entgegengesetzte Linienrichtung, sind also Versetzungen entgegengesetzten Vorzeichens, daher ziehen sie sich nach § 18 an, bis sie sich annihilieren können, so daß schließlich ein neu gebildeter Ring (e) und die ursprüngliche Linie $A\,B$ übrig bleibt. Danach kann sich der Vorgang erneut abspielen. Diese Bildung von Versetzungsringen ist ganz analog zu der Erzeugung von Seifenblasen, die Linienspannung der Versetzung übernimmt die Rolle der Oberflächenspannung bei der Seifenblase. Die benötigten Ausgangslinien $A\,B$ sind auch im unverformten Kristall in genügender Zahl vorhanden, da sich schon beim Wachstum der Kristalle ein „Netzwerk‘‘ von Versetzungen im Kristall ausbildet[1]. Die Zahl der 1 cm² durchstoßenden Versetzungen liegt für viele Metalle in der Größenordnung 10^7, sie nimmt mit der Verformung um mehrere Größenordnungen zu.

Im Verfestigungsbereich I — meist als „easy glide-Bereich‘‘ bezeichnet — ist der sog. Verfestigungskoeffizient $d\tau/d\gamma$ relativ klein, die Versetzungen können sich ohne viele Hindernisse bilden und wandern. Aus der Länge der elektronenmikroskopisch sichtbar gemachten Gleitlinien auf

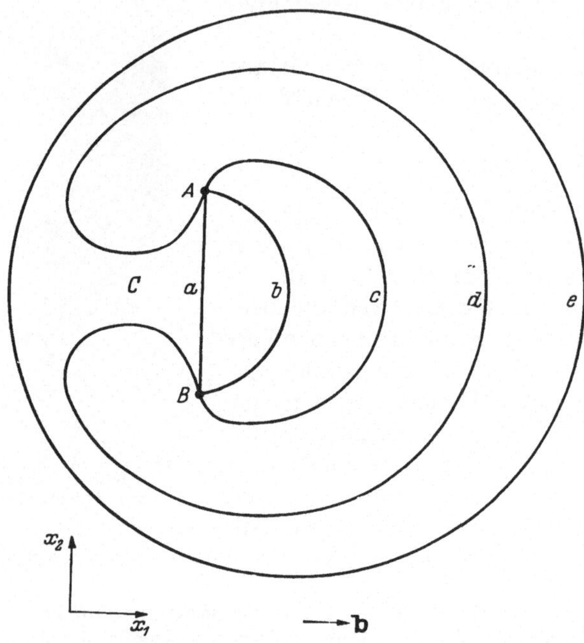

Abb. 32.   Zur Erzeugung eines Versetzungsringes mit Hilfe
des Frank-Read-Mechanismus

der Oberfläche der (vor der Verformung polierten) Kristalle kann man schließen (Mader [96]), daß hier die Versetzungen Wege zurücklegen, die mit den Querdimensionen des Kristalls (mm) vergleichbar sind.

Der wesentlich stärkere Verfestigungskoeffizient im Verfestigungsbereich II wird auf das Auftreten von Lomer-Cottrell-Versetzungen (§ 24) zurückgeführt, welche die Gleitwege der Versetzungen wesentlich einschränken. Eine der von einer Frank-Read-Quelle ausgesandten Versetzungen mag etwa mit einer sich in einem zweiten Gleitsystem

---

[1] Bei den Theorien des Kristallwachstums spielen die Versetzungen eine Hauptrolle, man vgl. Frank [49], Verma [154], Dekeyser und Amelinckx [32].

bewegenden Versetzung zusammen treffen, so daß eine Lomer-Cott-rellsche Versetzungsreaktion stattfindet. Alle anderen Versetzungen der genannten Quelle kommen dann an diesem Hindernis nicht mehr vorbei, sondern sie stauen sich gegen dieses auf, indem sie etwa Ver-setzungswände nach Art von Abb. 24 (jedoch mit variablem Abstand der Versetzungen) bilden. Seeger, Diehl, Mader und Rebstock [143] haben, von diesem Bild ausgehend, die Vorgänge im Verfestigungs-bereich II theoretisch und experimentell untersucht und den linearen Anstieg der Verfestigungskurve in Bereich II halb quantitativ erklären können.

Im Bereich III der Verfestigungskurve ist der Verfestigungskoeffi-zient wieder kleiner. Dies wird heute dadurch erklärt, daß jetzt durch die vergrößerte äußere Schubspannung den aufgestauten Versetzungen die Möglichkeit gegeben ist, die Hindernisse zu umgehen. Dazu muß in jedem Fall die Aufspaltung der Versetzungslinien (§ 24) in der Gleitebene über eine Länge von mehreren Atomabständen rückgängig gemacht werden. Dies kann allein durch die am Orte der Versetzungen herrschende Span-nung nicht bewirkt werden, da dies eine Erhöhung der freien Energie an der betreffenden Stelle von der Größenordnung eV erforderlich (vgl. Fußnote 1 von S. 10). Durch die resultierende äußere und innere Span-nung am Orte der Versetzung wird also nur der Abstand der Halbver-setzungen etwas verringert, den Rest der Energie, den man braucht, um die Aufspaltung vollends rückgängig zu machen (die sog. Aktivie-rungsenergie Q) müssen die Temperaturschwankungen zur Verfügung stellen. Offenbar hängt Q von der Spannung ab, und erst, wenn diese genügend groß und damit Q genügend klein geworden ist, wird die Akti-vierungsenergie tatsächlich von den Temperaturschwankungen aufge-bracht.

Danach haben zwar Stufenversetzungen immer noch nicht mehr Gleit-möglichkeiten als vorher, da für sie nach § 24 nur eine Gleitebenen-orientierung existiert. Dagegen können Schraubenversetzungen, die sich nach § 24 in ⟨110⟩-Richtungen erstrecken, welche immer die Schnitt-linien zweier {111}-Ebenen bilden, nach Rückgängigmachung der Auf-spaltung in die andere {111}-Ebene hinein aufspalten, die damit für sie zur sog. „Quergleitebene" wird. Abb. 33 veranschaulicht diesen Vorgang. Die neu gewonnene Bewegungsfreiheit der Schraubenversetzungen führt zu der beobachteten Verminderung des Verfestigungsanstieges.

Seeger, Diehl, Mader und Rebstock [143] haben die Richtigkeit dieser Vorstellungen überzeugend durch elektronenmikroskopische Auf-nahmen polierter Kristalloberflächen nachgewiesen. Zur vollständigen Abrundung des Bildes von der Verfestigung im Bereich III gehört jedoch die Behandlung eines jetzt zu besprechenden Problems, welches infolge zu großer mathematischer Schwierigkeiten bis jetzt noch nicht befriedigend gelöst werden konnte[1].

Wir schließen uns vorerst der Diskussion von Schoeck und Seeger [133] bzw. Seeger [134] (S. 610ff.) an. Ist die Länge $2\,l$, längs deren die Aufspaltung rückgängig gemacht wird, sehr groß gegenüber der Aufspaltungsweite $2\,\eta_0$ (Abb. 34), so befindet sich die Versetzung fast in

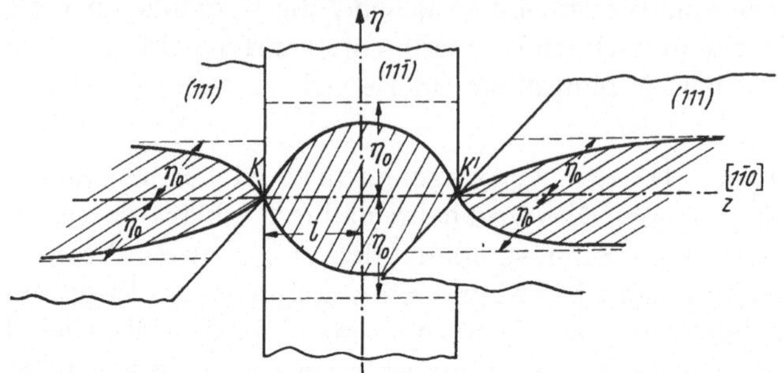

Abb. 33. Querleitung in einer Schraubenversetzung. Schraffiert: Stapelfehler, $z \equiv x_3$. Nach Seeger [134]

einem labilen Gleichgewicht, denn die Wahrscheinlichkeit, daß sie in der Hauptgleitebene aufspaltet, ist nicht wesentlich größer als diejenige, daß sie in der Quergleitebene aufspaltet. Je kürzer die Strecke $2\,l$ ist, desto mehr wird allerdings die Hauptgleitebene bevorzugt. Liegt jedoch in der Quergleitebene eine Schubspannung τ_Q, so wird diese bevorzugt, weil die Versetzung sich dann in ihr ausbeulen und gleiten, die Schubspannung τ_Q somit Arbeit leisten kann[2]. Hieraus ist zu schließen, daß zu jeder solchen Schubspannung eine Gleichgewichtslänge $2\,l_0$ gehört, bei der eine Aufspaltung in Haupt- und Quergleitebene gleich wahrscheinlich ist. In dieser Länge muß also die Aufspaltung der aufgestauten Versetzung im Hauptgleitsystem mindestens rückgängig gemacht werden, wenn dem äußeren Zwang durch ein Ausweichen ins Quergleit-

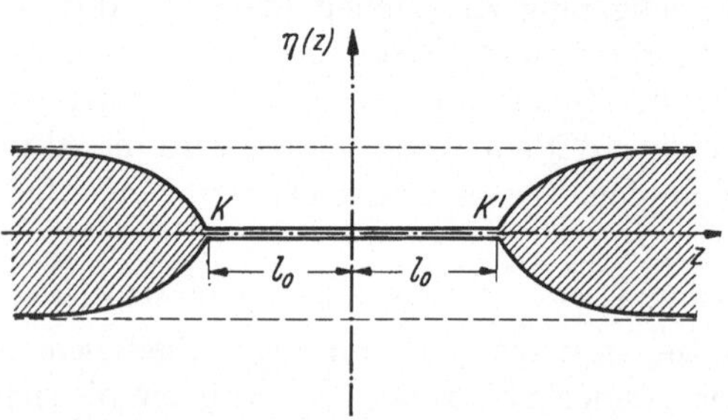

Abb. 34. Zur Berechnung der Aktivierungsenergie für die Quergleitung in einer Schraubenversetzung. Der Abstand der gestrichelten Linien ist gleich $2\,\eta_0$. Nach Seeger [134]

----

[1] Dieses Problem wird z. Z. bearbeitet.

[2] Man beachte: Die resultierende Kraft in der Hauptgleitebene auf die aufgestaute Versetzung ist annähernd Null, andernfalls würde sie ja fortgleiten.

system nachgegeben werden soll. Die Aktivierungsenergie Q dieses Vorgangs ist diejenige Energie, welche die Temperaturschwankungen zur Verfügung stellen müssen, um aus zwei parallelen Halbversetzungen im Abstand 2η die Konfiguration der Abb. 34 herzustellen.

Aus Experimenten läßt sich ein Wert für die sog. spezifische Stapelfehlerenergie entnehmen, das ist diejenige Energie, die man zur Bildung eines sich ganz durch den Kristall hindurch erstreckenden Stapelfehlers benötigt, gemessen pro cm² Stapelfehlerfläche. Die Aktivierungsenergie Q enthält dann die folgenden Anteile: Die (positive) Energie E_{12}, die man braucht, um die gegenseitige Abstoßung der beiden Halbversetzungen beim Zusammenbiegen zu überwinden, die (positiven) Energien E_{11} und E_{22}, die man braucht, um die beiden Halbversetzungen je allein in die Lage von Abb. 34 zu bringen (in der sie ja länger sind als zuvor). Schließlich die (negative) Stapelfehlerenergie E_{St}, die man dadurch gewinnt, daß die Stapelfehlerfläche verkleinert wird.

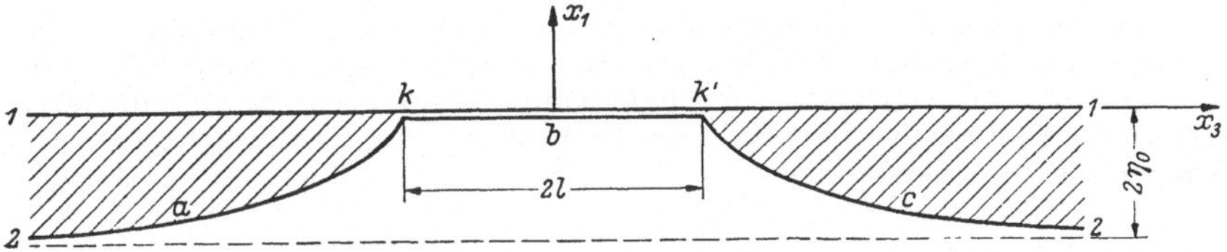

Abb. 35. Etwas einfacheres Modell zur Berechnung der Aktivierungsenergie für die Querleitung

Die exakte Berechnung der Aktivierungsenergie birgt große Schwierigkeiten, da die Kurvenform der Versetzungen gar nicht bekannt ist, sondern erst durch eine Variationsrechnung ermittelt werden muß. Hierfür kommen praktisch nur direkte Methoden in Frage. Da die Symmetrie der Anordnung von Abb. 34 nicht physikalisch zu begründen ist, wollen wir das Vorgehen an der etwas einfacheren Anordnung der Abb. 35 schildern. Als freie Parameter nehmen wir z. B. die Quergleitungslänge $2\,l$, die Aufspaltungsweite $2\,\eta$ und die Steigung der Kurve in den Knotenpunkten K und K'. Die Berechnung des Anteil E_{St} ist trivial. Der Anteil E_{12}, der früher große Schwierigkeiten machte, folgt sehr einfach aus Formel (II. 136). Die Hauptarbeit verursacht die Energie E_{22}. Die Linie 2 besteht aus den drei Stücken a, b, c. Wir schreiben $E_{22} = E_{aa} + E_{bb} + E_{cc} + E_{ab} + E_{ac} + E_{bc}$. Hiervon ist E_{bb} nach Gl. (II. 144) sehr leicht zu erhalten, ebenfalls relativ leicht E_{ab}, E_{bc}, weil sich dann eines der beiden Linienintegrale von Gl. (II. 128) elementar ergibt. Da $E_{aa} = E_{bb}$, ist also die Berechnung von E_{aa} und E_{ac} das Hauptproblem. Indessen sind die Zweige a und c relativ weit auseinander, so daß E_{ac} sicher einen kleinen Beitrag zu E_{22} gibt, auf den es nicht ganz genau ankommt. Man kann dann diesen Anteil mit einer einfachen

Näherungsrechnung erledigen. Somit bleibt als wesentlich die Energie E_{aa}, welche man braucht, um den Zweig a aus der geraden Form in die gebogene der Abb. 35 zu bringen. Wir werden das Problem der Selbstenergie gebogener Versetzungen im nächsten Paragraphen behandeln und sehen, daß man es heute bei nicht zu komplizierter Kurvenform gut bewältigen kann.

Man ist also heute in der Lage, Aktivierungsenergieprobleme der eben beschriebenen Art, die in der Festkörperphysik sehr häufig vorkommen, mit Methoden der Kontinuumstheorie erfolgreich zu behandeln und durch Vergleich mit den Experimenten die anderweitig gezogenen Schlüsse über elementare Vorgänge im Festkörper zu bestätigen oder auch zu widerlegen.

In Aluminium ist im Gegensatz zu Kupfer die Stapelfehlerenergie relativ groß, daher die Aufspaltung und gleichzeitig die Aktivierungsenergie klein, so daß man erwarten sollte, daß hier der Verfestigungsbereich III bei wesentlich kleineren Spannungen beginnt, als in Kupfer. Dies ist experimentell sehr gut bestätigt. Es ist sehr befriedigend, daß man die Unterschiede im Verfestigungsverhalten der kubisch flächenzentrierten Metalle, die vor wenigen Jahren noch völlig rätselhaft waren, heute schon fast quantitativ versteht. Weit weniger gut ist noch die Verfestigung der kubisch raumzentrierten Metalle verstanden.

§ 30. Eine Näherungsmethode zur Berechnung der Selbstenergie singulärer Versetzungen

Die Selbstencrgie gebogener Versetzungen ist für viele Aufgaben der Festkörperphysik wichtig. Gegenüber den älteren Methoden, bei denen man mindestens ein Linienintegral über eine Funktion, die als Flächenintegral gegeben war, ausrechnen mußte, um die Selbstenergie der Versetzung zu bekommen, bedeutet die Reduktion des Problems auf das doppelte Linienintegral (II. 145) einen großen Fortschritt. Doch läßt sich auch dieses nur in den einfachsten Fällen exakt auswerten. Nach Kröner [83] kommt man in komplizierten Fällen mit Hilfe der jetzt zu beschreibenden konvergierenden Näherungsmethode zum Ziel.

Ausgangspunkt ist Gl. (II. 145), in der die Abschneidelänge ε als gegeben angesehen werden soll. Für die im letzten Paragraphen vorkommenden Halbversetzungen nimmt man ε gemäß Gl. (III. 58). Die Integrale in Gl. (II. 145) haben entweder die Form

$$\int_L \int_{L'_\varepsilon} \frac{dL'\,dL}{|\boldsymbol{x} - \boldsymbol{x}'|} \tag{V. 1}$$

oder Formen, welche man erhält, wenn man zu dem Integranden von (V. 1) noch den Ausdruck $(x_1 - x_1')\,(x_3 - x_3')/(\boldsymbol{x} - \boldsymbol{x}')^2$ oder $(x_3 - x_3')^2/(\boldsymbol{x} - \boldsymbol{x}')^2$ als Faktor hinzufügt. Die Berechnung der letzteren Integrale ist von derjenigen der Gl. (V. 1) nicht wesentlich verschieden, so daß wir uns hier auf die Behandlung von (V. 1) beschränken wollen. Es ist nun

$$d\boldsymbol{L} = dx_1\, \boldsymbol{i}_1 + dx_3\, \boldsymbol{i}_3, \qquad d\boldsymbol{L}' = dx_3'\, \boldsymbol{i}_1 + dx_1'\, \boldsymbol{i}, \qquad \text{(V. 2)}$$

so daß man Integrale der Form

$$\iint \frac{dx_i\, dx_j'}{|\boldsymbol{x} - \boldsymbol{x}'|}\,, \qquad i, j = 1, 3 \qquad \text{(V. 3)}$$

zu berechnen hat. Dabei muß man in dem Ausdruck

$$|\boldsymbol{x} - \boldsymbol{x}'| = \sqrt{(x_1 - x_1')^2 + (x_3 - x_3')^2} \qquad \text{(V. 4)}$$

immer eine der beiden Größen x_1, x_3 bzw. x_1', x_3' durch die andere gemäß der Kurvengleichung $x_1 = x_1(x_3)$ ersetzen. Ist die Versetzung stückweise gerade, so lassen sich die Integrale elementar auswerten. Für Kurven zweiten Grades erhält man elliptische Integrale. In anderen Fällen kann man das Integral numerisch auswerten. Im Fall von § 29, wo die Kurvengleichung freie Parameter enthält, wäre ein solches Verfahren viel zu umständlich. Die folgende Methode führt dann in vielen Fällen zum Ziel: Wir setzen

$$|\boldsymbol{x} - \boldsymbol{x}'| = |x_3 - x_3'| \sqrt{1 + s}\,, \qquad s \equiv \left(\frac{x_1 - x_1'}{x_3 - x_3'}\right)^2 \qquad \text{(V. 5)}$$

und entwickeln die Wurzel $w(s)$ im Bereich $0 \leq s \leq S$ nach Legendreschen Polynomen von s. Da $w(s)$ eine Parabel ist, kann man mit einer guten Konvergenz rechnen, falls man S nicht viel größer als etwa 3 nimmt. Die Fehlerabschätzung macht wegen der einfachen Form von $w(s)$ keine große Mühe. Wenn die Versetzung z. B. so verläuft, daß ihr Tangentenvektor nirgends einen Winkel $<30°$ mit der $\pm x_1$-Richtung bildet, ist offenbar $0 \leq s \leq 3$, und die Entwicklung von $w(s)$ konvergiert längs der ganzen Versetzung gut. Falls dagegen die Versetzung außer annähernd horizontalen auch annähernd vertikale Stellen enthält, wird man zusätzlich zu (V. 5) noch

$$|\boldsymbol{x} - \boldsymbol{x}'| = |x_1 - x_1'| \sqrt{1 + 1/s}\,, \qquad s \equiv \left(\frac{x_1 - x_1'}{x_3 - x_3'}\right)^2 \qquad \text{(V. 6)}$$

verwenden und $w(1/s)$ durch Legendresche Polynome von $1/s$ darstellen. Es wird jedoch gut sein zu untersuchen, ob man in dem betreffenden Fall die hiermit verbundene Komplikation dadurch vermeiden kann, daß man höhere Glieder der Entwicklung der Entwicklung von $w(s)$ hinzunimmt, wodurch der Bereich $0 \leq s \leq S$ vergrößert werden kann, so daß man vielleicht $w(1/s)$ nicht mehr braucht. Dieses Vorgehen empfiehlt sich z. B. für die Berechnung der Energie E_{aa}.

Der Umfang der Rechnungen wird in erster Linie durch die Kurvenform der Versetzung bestimmt. Ist $x_1(x_3)$ ein Polynom, so ergeben sich die Integrationen elementar. Dasselbe gilt z. B. für die Hyperbeln $x_1 \pm a = c/(x_3 \pm b)$, und zwar gilt diese Aussage auch für endliche Hyperbelstücke. Mit solch einer Hyperbel kann man offenbar die Linienstücke a, c in Abb. 35 beschreiben und die Energien nunmehr elementar ausrechnen. Der Umfang dieser Rechnung ist erträglich.

Natürlich kann man dasselbe Verfahren auch zur Berechnung der Wechselwirkungsenergie zweier gebogener Versetzungen nach Gl. (II.128) anwenden. Damit könnte man dann auch die zu der Anordnung von Abb. 34 gehörige Aktivierungsenergie ausrechnen.

Der Anteil τ_s der Fließspannung wird zum gegenseitigen Durchschneiden zweier Versetzungen benötigt. Hierzu muß nach Heidenreich und Shockley [64] an den Schnittpunkten in beiden Versetzungen die Aufspaltung rückgängig gemacht werden. Man erhält dann eine sog. „Einschnürung" (constriction, Stroh [148]), welche aus Abb. 34 und 35 folgt, indem man dort $l = 0$ setzt. Schöck [132] und Schöck und Seeger [133] konnten die Aktivierungsenergie zum Durchschneiden von Versetzungen in einigen Fällen in befriedigender Übereinstimmung mit den experimentell gemessenen Aktivierungsenergien berechnen (vgl. auch Seeger [136]).

§ 31. Fremdatome als elastische Dipole und Polarisationszentren

Man spricht von Fremdatomen, wenn sich in einem Kristall, der aus Atomen einer Sorte A besteht, einzelne Atome eine zweiten Sorte B befinden. Diese können entweder den regulären Gitterplatz eines Atoms A besetzen (Substitution), oder sie können sich auf einem sog. Zwischengitterplatz aufhalten. Dies tritt besonders dann ein, wenn die Atome B klein im Vergleich mit den Atomen A sind. Schon sehr kleine Mengen

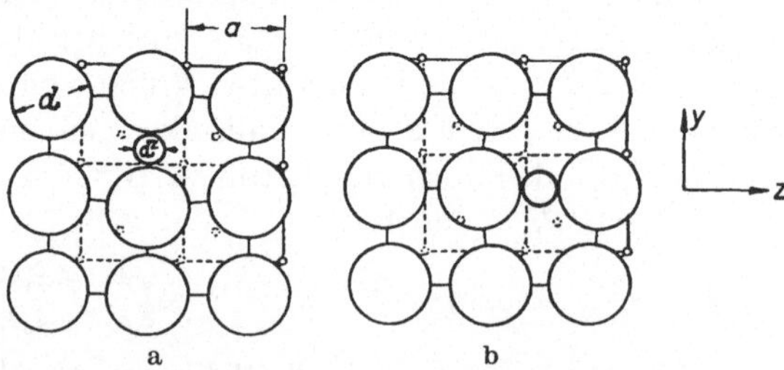

Abb. 36 a) Zwischengitteratom im kubisch raumzentrierten Kristall, zugleich Modell für Kohlenstoffatom in Eisengitter. Der Übersichtlichkeit sind nur die vorderen Atome in ihrer ganzen Größe gezeichnet. Für $d = a\sqrt{3}/2$ berührt jedes Atom seine acht nächsten Nachbarn. b) Dasselbe nach Platzwechsel des Zwischengitterstoms. Lies x_2 für y und x_1 für z

solcher Fremdatome können die sog. „strukturempfindlichen" Eigenschaften (Smekal [145]) der Stoffe sehr stark beeinflussen. Bekannt sind die starken Änderungen der Eigenschaften, die Eisen erleidet, in welchem Kohlenstoff (C) in geringer Konzentration gelöst wird. Die C-Atome sitzen hier auf Zwischengitterplätzen. Nach Cottrell [23] und Cottrell und Bilby [25] ist die elastische Wechselwirkung der C-Atome mit den Versetzungen des Eisens z. B. für den bekannten Streckgrenzeneffekt des Stahls verantwortlich.

Abb. 36a zeigt, wie solch ein C-Atom in das kubisch raumzentrierte Gitter des Eisens eingebaut ist. Damit es genügend Platz hat, muß es die beiden benachbarten Atome etwas auseinander drücken. Man erhält offenbar denselben Distorsionszustand des Gitters in der Umgebung, wenn man an Stelle des C-Atoms je eine Kraft vom Betrag P anbringt, die das eine Atom nach oben, das andere nach unten drückt. Ist a der Abstand der Atome im Normalzustand, so hat man hier einen Kräftedipol mit der einzigen Komponente $P_{22} = a\,P$ von Null verschieden.

Das eben geschilderte Bild ist etwas zu einfach. Bei einer genaueren Diskussion muß man die Kräfte untersuchen, welche die Atome zusammen halten. Diese werden durch die besondere Art der Elektronenverteilung bestimmt. Man kann sich vorstellen, daß durch den Einbau des C-Atoms nicht nur die Kräfteverhältnisse zwischen den beiden benachbarten Atomen geändert werden, sondern daß auch andere Atome in der Umgebung noch in Mitleidenschaft gezogen werden. Dann muß man damit rechnen, daß insgesamt das C-Atom nicht als ein einziger Dipol P_{22} wirkt, sondern daß auch andere Dipolkomponenten sowie Komponenten höherer Pole eine Rolle spielen. Erfahrungsgemäß nimmt jedoch die direkte Wechselwirkung zwischen Atomen bereits auf Strecken von 1 Atomabstand so stark ab, daß man wohl das C-Atom in der Lage von Abb. 36a durch seine Dipolkomponenten P_{22} sowie P_{11} und P_{33} mit sehr guter Näherung beschreiben kann.

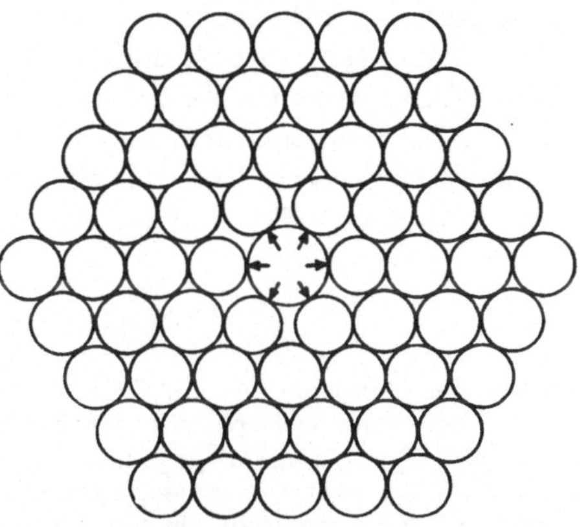

Abb. 37. Substitutions-Fremdatom in dichtest gepackter Ebene. Die Atomreihen sind leicht verbogen

Ein Beispiel für ein Substitutions-Fremdatom zeigt Abb. 37. Man kann sich hier das Fremdatom durch eine Anzahl von Kräftedipolen ersetzt denken, die um je 60° gegeneinander verdreht sind. Es läßt sich zeigen, daß das Verschiebungsfeld, welches durch solch eine Dipolanordnung hervorgerufen wird, dasjenige eines Dilatationszentrums P_{ii}

ist[1]. Im Kontinuum entspricht ja ein Dilatationszentrum einer eingezwängten kleinen Kugel.

Für viele Probleme ist es wichtig, die Energie zu kennen, mit der ein Fremdatom an eine Versetzung gebunden wird. Im allgemeinen übt eine Versetzung vermöge ihres elastischen Deformationsfeldes nach Gl. (II. 156) eine Kraft auf ein Fremdatom aus. Bringt man dieses von einem Platz mit der Deformation 0 an einen Platz mit der Deformation ε_{ij} in der Nähe der Versetzung, so kann man gegebenenfalls Energie gewinnen, wie von Gl. (II. 165) folgt. Die Wanderung solch eines Atoms wird immer erst durch Mithilfe der Temperaturschwankungen ermöglicht. Bei Anlegen einer Schubspannung vermag nun (jedenfalls bei Zimmertemperatur) eine Versetzung mit einer wesentlich größeren Geschwindigkeit zu gleiten, als ihr das Fremdatom, welches natürlich bei der Versetzung zu bleiben bestrebt ist, folgen kann. Es besteht also bei angelegter Schubspannung eine Tendenz, die Versetzung und das Fremdatom zu trennen. Dazu ist aber eine Energiezufuhr notwendig, die dem Betrag nach gleich der „Bindungsenergie" des Fremdatoms an die Versetzung ist. Nach Cottrell ist im Normalzustand jede Versetzung von einer ganzen „Wolke" von C-Atomen umgeben, so daß insgesamt eine ziemlich große Energiezufuhr notwendig ist, um die Versetzung von dieser Wolke loszureißen und ihr so zu ihrer eigentlichen Beweglichkeit zu verhelfen. Dies führt zu dem bekannten Streckgrenzeneffekt[2].

Wir wollen jetzt die Wechselwirkung des C-Atoms mit einer Schraubenversetzung untersuchen, wobei wir uns methodisch der Darstellung von Cochardt, Schöck und Wiedersich [16] anschließen[3].

Im Eisen verlaufen die Schraubenversetzungen in $\langle 111 \rangle$-Richtungen. Wir beschränken uns zunächst darauf, die Wechselwirkung eines Kräftedipols P_{11} mit einer Schraubenversetzung in [111]-Richtung zu berechnen. Ausgangspunkt sind die beiden Gleichungen

$$K_k = P_{ij}\, V_k\, \varepsilon_{ij} \tag{V. 7}$$

$$U = -\, P_{ji}\, \varepsilon_{ij} \tag{V. 8}$$

[1] Diese Aussage gilt im Fall des kubisch flächenzentrierten Gitters, nicht aber ohne weiteres für das hexagonale Gitter, da in letzterem die elastische Nachgiebigkeit gegenüber den einzelnen Dipolen von deren Richtung abhängt, man also verschiedene Dipolstärken braucht, um gegenüberliegende Atome um den gleichen Betrag auseinander zu schieben.

[2] Nach neuesten Überlegungen von Seeger [135] muß diese Begründung noch modifiziert werden.

[3] Cottrell und Bilby hatten das C-Atom im wesentlichen als Dilatationszentrum P_{ii} beschrieben und daher nach Gl. (II. 165) keine Wechselwirkung mit einer Schraubenversetzung bekommen, da ε_{ii} für eine Schraubenversetzung nach Gl. (II. 118) verschwindet. Wie diese Autoren selbst bemerkten, und wie besonders Crussard [27] und Nabarro [107] betonten, sollten sich bei Berücksichtigung der Tetragonalität der Verzerrungen infolge eines C-Atoms Wechselwirkungen mit Schraubenversetzungen ergeben. Dies wurde zuerst von Cochardt, Schöck und Wiedersich quantitativ untersucht. Diese verwendeten zwar explizit keine Kräftedipole, aber ihre Methode ist der unserigen doch sehr ähnlich.

von § 19. In Polarkoordinaten ϱ, φ, z mit z-Richtung $= [111]$ und $\varphi = 0$ in $[\bar{2}11]$-Richtung hat das Deformationsfeld, welches von dem Spannungsfeld (II. 118) der Schraubenversetzung folgt, nur die Komponenten

$$\varepsilon_{z\varphi} = \varepsilon_{\varphi z} = \frac{b}{4\pi\varrho}. \qquad (V.\ 9)$$

Nach Gl. (V. 8) wird auf einen Dipol im Feld solch einer Schraubenversetzung nur dann eine Kraft ausgeübt, wenn er ebenfalls eine $z\varphi$- bzw. φz-Komponente hat. Der Kräftedipol als Tensor kann nun auf das ϱ, φ, z-System transformiert werden, nach den übliche Regeln ist

$$P_{z\varphi} = P_{\varphi z} = (\boldsymbol{i}_\varphi \cdot \boldsymbol{i}_1)\,(\boldsymbol{i}_z \cdot \boldsymbol{i}_1)\,P_{11}. \qquad (V.\ 10)$$

Setzen wir $\boldsymbol{i}_\varphi = \boldsymbol{i}_{\varphi_0} \cos\varphi + \boldsymbol{i}_{\varphi_{90}} \sin\varphi$, so ist $\boldsymbol{i}_{\varphi_0}$ der Einheitsvektor, welcher senkrecht auf den Vektoren $\boldsymbol{i}_z = [\sqrt{\tfrac{1}{3}}, \sqrt{\tfrac{1}{3}}, \sqrt{\tfrac{1}{3}}]$ und $\boldsymbol{i}_{\varphi_{90}} = [\sqrt{\tfrac{2}{3}}, -\sqrt{\tfrac{1}{6}}, -\sqrt{\tfrac{1}{6}}]$ steht[1]. $\boldsymbol{i}_{\varphi_0} = \boldsymbol{i}_z \times \boldsymbol{i}_{\varphi_{90}}$ hat keine Komponente in x_1-Richtung, wie man leicht nachrechnet, so daß man für Gl. (V. 10) schließlich

$$P_{z\varphi} = P_{\varphi z} = \frac{\sqrt{2}}{3}\,P_{11} \sin\varphi \qquad (V\ 11)$$

erhält. Damit erfährt der Dipol nach Gl. (V. 7) , da $\varepsilon_{\varphi z}$ nur von ϱ abhängt, eine Kraft

$$K_\varrho = \frac{-b}{3\sqrt{2}\,\pi}\,\frac{\sin\varphi}{\varrho^2}\,P_{11}. \qquad (V.\ 12)$$

Dies ist eine Anziehungskraft im Bereich $0° < \varphi < 180°$, sonst eine Abstoßungskraft. Stellt man dieselbe Überlegung für P_{22} und P_{33} an, so erhält man Formeln, die aus Gl. (V. 12) folgen, wenn man dort φ durch $\varphi + 120°$ bzw. $\varphi + 240°$ ersetzt. Diese Symmetrie ist natürlich eine Folge der Tatsache, daß die $[111]$-Richtung mit den x_i-Achsen gleiche Winkel bildet.

Von Gl. (V. 8) erhält man sogleich mit (V. 9) und (V. 11) die Energie des Dipols P_{11} im elastischen Felde der Versetzung zu

$$U = -\frac{b\,P_{11}}{3\sqrt{2}\,\pi}\,\frac{\sin\varphi}{\varrho}. \qquad (V.\ 13)$$

Der Anwendung dieser Formeln auf den Fall des C-Atoms steht zunächst im Wege, daß die Dipolstärke des C-Atoms nicht bekannt ist. Diese kann man sich heute noch nur experimentell verschaffen, wobei man jedoch einer Theorie bedarf, welche es gestattet, die Dipolstärke mit den experimentell gemessenen Größen in Verbindung zu setzen. Ein in jedem Fall anwendbares Verfahren gibt es heute noch nicht.

---

[1] Man sieht sofort, daß diese $\boldsymbol{i}_z$ und $\boldsymbol{i}_{\varphi_{90}}$ die Einheitsvektoren in $[111]$- bzw. $[2\bar{1}\bar{1}]$-Richtung sind.

Eshelby [39] hat die folgende Methode zur Messung der Dipolstärke von Dilatationszentren angegeben: Man löse in einem reinen Metall A eine Anzahl von Atomen der Sorte B (z. B. Al in Cu) auf und messe die dabei auftretende Änderung der Gitterkonstanten. Diese hängt von der betreffenden Konzentration der Atome B in A ab und von der Stärke der Dilatationszentren. Eshelby hat die notwendigen Formeln für die Ermittelung von P_{ii} aus der Änderung der Gitterkonstanten angegeben.

Wir wollen jetzt zeigen, daß diese Methode auf den Fall beliebiger Kräftedipole erweiterungsfähig ist. Verteilt man statistisch eine Anzahl von Kräftedipolen in einem zuvor homogenen reinen Körper A, so ändert dieser i. allg. seine äußere Form und Größe. Nimmt man gewisse physikalische Volumenelemente an, die jedes sehr viele solcher Dipole enthalten, andererseits aber klein gegen die äußeren Dimensionen des Körpers sind, so kann man sagen, daß jedes Volumenelement durch die Dipolverteilung eine mittlere (makroskopische) Deformation ε_{ij}^Q (§ 6) eingeprägt bekommen hat. Setzen wir voraus, daß die Konzentration als Funktion der Volumenelemente konstant ist, was man experimentell i. allg. erreichen kann, so wird durch diese eingeprägten Deformationen der Zusammenhang des Körpers nicht gestört, d. h. es sind keine (makroskopischen) elastischen Deformationen notwendig, um den Körper kompakt zu lassen. Demnach ist die eingeprägte Deformation bereits die makroskopisch zu beobachtende Gesamtdeformation ε^G. Die makroskopischen Spannungen verschwinden.

Nun ist klar, daß man makroskopisch nicht unterscheiden kann, ob man in einem Volumenelement etwa 10^6 Dipole der Stärke A_{ij} oder 10^7 Dipole der Stärke $A_{ij}/10$ hat, m. a. W. wir können uns die N Dipole der Stärke P_{ij} durch eine konstante Dipoldichte p_{ij} ersetzt denken, die sich aus der Bedingung

$$\iiint\limits_V p_{ij}\, dV = p_{ij}\, V = N\, P_{ij} \qquad \text{(V. 14)}$$

bestimmt. Solch eine Dipoldichte, negativ genommen, hat Rieder [123] Extraspannung genannt, auch die Bezeichnung „eingeprägte Spannung" ist sinnvoll. Diese hängt mit der eingeprägten Deformation durch die Gleichung [123], [122]

$$p_{ij} = c_{ijkl}\, \varepsilon_{kl}^Q \qquad \text{(V. 15)}$$

zusammen, wie man leicht sieht[1]. Da p_{ij} bekannt ist, hat man zugleich die Gesamtdeformation $\varepsilon_{ij}^G = \varepsilon_{ij}^Q$ des Körpers. Umgekehrt erhält man

---

[1] Man denke sich gleichzeitig mit der Dipoldichte solche Oberflächenkräfte angebracht, daß zunächst keine Deformation stattfindet. Danach kann man die Volumenelemente ausschneiden und die Kräfte $p_{ij}\, dF_i$ messen, die man anbringen muß, wenn keine Verrückungen stattfinden sollen. Die anschließende Deformation bei der Entspannung ist natürlich mit diesen

bei bekannter Konzentration N/V und Gesamtdeformation ε_{ij}^{G} sofort die Dipolstärke zu

$$P_{ij} = (V/N)\, c_{ijkl}\, \varepsilon_{kl}^{G}. \qquad (\text{V. 16})$$

Die Methode gilt wegen Annahme des Hookeschen Gesetzes (V. 15) nur für kleine Deformationen. Solche kann man als Änderung der Gitterkonstanten bequem messen[1]. Allerdings bedarf es wieder nicht ganz einfacher Überlegungen, um sich zu vergewissern, daß das, was man röntgenographisch als Änderung der Gitterkonstanten feststellt, wirklich direkt gleich der makroskopischen Deformation ist. Denn mikroskopisch hat man natürlich sehr wohl Spannungen und elastische Deformationsfelder, welche in Abständen der Größenordnung des mittleren Abstandes der Dipole ihr Vorzeichen wechseln. Die diesbezüglichen Untersuchungen von Miller und Russel [101], Huang [66], Teltow [150] und Eshelby [39] scheinen diese Frage indessen positiv zu beantworten[2].

Im kubisch raumzentrierten Eisen-Kohlenstoff sind die C-Atome über die drei möglichen Lagen — wir wollen sie sinngemäß die 1-, 2- und 3-Lagen nennen — statistisch verteilt. In diesem Fall kann man nur eine gleichmäßige Dilatation des Gitters feststellen und nur eine Durchschnittsaussage über die P_{ij} erhalten. Im Martensit dagegen sind die C-Atome tetragonal angeordnet (z. B. alle in der 1-Lage), man erwartet dann einen starken Dipol P_{11} und zwei schwache Dipole P_{22} und P_{33}.

Für 1 Gew.-% C in Fe (entsprechend $V/N = 2{,}58 \cdot 10^{-22}$ cm³) geben Kurdjumov und Kaminski [85] eine Zunahme der Gitterkonstanten c in 1-Richtung von 2,86 auf 2,96 Å an, während gleichzeitig das Verhältnis c/a von 1,0 auf 1,04 ansteigt. (a = Gitterkonstante in 2- bzw. 3-Richtung). Dies bedeutet die Dehnungen $\varepsilon_{11}^{G} = 0{,}035$, $\varepsilon_{22}^{G} = \varepsilon_{33}^{G} = -0{,}0048$. Mit $c_{1111} = 2{,}37 \cdot 10^{12}$ dyn/cm², $c_{1122} = 1{,}41 \cdot 10^{12}$ dyn/cm² folgt[3] aus Gl. (V. 16) leicht[4]

$$P_{11} = 11{,}2 \text{ eV}, \qquad P_{22} = P_{33} = 4{,}6 \text{ eV}. \qquad (\text{V. 17})$$

Spannungen durch das Hookesche Gesetz verbunden. Man sieht zugleich daß man mit kleinen p_{ij}, d. h. kleinen Konzentrationen arbeiten muß, da sonst Gl. (V. 15) nicht mehr gilt.

[1] Da man die Probe zwecks Einbringen der Dipole im allgemeinen, aufschmelzen muß, kann man ihre äußeren Dimensionen ohne und mit Dipolen nur schlecht vergleichen.

[2] Vgl. die Diskussion von Eshelby [39].

[3] Es ist $c_{1111} = c_{2222} = c_{3333} \equiv c_{11}$, $c_{1122} = c_{1133} = c_{2211}$ usw. $\equiv c_{12}$. c_{11} und c_{12} sind bei Zener [158], S. 17 entnommen.

[4] 1 eV 1,60 $\cdot$ 10^{-12} erg.

Von Gl. (V. 13) und den entsprechenden Formeln für P_{22} und P_{33} erhält man dann die Energie des das C-Atom darstellenden Gesamtdipols im Abstand b von der Schraubenversetzung und für $\varphi = 90°$ (wo $|U|$ maximal wird) zu $0,5$ eV[1].

Kurz noch eine Anwendung auf den wichtigen Snoek-Effekt [146][2]. Legt man an den Kristall von Abb. 36a eine Spannung σ_{11}, so daß er in x_1-Richtung gedehnt wird, so werden die C-Atome gern in die 1-Lagen (Abb. 36b) überwechseln, da sie hier mehr Platz haben. Die Gesamtdeformation setzt sich jetzt aus einem elastischen Anteil $\varepsilon_{ij} = s_{ijkl}\,\sigma_{kl}$ und einer zusätzlichen quasiplastischen Deformation $\varepsilon_{ij}^Q = s_{ijkl}\,p_{kl}$ (Gl. (V. 15)) zusammen, wo p_{kl} die infolge des Übergangs von n Dipolen aus der 2- und 3-Lage in die 1-Lage auftretende Änderung der Dipoldichte ist. Die Gesamtdeformation ist also

$$\varepsilon_{ij}^G = s_{ijkl}\,(\sigma_{kl} + p_{kl}). \qquad (V.\ 18)$$

Hierin soll jetzt p_{kl} durch bekannte Größen ausgedrückt werden. P_{ij}^1, P_{ij}^2, P_{ij}^3 seien die Dipole in den drei Lagen. Dann folgt von Gl. (V. 14) wegen der Gleichwertigkeit von P_{ij}^2 und P_{ij}^3

$$p_{kl} = \frac{n}{V}\,(P_{kl}^1 - P_{kl}^2). \qquad (V.\ 19)$$

Hierin gewinnt man n nach Zener [158] sehr einfach aus der Boltzmann-Statistik zu

$$n = -\frac{2}{9}\,N\,\frac{U_1 - U_2}{kT}\,, \qquad \text{für } \frac{|U_1 - U_2|}{kT} \ll 1, \qquad (V.\ 20)$$

wo U_1 die elastische Energie des Dipols in der 1-Lage ist, entsprechend U_2. Von Gl. (V. 8) folgt

$$U_1 - U_2 = -(P_{ij}^1 - P_{ij}^2)\,\varepsilon_{ij}\,, \qquad (V.\ 21)$$

womit man

$$p_{kl} = \frac{2}{9}\,\frac{N}{V\,kT}\,(P_{kl}^1 - P_{kl}^2)\,(P_{ij}^1 - P_{ij}^2)\,\varepsilon_{ij} \qquad (V.\ 22)$$

erhält. Hierin schreiben wir $\varepsilon_{ij} = s_{ijmn}\,\sigma_{mn}$ und setzen dann p_{kl} in Gl. (V. 18) ein. Es ergibt sich so

$$\varepsilon_{ij}^G = (s_{ijkl} + \Delta s_{ijkl})\,\sigma_{kl} \qquad (V.\ 23)$$

---

[1] Die Diskrepanz gegenüber dem Wert $0,75$ von Cochardt und Mitarbeitern rührt daher, daß diese Autoren die isotropen E-Moduln verwendet haben. Dies ist ein praktisch bedeutsames und lehrreiches Beispiel dafür, wie groß die Differenz sein kann, wenn man die elastische Anisotropie der Kristalle nicht berücksichtigt.

[2] Der Snoek-Effekt wird viel zur Bestimmung kleinster C-Gehalte in Fe benützt [75]. Zener [158] hat diesen Effekt sehr befriedigend theoretisch behandelt, wir schließen uns z. T. seiner Darstellung an. Neu und eindringlich ist die Zurückführung der Relaxation der elastischen Koeffizienten s_{ijkl} auf den das C-Atom darstellenden Kräftedipol.

mit

$$\Delta s_{ijkl} = \frac{2}{9}\,\frac{N}{VkT}\,Q_{ij}\,Q_{kl}\,, \qquad Q_{ij} \equiv s_{ijmn}\,(P^1_{mn} - P^2_{mn})\,. \qquad (\text{V. 24})$$

$s_{ijkl} + \Delta s_{ijkl}$ nennt man die „relaxierten" elastischen Koeffizienten, man mißt sie statisch als Verhältnis von Gesamtdeformation zu angelegter Spannung. Dagegen kann man die „unrelaxierten" elastischen Koeffizienten s_{ijkl} an schwingenden Stäben messen, wo die Schwingungsdauer so kurz ist, daß die Umordnung der Dipole (die „Relaxation"), die immer eine endliche Zeit benötigt, nicht stattfinden kann. Zener, dessen zahlenmäßige Ergebnisse im wesentlichen dieselben sind wie unsere, hat weiter beschrieben, in welcher Weise Δs_{ijkl} ein Maß für die Größe der beobachteten Dämpfung ist. Hierüber und über den Vergleich mit den experimentellen Ergebnissen, der sehr befriedigend ausfällt, vgl. Zener [158].

Zum Schluß gehen wir noch kurz auf die Polarisierbarkeit ein (§ 19). Wir nehmen an, die Probe enthalte keine Dipole, dafür aber Zentren, die polarisiert werden können. Ein wichtiges Beispiel sind die Gitterlücken in vielen kubisch flächenzentrierten Kristallen[1]. Einen solchen Stoff kann man in Analogie zu den Verhältnissen in der Elektrodynamik als „dielastisch" bezeichnen, im Gegensatz zu einem Körper mit Dipolen, der „parelastisch" zu nennen wäre. Die parelastischen Körper haben immer auch eine gewisse Dielastizität.

Legt man z. B. eine homogene Spannung σ_{ij} an einen dielastischen Stab, so werden in ihm Dipole P^{ind}_{ij} in einer Dichte p^{ind}_{ij} induziert. Man erhält also

$$\sigma_{ij} + p^{\text{ind}}_{ij} = c'_{ijkl}\,\varepsilon_{kl} \qquad (\text{V. 25})$$

an Stelle des gewöhnlichen Hookeschen Gesetzes

$$\sigma_{ij} = c_{ijkl}\,\varepsilon_{ki}\,, \qquad (\text{V. 26})$$

wie es sich bei Abwesenheit der Dielastizität ergeben würde. Kombination der beiden Gleichungen ergibt

$$p^{\text{ind}}_{ij} = (c'_{ijkl} - c_{ijkl})\,\varepsilon_{kl} \qquad (\text{V. 27})$$

und

$$r_{ijkl} = c'_{ijkl} - c_{ijkl} \qquad (\text{V. 28})$$

ist die „elastische Suszeptibilität" der Probe. Wegen $p^{\text{ind}}_{ij} = P^{\text{ind}}_{ij}\,N/V$ ist die elastische Polarisierbarkeit von Gl. (II. 169) durch

$$R_{ijkl} = r_{ijkl}\,V/N \qquad (\text{V. 29})$$

---

[1] Daß die Dipolstärke dieser Gitterlücken annähernd Null ist, wurde kürzlich von Seeger und Bross [142] elektronentheoretisch berechnet.

gegeben. c'_{ijkl} und c_{ijkl} lassen sich als elastische Moduln einer Probe mit und ohne Polarisationszentren in vielen Fällen gut messen, so daß die Polarisierbarkeit einer Fehlstelle oft relativ einfach zu erhalten ist[1]. Die Wechselwirkung der dielastischen Gitterfehlstellen wird im wesentlichen durch die Polarisierbarkeit bestimmt. Diese ist eine kurzreichende Wechselwirkung (Kraft proportional der -6. Potenz des Abstandes), während die Kraft zwischen den Dipolen mit der -4. Potenz geht.

§ 32. Anwendungen des Spannungsfunktionstensors χ' auf rotationssymmetrische und dreidimensionale Probleme

Es seien ϱ, φ, z Zylinderkoordinaten, i_ϱ, i_φ, i_z die zugehörigen Basisvektoren (Betrag 1). Die Komponenten des Spannungsfunktionstensors χ' mögen von φ nicht abhängen. Dann schreiben sich die Nebenbedingungen $V_i \chi'_{ij} = 0$ von § 12, wie man leicht nachrechnet,

$$\frac{\partial (\varrho\, \chi'_{\varrho\varrho})}{\partial \varrho} - \chi'_{\varphi\varphi} + \varrho\, \frac{\partial \chi'_{\varrho z}}{\partial z} = 0 \tag{V. 30}$$

$$\frac{1}{\varrho^2} \frac{\partial (\varrho^2\, \chi'_{\varrho\varphi})}{\partial \varrho} + \frac{\partial \chi'_{z\varphi}}{\partial z} = 0 \tag{V. 30'}$$

$$\frac{1}{\varrho} \frac{\partial (\varrho\chi'_{\varrho z})}{\partial \varrho} + \frac{\partial \chi'_{zz}}{\partial z} = 0. \tag{V. 30''}$$

Sind sie erfüllt, so folgen die Spannungen am einfachsten von Gl. (II. 23)

$$\boldsymbol{\sigma} = 2G \left[\Delta \boldsymbol{\chi}' + \frac{m}{m-1} (VV - \Delta I)\, \chi'_I \right]$$

mit $\chi'_I \equiv \chi'_{\varrho\varrho} + \chi'_{\varphi\varphi} + \chi'_{zz}$. Es ist mit $\chi'_{\varrho\varrho} + \chi'_{\varphi\varphi} = \chi'_+$, $\chi'_{\varrho\varrho} - \chi'_{\varphi\varphi} = \chi'_-$

$$(\sigma_{\varrho\varrho} + \sigma_{\varphi\varphi})/2G = \Delta\, \chi'_+ - \frac{m}{m-1}\left(\Delta + \frac{\partial^2}{\partial z^2}\right) \chi'_I$$

$$(\sigma_{\varrho\varrho} - \sigma_{\varphi\varphi})/2G = \left(\Delta - \frac{4}{\varrho^2}\right) \chi'_- + \frac{m}{m-1}\left(\frac{\partial^2}{\partial \varrho^2} - \frac{1}{\varrho}\frac{\partial}{\partial \varrho}\right)) \chi'_I$$

$$\sigma_{zz}/2G = \Delta\chi'_{zz} - \frac{m}{m-1}\left(\Delta - \frac{\partial^2}{\partial z^2}\right) \chi'_I\,,$$

$$\sigma_{\varrho z}/2G = \left(\Delta - \frac{1}{\varrho^2}\right) \chi'_{\varrho z} + \frac{m}{m-1}\frac{\partial^2}{\partial \varrho\, \partial z} \chi'_I$$

$$\sigma_{\varphi z}/2G = \left(\Delta - \frac{1}{\varrho^2}\right) \chi'_{\varphi z}\,, \qquad \sigma_{\varrho\varphi}/2G = \left(\Delta - \frac{4}{\varrho^2}\right) \chi'_{\varrho\varphi}\,.$$

---

[1] Die effektiven Moduln c'_{ijkl} einer Probe mit Polarisationszentren erscheinen gegenüber den Moduln ohne Zentren je nach dem Vorzeichen von $p^{\text{ind}}_{ij}/\varepsilon_{kl}$ verkleinert oder vergrößert. Nach Zener [159] haben alle Eigenspannungsquellen noch einen weiteren, die Moduln stets herabsetzenden Effekt. Dieser wird auf eine Erhöhung der Schwingungsentropie des Körpers mit zunehmender elastischer Verformung zurückgeführt, ist also im Gegensatz zu unserem Effekt wesentlich temperaturabhängig. Daher sollte er experimentell abgetrennt werden können.

Nun genügen die cartesischen Komponenten von χ'_{ij} der Gl. (II. 20)

$$\Delta\Delta\,\chi'_{ij} = \eta_{ij}\,. \tag{V. 31}$$

Hieraus folgt sogleich

$$\Delta\Delta\chi'_+ = \eta_+\,, \quad \Delta\Delta\chi'_{zz} = \eta_{zz}\,. \tag{V. 32}$$

Etwas mühsamer leitet man die übrigen Gleichungen ab:

$$\left(\Delta - \frac{4}{\varrho^2}\right)\left(\Delta - \frac{4}{\varrho^2}\right)\chi'_- = \eta_-\,, \quad \left(\Delta - \frac{4}{\varrho^2}\right)\left(\Delta - \frac{4}{\varrho^2}\right)\chi'_{\varrho\varphi} = \eta_{\varrho\varphi} \tag{V. 32'}$$

$$\left(\Delta - \frac{1}{\varrho^2}\right)\left(\Delta - \frac{1}{\varrho^2}\right)\chi'_{\varrho z} = \eta_{\varrho z}\,, \quad \left(\Delta - \frac{1}{\varrho^2}\right)\left(\Delta - \frac{1}{\varrho^2}\right)\chi'_{\varphi z} = \eta_{\varphi z}\,. \tag{V. 32''}$$

Da $\nabla_i\,\eta_{ij} = 0$ ist, unterliegt η_{ij} natürlich den zu (V. 30) entsprechenden Einschränkungen. Man sieht, daß durch die Differentialgleichungen zunächst die Komponenten von χ' nicht miteinander gekoppelt sind, durch die Bedingungen (V. 30) werden dagegen immer $(\chi'_{\varrho\varrho},\ \chi'_{\varphi\varphi},\ \chi'_{\varrho z})$, $(\chi'_{\varrho\varphi},\ \chi'_{\varphi z})$ und $(\chi'_{zz},\ \chi'_{\varrho z})$ miteinander verbunden. Oft kann man von vornherein sagen, daß $\sigma_{\varphi z} = \sigma_{\varphi\varrho} = 0$ ist, dann kann man $\chi'_{\varphi z}$ und $\chi'_{\varphi\varrho}$ gleich außer acht lassen. Falls nun weiter $\eta_{\varrho z} = \eta_{zz} = 0$ ist, benötigt man zur Gewinnung des partikulären Integrals nur noch $\chi'_{\varrho\varrho}$ und $\chi'_{\varphi\varphi}$. Obwohl wir noch keinen strengen Beweis finden konnten, ist es sehr wahrscheinlich, daß alle Spannungszustände, in denen Div $\boldsymbol{\sigma}$, $\boldsymbol{\eta}$, $\sigma_{\varphi z}$, $\sigma_{\varrho\varphi}$ verschwinden, allein durch $\chi'_{\varrho\varrho}$ und $\chi'_{\varphi\varphi}$ ausgedrückt werden können. Es handelt sich dabei um die Spannungszustände, zu deren Berechnung sonst i. allg. die Lovesche Verschiebungsfunktion verwendet wird. Den Fall $\chi'_{\varphi z} = \chi'_{\varphi\varrho} = \chi'_{\varrho z} = \chi'_{zz} = 0$ wollen wir allein weiterhin betrachten.

Bemerkenswerterweise läßt sich nun $\chi'_{\varphi\varphi}$ nach Gl. (V. 30) durch $\chi'_{\varrho\varrho}$ ausdrücken. Man kann die Bedingungen (V. 30) auch in $\chi'_{\varrho\varrho}$ und χ'_+ bzw. χ'_- schreiben, entsprechendes gilt für $\boldsymbol{\eta}$:

$$\chi'_+ = \frac{1}{\varrho}\frac{\partial(\varrho^2\,\chi'_{\varrho\varrho})}{\partial\varrho}\,, \quad \chi'_- = -\varrho\frac{\partial\chi'_{\varrho\varrho}}{\partial\varrho}\,; \quad \eta_+ = \frac{1}{\varrho}\frac{\partial(\varrho^2\,\eta_{\varrho\varrho})}{\partial\varrho}\,, \quad \eta_- = -\varrho\frac{\partial\eta_{\varrho\varrho}}{\partial\varrho}\,. \tag{V. 33}$$

Die Spannungen schreiben sich nunmehr

$$(\sigma_{\varrho\varrho} + \sigma_{\varphi\varphi})/2G = \Delta\chi'_+ - \frac{m}{m-1}\left(\Delta + \frac{\partial^2}{\partial z^2}\right)\chi'_+$$

$$(\sigma_{\varrho\varrho} - \sigma_{\varphi\varphi})/2G = \left(\Delta - \frac{4}{\varrho^2}\right)\chi'_- + \frac{m}{m-1}\left(\frac{\partial^2}{\partial\varrho^2} - \frac{1}{\varrho}\frac{\partial}{\partial\varrho}\right)\chi'_+\,,$$

$$\chi'_- = 2\chi'_{\varrho\varrho} - \chi'_+$$

$$\sigma_{zz}/2G = -\frac{m}{m-1}\left(\Delta - \frac{\partial^2}{\partial z^2}\right)\chi'_+$$

$$\sigma_{\varrho z}/2G = \frac{m}{m-1}\frac{\partial^2}{\partial z\,\partial\varrho}\chi'_+\,. \tag{V. 34}$$

Durch Addition der sich auf η_+ und η_- beziehenden Gln. (V. 32) und (V. 32') erhält man mit (V. 33)

$$\Delta'\Delta'\chi_{\varrho\varrho} = \eta_{\varrho\varrho}, \qquad \Delta' = \Delta + \frac{2}{\varrho}\frac{\partial}{\partial\varrho}. \tag{V. 35}$$

Ist nun $\chi'_+ = 0$, so folgt von Gl. (V. 33), daß $\varrho^2\chi'_{\varrho\varrho}$ nur noch die Form $f(z)$ haben kann. Hat man $\eta = 0$, so kann $f(z)$ nur ein Polynom 3. Grades sein (da sonst Gl. (V. 35) nicht erfüllt ist). Die zu $f(z)$ gehörigen Spannungen folgen von Gl. (V. 34) leicht zu $\sigma_{\varrho\varrho} = -\sigma_{\varphi\varphi} = (c_0 + c_1 z)/\varrho^2$, alle anderen Komponenten verschwinden. Sofern dieser relativ triviale Spannungszustand in dem betrachteten Körper nicht vorhanden ist[1] (was z. B. für jeden konvexen, durch Oberflächenkräfte beanspruchten Körper zutrifft) ist die Funktion χ'_+ (und damit auch χ'_-) mit $\chi'_{\varrho\varrho}$ gleichwertig. Man kann dann etwa χ'_+ berechnen, hieraus mit Hilfe der von Gl. (V. 33) folgenden Formel

$$\chi'_{\varrho\varrho} = \frac{1}{\varrho^2}\int \varrho\chi'_+ \, d\varrho \tag{V. 36}$$

$\chi'_{\varrho\varrho}$ berechnen, wonach sich die Spannungen von Gl. (V. 34) durch Differentiationen 2. Ordnung ergeben. Sofern man von vornherein $\chi'_{\varrho\varrho}$ berechnet, braucht man dreimalige Differentiationen, um zu den Spannungen zu kommen. Wir verzichten darauf, die Gln. (V. 34) in $\chi'_{\varrho\varrho}$ aufzuschreiben.

Die z. Z. noch ungelöste Frage ist es, wie man die Randbedingungen günstig in $\chi'_{\varrho\varrho}$ oder χ'_+ ausdrücken kann. Jede biharmonische Funktion $\chi'_{\varrho\varrho}$ oder χ'_+ ergibt einen möglichen Spannungszustand, so daß also das Randwertproblem zweifach harmonisch ist. Daraus möchte man schließen, daß tatsächlich die Gesamtheit der von der Loveschen Funktion (bei Div $\sigma = 0$) erfaßten Spannungszustände auch von $\chi'_{\varrho\varrho}$ bzw. χ'_+ erfaßt werden. Da man bei den letzten Funktionen etwas näher bei den Spannungen ist, könnte die Lösung des Randwertproblems mit diesen Funktionen von einiger praktischer Bedeutung sein.

Diese Betrachtungen zeigen die große Vielfalt der Möglichkeiten, die der Spannungsfunktionstensor bietet, so daß man sich einem gegebenen Problem weitgehend anpassen kann. Dies gilt besonders bezüglich der Verwendung der zu krummlinigen Koordinaten gehörigen Komponenten des Spannungsfunktionstensors. Wir hatten hier von vornherein die Nebenbedingungen $V_i\chi'_{ij} = 0$ gewählt, es gibt jedoch noch zahlreiche weitere Möglichkeiten, über die z. Z. fast nichts bekannt ist.

Wir wollen jetzt eine Anwendung auf kreisförmige Versetzungen geben. Eine solche liege in der Ebene $z = 0$ mit Kreismittelpunkt im

---

[1] Andernfalls kann man ihn wohl auch irgendwie von dem Gesamtzustand abziehen. Die meisten der bisherigen Ergebnisse dieses § für den Fall $\eta = 0$ findet man bei Marguerre [98].

Ursprung, ihr Radius sei R. Das Spannungsfunktionsfeld dieser Versetzung wird nach Gl. (II. 107) im wesentlichen durch das Integral

$$\oint x\, dL_i'$$ (V. 37)

gegeben, von dem man leicht zeigen kann, daß es die Form

$$F(\varrho, z)\, \boldsymbol{i}_\varphi$$ (V. 38)

hat. Nach Franz und Kröner [53] ist dabei

$$F = \frac{s^3}{3k}\,[2k'\,\boldsymbol{K} - (2 - k^2)\,\boldsymbol{E}].$$ (V. 39)

Hierin bedenten $\boldsymbol{K} \equiv \boldsymbol{K}(k)$ und $\boldsymbol{E} \equiv \boldsymbol{E}(k)$ die vollständigen elliptischen Integrale 1. und 2. Gattung. Ferner ist

$$k \equiv \frac{4\varrho\, R}{s^2}, \qquad s^2 \equiv z^2 + (R + \varrho)^2, \qquad k'^2 \equiv 1 - k^2.$$ (V. 40)

Aus F folgen die Spannungsfunktionen von Gl. (II. 107), wie man leicht nachrechnet, zu

$$\chi_{\varrho\varrho}' = \frac{b}{4\pi}\,\frac{F}{\varrho}, \qquad \chi_{\varphi\varphi}' = \frac{b}{4\pi}\,\frac{\partial F}{\partial \varrho},$$ (V. 41)

die übrigen Komponenten von χ' verschwinden. Diese Gleichung gilt für den Fall, daß der Burgers-Vektor (Betrag b) der Versetzung in z-Richtung zeigt, nur dann ist das Problem rotationssymmetrisch.

Von Gl. (V. 41) ausgehend hat Verf. eine Anordnung paralleler äquidistanter Kreisversetzungen mit gleichem Radius behandelt [79]. Diese Anordnung ist der bekannten Stromspule in der Elektrotechnik sehr ähnlich. Nimmt man die Spule sehr lang im Vergleich zum Radius R, so kann man die gleichen Näherungen wie bei der Stromspule verwenden, man erhält dann innerhalb der Spule

$$\sigma_{\varrho\varrho} = \sigma_{\varphi\varphi} = \frac{-G}{m-1}\,\nu\, b, \qquad \sigma_{zz} = \frac{-2\,G\,m}{m-1}\,\nu\, b$$ (V. 42)

und außerhalb

$$\sigma_{\varrho\varrho} = -\sigma_{\varphi\varphi} = \frac{-G}{m-1}\,\nu\, b\,\frac{R^2}{\varrho^2}$$ (V. 42')

($\nu = $ Windungszahl pro Längeneinheit). Alle übrigen Komponenten verschwinden in dieser Näherung. Der Zustand außerhalb ist gerade der oben beschriebene Zustand mit $\chi_+' = 0$. Die Energie pro Einheit des Spulenvolumens ergibt sich zu

$$e = \frac{m\,G}{m-1}\,\nu^2\, b^2.$$ (V. 43)

Es macht keine prinzipielle Schwierigkeiten, dieses Problem exakt unter Verwendung der elliptischen Integrale zu behandeln[1].

Rechnungen dieser Art sind für gewisse Probleme der Metallphysik von Bedeutung. Man sieht das Wesentliche an dem folgenden Problem: Bei der Kaltaushärtung der wichtigen Aluminium-Kupfer-Legierungen (Duralumin) gibt es u. a. die beiden folgenden Zustände: Man hat flächenhafte Ansammlungen von Cu-Atomen in $\{100\}$-Ebenen des Al-Gitters, und zwar wahrscheinlich einatomare kupferreiche Schichten. Diese sind in einem Zustand statistisch verteilt (sie heißen dann „Guinier-Preston-Zonen I), im anderen ordnet sich eine Anzahl von ihnen parallel zu Komplexen an (Guinier-Preston-Zonen II)[2].

Man kann den Vorgang der Cu-Anreicherung so beschreiben, daß eine Teilnetzebene von Atomen im Al-Gitter herausgenommen und durch Cu-Atome ersetzt wird. Nun ist die Cu-Schicht „dünner", so daß effektiv eine Schicht von der Dicke der Differenz des Netzebenenabstandes in Al (d^{Al}) und Cu (d^{Cu}) fehlt. Der Zusammenhang wird indessen durch die atomaren Kohäsionskräfte wieder hergestellt, man erhält elastische Reaktionen, die Cu-Schicht wirkt wie eine Versetzungslinie mit Burgers-Vektor vom Betrag $b = d^{Al} - d^{Cu}$ in z-Richtung, wenn diese die Richtung senkrecht auf der Schicht ist. Man behandelt nun diese „Quasiversetzungen" (es sind keine vollständigen Stufenversetzungen, da die Netzebene ja nicht aufhört) näherungsweise als kreisförmig. Experimentell wird beobachtet, daß sie sich (jedenfalls in bestimmten Temperaturbereichen) gern übereinander zu einer „Spule" anordnen. Da die Burgers-Vektoren der einzelnen Versetzungen zueinander parallel verlaufen, sollte man eher das Gegenteil erwarten, denn gleichartige Versetzungen mit parallelem Burgers-Vektor stoßen sich nach § 18 ab.

Den umgekehrten Effekt kann man nach Franz und Kröner [53] so verstehen, daß etwa eine der mittleren Cu-Schichten des Komplexes von einer vollständigen Versetzung entgegengesetzten Burgers-Vektors berandet wird, d. h. diese Schicht setzt sich nicht als eine Al-Netzebene nach außen fort. Da der Burgers-Vektor dieser Versetzung wesentlich größer ist als derjenige der Quasiversetzungen, kann sie eine so große Zahl von Quasiversetzungen anziehen, bis die Summe aller Burgers-Vektoren des Komplexes Null ist. Damit sind dann die weitreichenden, Energie verzehrenden Spannungsfelder abgebaut. Als wahrscheinliche

---

[1] Die Spannungen bei dem bekannten Problem des Aufschrumpfens eines Hohlzylinders auf einen Vollzylinder mit etwas größerem Radius kann man auf eine Versetzungsanordnung in der Grenzfläche zurückführen. Diese Versetzungen verlaufen nach Gl. (I. 77) aber in z-Richtung und haben ihren Burgers-Vektor in φ-Richtung. Unser Problem entspricht dem Zusammenschweißen zweier Zylinder wie oben, wobei jedoch der innere gegenüber dem äußeren in der Längsrichtung elastisch gedehnt ist.

[2] Vgl. z. B. Gerold [59] oder Hardy und Heal [63].

Anordnung der Schichten in den Guinier-Preston-Zonen II gilt heute: Jede vierte Netzebene ist eine kupferreiche[1]. Als Zahl der Schichten in einem Komplex ergibt sich sechs [53], die Vertikalanordnung einer Zone ist somit gleich 21 Netzebenen entsprechend etwas über 40 Å in befriedigender Übereinstimmung mit den z. Z. nur schwer genau zu deutenden Experimenten.

Man kann in analoger Weise auch die Phasengrenzen zwischen zwei reinen Metallen A und B behandeln. Nehmen wir einfachheitshalber an, daß die Gitterkonstanten von A und B sich nur in z-Richtung unterscheiden und die Phase B innerhalb A einen Kreiszylinder mit z-Richtung als Achse bilde. Ist die genannte Gitterkonstante d^B von B kleiner als diejenige von A, so muß ab und zu einmal eine Netzebene von B aufhören, andernfalls würde man die große Energie (V. 43) erhalten. Man kann wieder jede Netzebene von B als eine Quasiversetzung vom Burgers-Vektor mit Betrag $d^A - d^B$ auffassen. Ist z. B. $d^A - d^B = d^B/5$, so muß immer nach 5 Netzebenen eine vollständige Versetzung kommen. Danach kann man diese Phasengrenze durch die Anordnung von Versetzungen und Quasiversetzungen, die in Abb. 38 gezeigt ist, beschreiben; während die Versetzungen und die Quasiversetzungen je für

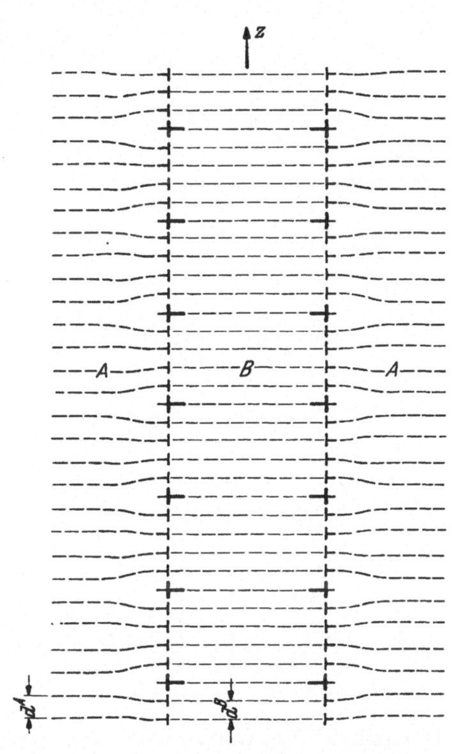

Abb. 38. Phasengrenze als flächenhafte Versetzungsanordnung. Gestrichelt: Netzebenen. Längsschnitt

sich starke Eigenspannungsquellen sind (§ 23), wirken beide zusammen im wesentlichen wie eine Flächenbelegung von „Versetzungsdipolen" (oder „Inkompatibilitätsquadrupolen", § 23), ihre elastischen Wirkungen und damit ihre elastische Energie ist klein. Wollte man sie berechnen,

---

[1] Ist nur jedes zweite Atom in einer Schicht ein Cu-Atom, so verdoppelt sich die Vertikalausdehnung ungefähr. Experimentell ist dies heute noch nicht entschieden worden.

so hätte man bezüglich der Grenzfläche ein Randwertproblem zu lösen und die verschiedenen elastischen Konstanten innen und außen zu berücksichtigen.

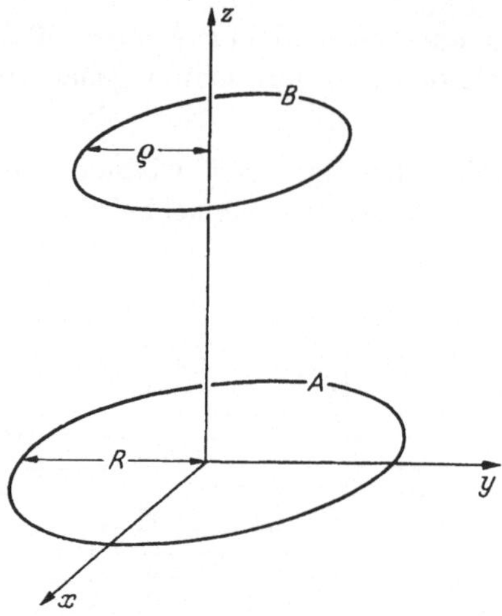

Abb. 39. Zur Berechnung der Wechselwirkungsenergie kreisförmiger Versetzungen

Um den Energiegewinn beim Übergang von den Guinier-Preston-Zonen I zu den Zonen II zu berechnen, genügt natürlich die Formel (V. 43) nicht mehr. Kröner und Franz [53] haben zu diesem Zweck die Wechselwirkungsenergie zweier koaxialer kreisförmiger Versetzungen mit Burgers-Vektor senkrecht zu den Versetzungsebenen unter Benützung der elliptischen Integrale nach Formel (II. 128) exakt ausgerechnet. Pfleiderer [117] hat die Wechselwirkung von Kreisversetzungen noch etwas allgemeiner behandelt, ebenfalls von Gl. (II. 128) ausgehend. Wir stellen diese Ergebnisse, die z. T. überraschend einfach sind, im folgenden zusammen.

Es sei

$$F' \equiv -\left(\frac{\partial^2}{\partial\varrho^2} + \frac{1}{\varrho}\frac{\partial}{\partial\varrho} - \frac{1}{\varrho^2}\right)F$$

$$= -\frac{k^2}{2\varrho\sqrt{\varrho k}}\left\{2(\varrho^2 + R^2)\,K - \left[(\varrho + R)^2 + \frac{(R - \varrho)^2}{k'^2}\right]E\right\} \qquad \text{(V. 44)}$$

$$F'' \equiv \frac{\partial^2 F}{\partial z^2} = 2\sqrt{\frac{\bar{R}}{\varrho}}\left\{\left[\frac{2}{k}\left(1 + \frac{z^2}{s^2}\right) - k\right]K - \left[\frac{2}{k}\left(1 + \frac{z^2}{s^2}\right) + \frac{k\,z^2}{k'^2\,s^2}\right]E\right\}.$$

$$\text{(V. 44')}$$

Danach gilt für zwei Versetzungen A und B in der Anordnung der Abb. 39 nach Pfleiderer

$$E^{AB} = H_{11} + H_{22} + H_{33}, \qquad \text{(V. 45)}$$

wo

$$H_{11} = \frac{G}{8}\,b_1^A\,b_1^B\,\varrho\left(-\frac{3\,m-1}{m-1}\,F'' + F'\right), \qquad H_{33} = \frac{-m}{2\,(m-1)}\,G\,b_3^A\,b_3^B\,\varrho\,F'.$$

$$\text{(V. 46)}$$

H_{22} folgt aus H_{11} durch Ersatz von $b_1^A\,b_1^B$ durch $b_2^A\,b_2^B$. Unter ϱ ist jetzt der Radius der Versetzung B zu verstehen. b_i^A bzw. b_i^B sind die cartesischen Komponenten der Burgers-Vektoren der Linien A und B. Die

Formeln vereinfachen sich wesentlich, wenn beide Ringe in der Ebene $z (= x_3) = 0$ liegen oder beide den gleichen Radius haben. Man hat dann

$$
\left.\begin{aligned}
H_{11}\,|_{\varrho\,=\,R} &= \frac{G\,b_1^A\,b_1^B\,R}{2\,(m-1)\,k}\,\{[(1-4m)\,k^2 + 2\,(3m-1)]\,\mathbf{K} \\
&\qquad - [-m\,k^2 + 2\,(3m-1)]\,\mathbf{E}\}, \\[2mm]
H_{33}\,|_{\varrho\,=\,R} &= \frac{m\,G}{m-1}\,b_3^A\,b_3^B\,R\,k\,[\mathbf{K}-\mathbf{E}) \\[2mm]
H_{11}\,|_{z\,=\,0} &= \frac{2m-1}{2\,(m-1)}\,G\,b_1^A\,b_1^B\,(R+\varrho)\left[\left(1-\frac{k^2}{2}\right)\mathbf{K}-\mathbf{E}\right], \\[2mm]
H_{33}\,|_{z\,=\,0} &= \frac{m}{m-1}\,G\,b_1^A\,b_1^B\,(R+\varrho)\left[\left(1-\frac{k^2}{2}\right)\mathbf{K}-\mathbf{E}\right].
\end{aligned}\right\} \qquad \text{(V. 47)}
$$

Von Gl. (V. 45, 46) folgt, daß Versetzungen, deren Burgers-Vektoren senkrecht aufeinander stehen, sich gegenseitig nicht beeinflussen. Dieses Ergebnis hatten wir schon in § 18 bei geraden Versetzungen bekommen. Für die oben besprochene Aufgabe ist die Energie zweier Versetzungen mit $\varrho = R$ und Burgers-Vektor (Betrag b) in z-Richtung wichtig. Man entnimmt sie zu

$$
\frac{m}{m-1}\,G\,b^2\,R\,k\,(\mathbf{K}-\mathbf{E}). \qquad \text{(V. 48)}
$$

Für andere Zwecke interessiert besonders der Fall, daß beide Versetzungen den Burgers-Vektor in x_1-Richtung haben und in der Ebene $z = 0$ liegen (diese ist dann Gleitebene, die betreffende Formel könnte also zur Berechnung der Energie aufgestauter Versetzungen dienen). Man hat dann den ebenfalls sehr einfachen Ausdruck

$$
\frac{2m-1}{2\,(m-1)}\,G\,b^2\,(R+\varrho)\left[\left(1-\frac{k^2}{2}\right)\mathbf{K}-\mathbf{E}\right]. \qquad \text{(V. 49)}
$$

Wählt man hier den Abstand der Versetzungen sehr klein, etwa gleich der doppelten Abschneidelänge ε von Formel (II. 145), so erhält man in der in § 18 und 25 beschriebenen Näherung auch die Selbstenergie der Versetzung. Für die in (V. 49) gemeinte Versetzung wurde die Selbstenergie zuerst in anderer Weise (von Gl. (II. 122) aus) von Nabarro [110] berechnet. In diesem Fall ist (wenn $\varepsilon \ll R$) $k \approx 1$, man hat dann die Näherungsformeln $\mathbf{E} \approx 1$, $\mathbf{K} \approx \ln\,(4/k')$ [69] und erhält so für die Selbstenergie dieser Versetzung

$$
\frac{2m-1}{2\,(m-1)}\,G\,b^2\,R\left(\ln\frac{4R}{\varepsilon}-2\right) \qquad \text{(V. 50)}
$$

in Übereinstimmung mit Nabarro.

Alle diese Energieformeln sind unter Zugrundelegung eines unendlich ausgedehnten Mediums berechnet worden. Auf große Entfernungen wirkt solch eine Versetzungsschleife wie ein Kräftedipol, d. h. das weit-

11*

reichende Verschiebungsfeld der Versetzung geht wie $1/r^2$ ($r \equiv$ Abstand vom Ursprung) das Spannungsfeld also wie $1/r^3$ und die Energiedichte $\varepsilon_{ij}\,\sigma_{ij}/2$ wie $1/r^6$. Der Anteil der Energie in dem unendlichen Medium, der außerhalb einer Kugel vom Radius r_0 lokalisiert ist, geht danach wie $1/r_0^3$. Wenn also nur die Dimensionen eines Körpers hinreichend groß gegen R sind, was bei fast allen Anwendungen zutrifft, braucht man dessen Oberfläche nicht zu beachten, d. h. die obigen Formeln geben die Energie auch mit praktisch der gleichen Näherung für das endliche Medium.

Bei diesen Energieberechnungen war der Spannungsfunktionstensor nur indirekt beteiligt (mit seiner Hilfe wurde ja die zugrunde gelegte Formel (II. 128) abgeleitet). Zum Schluß geben noch die aus dem Spannungsfunktionsfeld χ' abzuleitenden Formeln für die Versetzung mit Burgers-Vektor in der Kreisebene (Gleitebene) an (Keller, [70]). Es sei $(x, y, z) \equiv (x_1, x_2, x_3)$. Dann gilt (vgl. (V. 40))

$$\left.\begin{aligned}
\sigma_{11} &= \alpha\,\frac{m}{m-1}\,(3B - 2C + Dx^2)\,x\,z \\[1ex]
\sigma_{22} &= \alpha\left[2C + \frac{m}{m-1}\,(B - 2C + Dy^2)\right] x\,z \\[1ex]
\sigma_{33} &= \alpha\,\frac{m}{m-1}\,(C + F z^2)\,x\,z \\[1ex]
\sigma_{12} &= \alpha\left[-C + \frac{m}{m-1}\,(B + D x^2)\right] y\,z \\[1ex]
\sigma_{23} &= \alpha\left[-B + \frac{m}{m-1}\,(B + E z^2)\right] x\,y \\[1ex]
\sigma_{31} &= \alpha\left\{A + B y^2 + \frac{m}{m-1}\,[A + C z^2 + (B + E z^2)\,x^2]\right\}
\end{aligned}\right\} \quad \text{(V. 51)}$$

$$\left.\begin{aligned}
&A \equiv \frac{1}{\varrho\,s\,k^2}\,[2E - (2 - k^2)\,K], \quad B \equiv -\frac{1}{2\varrho^2}\,(a^2 C + 3A) \\[1ex]
&C \equiv \frac{-3}{\varrho\,s^6\,k\,k'^2}\,F, \quad D \equiv -\frac{1}{\varrho^2}\,(4B + C + F z^2) \\[1ex]
&E \equiv -\frac{1}{2\varrho^2}\,(a^2 F + 5C), \quad F \equiv -\frac{1}{\varrho\,s^5\,k'^4}\,(\varrho\,s\,k'^2 A - 2k^2\,E). \\[1ex]
&\alpha \equiv -RbG/\pi, \qquad\qquad a^2 \equiv z^2 + R^2 - \varrho^2.
\end{aligned}\right\} \quad \text{(V. 51')}$$

Man beachte: Die Spannungen sind nicht rotationssymmetrisch, das hier mit Hilfe des Spannungsfunktionstensors von Keller gelöste Problem ist also echt dreidimensional.

Im Ursprung bleibt von diesen Spannungen allein

$$\sigma_{31} = \frac{G\,b}{4}\,\frac{2m - 1}{m - 1}\,\frac{1}{R} \qquad \text{(V. 52)}$$

übrig.

Anhang

Die Zerlegung der Tensorfelder 2. Stufe

Wir verwenden teilweise die Vektorsymbolik nach Gibbs[1], rechnen meistens jedoch in der herkömmlichen Indicesschreibweise einschließlich Einsteinscher Summationskonvention[2]. D. h. es ist

$$\boldsymbol{a}\,\boldsymbol{b} \quad \text{oder } a_i\, b_j \qquad \text{das dyadische}$$
$$\boldsymbol{a}\cdot\boldsymbol{b} \quad \text{oder } a_i\, b_i \qquad \text{das skalare} \qquad \left.\begin{array}{l}\text{Produkt zweier Vektoren}\\ \boldsymbol{a} \text{ und } \boldsymbol{b}.\end{array}\right.$$
$$\boldsymbol{a}\times\boldsymbol{b} \quad \text{oder } \epsilon_{ijk}\, a_j\, b_k \qquad \text{das vektorielle}$$

Dabei ist $\epsilon_{123} = \epsilon_{231} = \epsilon_{312} = 1$, $\epsilon_{132} = \epsilon_{321} = \epsilon_{213} = -1$, während alle übrigen Komponenten des total antisymmetrischen ϵ-Tensors verschwinden. Die folgenden Formeln werden häufig gebraucht ([34], Bd. I, S. 74):

$$\epsilon_{ijk}\, \epsilon^{lmn} = \begin{vmatrix} \delta_i^l & \delta_i^m & \delta_i^n \\ \delta_j^l & \delta_j^m & \delta_j^n \\ \delta_k^l & \delta_k^m & \delta_k^n \end{vmatrix}. \tag{A. 1}$$

Hieraus folgt für $n = k$

$$\epsilon_{ijk}\, \epsilon^{lmk} = \delta_i^l\, \delta_j^m - \delta_i^m\, \delta_j^l, \tag{A. 2}$$

und wenn auch $m = j$ ist,

$$\epsilon_{ijk}\, \epsilon^{ljk} = 2\,\delta_i^l. \tag{A. 3}$$

Es sei[3]

$$\left.\begin{array}{l} \text{Grad } \boldsymbol{a} \equiv \nabla\boldsymbol{a} \equiv (\nabla_i\, a_j) \\[4pt] \text{Div } \boldsymbol{\tau} \equiv \nabla\cdot\boldsymbol{\tau} \equiv (\nabla_i\, \tau_{ij}). \\[4pt] \text{Rot } \boldsymbol{\tau} \equiv \nabla\times\boldsymbol{\tau} \equiv (\epsilon_{ijk}\, \nabla_j\, \tau_{kl}). \end{array}\right\} \tag{A. 4}$$

(Man lese „Gradient von $\boldsymbol{a}$", „Divergenz von $\boldsymbol{\tau}$", „Rotation von $\boldsymbol{\tau}$".)

Jedes Tensorfeld $\boldsymbol{\tau}$ in einem unendlich ausgedehnten Medium, das im Unendlichen verschwindet, kann man eindeutig nach der Formel

$$\boldsymbol{\tau} = \nabla\boldsymbol{a} + \nabla\times\boldsymbol{\alpha} \tag{A. 5}$$

---

[1] Diese wurde kürzlich von der Int. Union f. Pure and Appl. Phys. empfohlen [67].

[2] Diese Schreibweise findet man besonders in den Büchern von Duschek und Hochrainer [34] propagiert.

[3] Wir schreiben den ersten Buchstaben groß, um anzudeuten, daß wir mit Tensorfeldern beschäftigt sind.

zerlegen, wo $\alpha \equiv (\alpha_{ij})$. Ebenso gilt für einen beliebigen Tensor α die eindeutige Zerlegung

$$\alpha = b\,\nabla + \beta \times \nabla \qquad\qquad (\text{A. }6)$$

mit $\beta \equiv (\beta_{ij})$. Dies in Gl. (A. 5) eingesetzt, erhält man mit $\nabla \times b \equiv c$ (d. h. div $c = 0$)

$$\tau = \nabla a + c\,\nabla + \nabla \times \beta \times \nabla. \qquad\qquad (\text{A.}7)$$

Hierin ist

$$(\nabla \times \beta \times \nabla)_{il} \equiv \epsilon_{ijk}\,\epsilon_{lmn}\,\nabla_j\,\nabla_n\,\beta_{km}. \qquad\qquad (\text{A. }8)$$

Symbolisch schreiben wir dafür auch[1]

$$(\text{Ink } \beta)_{il} \qquad\qquad (\text{A. }9)$$

(lies „Inkompatibilität von β"). Falls β symmetrisch ist, kann man in (A. 8) i und l vertauschen, so daß

$$\nabla \times \beta^S \times \nabla = (\nabla \times \beta \times \nabla)^S, \qquad\qquad (\text{A. }10)$$

wo S angibt, daß der symmetrische Teil zu nehmen ist. Ist β antisymmetrisch, so kann man in (A. 8) i und l unter Vorzeichenwechsel vertauschen, d. h. es ist

$$\nabla \times \beta^A \times \nabla = (\nabla \times \beta \times \nabla)^A, \qquad\qquad (\text{A. }11)$$

wo A „antisymmetrischer Teil von" bedeutet.

Der symmetrische Teil der Gl. (A. 7) lautet danach, wenn wir noch $a + c \equiv g$, $a - c \equiv h$ schreiben

$$\tau^S = \frac{1}{2}\,(\nabla g + g\,\nabla) + \nabla \times \beta^S \times \nabla \qquad\qquad (\text{A. }12)$$

und der antisymmetrische

$$\tau^A = \frac{1}{2}\,(\nabla h - h\,\nabla) + \nabla \times \beta^A \times \nabla. \qquad\qquad (\text{A. }13)$$

Gl. (A. 12) schreiben wir symbolisch auch[2]

$$\tau^S = \text{Def } g + \text{Ink } \beta^S. \qquad\qquad (\text{A. }14)$$

Da (A. 5) und (A. 6) eindeutige Zerlegungen waren, ist (A. 14) eine eindeutige Zerlegung eines symmetrischen Tensorfeldes. Man verifiziert leicht die identischen Beziehungen

$$\left.\begin{array}{l} \text{Ink Def} \equiv 0 \\[4pt] \text{Div Ink} \equiv 0. \end{array}\right\} \qquad\qquad (\text{A. }15)$$

---

[1] Die Bezeichnung soll daran erinnern, daß Ink $\varepsilon = 0$ die Kompatibilitätsbedingungen von de St. Venant sind. Diese sind erfüllt, wenn die „Inkompatibilität von ε" verschwindet.

[2] Für Def lies „Deformation von". Die Bezeichnung soll daran erinnern, daß $\varepsilon = \text{Def } s$ der Zusammenhang zwischen Deformation ε und Verschiebungsfeld s ist ([52], Bd. I, S. 97).

Diese besagen, daß ein Tensor τ^S, welcher der Einschränkung Div $\tau^S = 0$ unterliegt, ein Inkompatibilitätstensor ist, während er ein Deformator ist (sich also aus einem Vektorfeld ableitet), wenn Ink $\tau^S = 0$ gilt. Die Bedeutung der Operationen Ink und Def für die Elastizitätstheorie liegt darin, daß der Zustand eines nur vom Rande her beanspruchten Körpers elastisch durch die Gleichungen

$$\text{Ink } \boldsymbol{\varepsilon} = 0, \qquad \text{Div } \boldsymbol{\sigma} = 0, \tag{A. 16}$$

wozu noch das Hookesche Gesetz und die Gleichung für die elastische Energiedichte treten, vollständig bestimmt ist.

In Gl. (A. 13) kann man $\boldsymbol{\beta}^A$ (wie jeden antisymmetrischen Tensor [34]) durch den äquivalenten Vektor gemäß der Formel

$$\beta_{ij}^A = \epsilon_{ijk}\,\beta_k^A, \qquad \beta_k^A = \frac{1}{2}\,\epsilon_{ijk}\,\beta_{ij}^A \tag{A. 17}$$

ersetzen. Danach folgt durch eine Routinerechnung

$$\tau_{ij}^A = \epsilon_{ijk}(\epsilon_{klm}\,\nabla_l\,h_m + \nabla_k\,\lambda), \qquad \lambda \equiv -\nabla_i\,\beta_i^A, \tag{A. 18}$$

oder entsprechend zu Gl. (A. 17)

$$\tau_k^A = \epsilon_{klm}\,\nabla_l\,h_m + \nabla_k\,\lambda \equiv (\text{rot }\boldsymbol{h} + \text{grad }\lambda)_k. \tag{A. 19}$$

D. h. die Zerlegung des antisymmetrischen Tensorfeldes entspricht der bekannten Zerlegung des zugehörigen Vektorfeldes in Quellen- und Wirbelfeld.

In Gl. (A. 5) kann man zu $\boldsymbol{\alpha}$ einen Gradiententensor addieren, ohne an $\boldsymbol{\tau}$ etwas zu ändern[1]. Entsprechend kann man zu $\boldsymbol{\beta}^S$ in Gl. (A. 14) einen Deformator addieren, ohne an τ^S etwas zu ändern. Infolgedessen kann man $\boldsymbol{\alpha}$ in Gl. (A. 5) bzw. $\boldsymbol{\beta}^S$ in Gl. (A. 14) noch gewissen Nebenbedingungen unterwerfen. Z. B. ist immer Div $\boldsymbol{\alpha} = 0$ bzw. Div $\boldsymbol{\beta}^S = 0$ eine „zulässige" Bedingung, d. h. man kann noch jedes beliebige $\boldsymbol{\tau}$ bzw. τ^S durch Gl. (A. 5) bzw. (A. 14) darstellen, wenn $\boldsymbol{\alpha}$ und $\boldsymbol{\beta}^S$ den genannten Beschränkungen unterliegt [77]. Sind $\boldsymbol{\gamma}$ und $\boldsymbol{q}$ die Inkompatibilitäten bzw. Quellen von τ^S, so erhält man von Gl. (A. 14), wie man leicht nachrechnet, im Falle Div $\boldsymbol{\beta}^S = 0$

$$\text{Ink } \tau^S = \text{Ink Ink } \boldsymbol{\beta}^S = \Delta\Delta\boldsymbol{\beta}^S = \boldsymbol{\gamma}. \tag{A. 20}$$

Hieraus folgt das zugehörige $\boldsymbol{\beta}^S$ zu

$$\boldsymbol{\beta}^S = -\frac{1}{8\pi}\iiint_\infty \boldsymbol{\gamma}(\boldsymbol{x}')\,|\boldsymbol{x} - \boldsymbol{x}'|\,dV' \tag{A. 21}$$

eindeutig bis auf eine uninteressante linear von $\boldsymbol{x}$ abhängende Funktion[2].

---

[1] Es gelten natürlich die Identitäten Rot Grad $\equiv 0$, Div Rot $\equiv 0$.

[2] Wir erinnern: τ^s soll im Unendlichen verschwinden. Man prüft leicht nach, daß (A. 21) die Nebenbedingung erfüllt.

Andererseits folgt von Gl. (A. 14)

$$\text{Div } \boldsymbol{\tau}^S = (\Delta \boldsymbol{g} + \nabla\nabla \cdot \boldsymbol{g})/2 = \boldsymbol{q}. \qquad\qquad (\text{A. 22})$$

Durch nochmalige Divergenzbildung erhält man

$$\Delta \operatorname{div} \boldsymbol{g} = \operatorname{div} \boldsymbol{q}, \qquad\qquad (\text{A. 23})$$

von wo $\operatorname{div} \boldsymbol{q}$ bis auf eine Konstante folgt. Hiernach kann man von Gl. (A. 22) leicht $\boldsymbol{g}$ bis auf eine uninteressante Konstante erhalten. Damit ist gezeigt, wie die Zerlegung (A. 14) im unendlichen Raum tatsächlich durchzuführen ist.

Nachtrag

Wir bringen noch zwei Sätze über ein Medium, welches nur Eigenspannungen enthält.

1. Es gilt bei beliebiger elastischer Homogenität und Anisotropie

$$\iiint_V \sigma_{ij}\, dV = 0$$

integriert über das ganze Volumen (im Eigenspannungszustand).

2. Die gesamte Volumenänderung des Mediums bei Nicht-Linearität des Elastizitätsgesetzes ist

$$\Delta V = t_{ijkl} \iiint_V \sigma_{ij}\, \sigma_{kl}\, dV + \text{Glieder höherer Ordnung}$$

mit den Materialkonstanten

$$t_{ijkl} \equiv \frac{1}{2}\, \frac{\partial^2 \Theta}{\partial \sigma_{ij}\, \partial \sigma_{kl}}\Big|_{\sigma=0}.$$

Satz 1 folgt aus Gleichgewichtsbetrachtungen [179]. Satz 2 folgt mit Satz 1, wenn man die differentielle Volumenänderung Θ nach Potenzen von σ_{ij} entwickelt. Satz 2 wurde in einer etwas anderen, zum Vergleich mit vorliegenden Experimenten besonders geeigneten Form von Zener [178] für elastische Isotropie gefunden und geprüft, von Seeger [176] auf kubische Kristallsymmetrie erweitert und auf Versetzungen angewandt. Der Tensor t_{ijkl} hat die gleiche Symmetrie und Komponentenzahl wie der Elastizitätstensor c_{ijkl} des betr. Mediums.

Von Satz 1 folgt durch Anwendung des Hookeschen Gesetzes sofort der in § 1 genannte „Volumensatz" von Colonnetti.

Literaturverzeichnis

1. C. B. Biezeno und R. Grammel, Technische Dynamik. Berlin-Göttingen-Heidelberg: Springer 1953.
2. B. A. Bilby, On the Interactions of dislocations and solute atoms. Proc. phys. Soc., Sect. A, **63** (1950) 191—200.
3. B. A. Bilby, Types of dislocation source, Defects in crystalline solids. Report of 1954 Bristol conference, S. 123—133. London: The Physical Society 1955.
4. B. A. Bilby, R. Bullough und E. Smith, Continuous distributions of dislocations: a new application of the methods of non-Riemannian geometry. Proc. roy. Soc. London, Ser. A, **231** (1955) 263—273.
5. B. A. Bilby und E. Smith, Continuous distributions of dislocations. III, Proc. roy. Soc. London, Ser. A, **236** (1956) 481—505.
6. B. A. Bilby und J. W. Christian, Martensitic transformations. Institute of metals monograph and report series No. 18 (1955) 121—172.
7. J. Blin, Energie mutuelle de deux dislocations. Acta metallurgica **3** (1955) 199—200.
8. W. I. Bloch, Die Spannungsfunktionen in der Elastizitätstheorie. Priklad. Mat. Mech. **14** (1950) 415—422 (russisch).
9. J. L. Bogdanoff, On the theory of dislocations. J. appl. Phys. **21** (1950) 1258—1263.
10. W. L. Bragg, Internal strains in solids, Diskussion. Proc. phys. Soc. London **52** (1940) 54—55.
11. W. F. Brown jr., The effect of dislocations on magnetization near saturation. Phys. Review, II. Ser. **60** (1941) 139—147.
12. J. M. Burgers, Some considerations of the field of stress connected with dislocations in a regular crystal lattice, I. Proc. Kon. Nederl. Akad. Wetensch. **42** (1939) 293—325.
13. J. M. Burgers, Some considerations of the field of stress connected with dislocations in a regular crystal lattice, II. Proc. Kon. Nederl. Akad. Wetensch. **42** (1939) 378—399.
14. R. Bullough und B. A. Bilby, Surface dislocations and the crystallography of martensitic transformations. Proc. phys. Soc. London, Ser. B, **69** (1956) 1276—1286.
15. E. Cartan, Leçons sur la géométrie des espaces de Riemann. Paris: Gauthier-Villars 1928.
16. A. W. Cochardt, G. Schöck und H. Wiedersich, Interaction between dislocations and interstitial atoms in body centred cubic metals. Acta metallurgica **3** (1955) 533—537.
17. G. Colonnetti, Su di una reciprocita tra deformationi e distorsioni. Atti Accad. naz. Lincei, Rend., Cl. Sci. fis. mat. natur., V. Ser. **24/1** (1915) 404—408.
18. G. Colonnetti, Una proprieta caratteristica delle coazioni elastiche nei solidi elasticamente omogenei. Atti Accad. naz. Lincei, Rend., Cl. Sci. fis. mat. natur., V. Ser. **27/2** (1918) S. 155.
19. G. Colonnetti, Per una teoria generale delle coazioni elastiche. Atti Accad. Sci., Torino, Cl. Sci. fis. mat. natur. **56** (1921) 188—198.

20. E. und F. Cosserat, Théorie des corps déformables. Paris: A. Hermann et fils 1909, S. 122ff.
21. A. H. Cottrell, Dislocations and plastic flow in crystals. Oxford: Clarendon press 1953.
22. A. H. Cottrell, Theory of dislocations. Progress in metal phys. I (1949) 77—126. London: Pergamon press.
23. A. H. Cottrell, Effect of solute atoms on the behaviour of dislocations. Strength of solids-Report of 1947 Bristol conference, S. 30—37. London: The Physical Society 1948.
24. A. H. Cottrell, The formation of immobile dislocations during slip. Philos. Mag. VII. Ser. **43** (1952) 645—647.
25. A. H. Cottrell und B. A. Bilby, Dislocation theory of yielding and strain ageing of iron. Proc. phys. Soc., Sect. A, **62** (1949) 49—62.
26. A. H. Cottrell und R. J. Stokes, Effects of temperature on the plastic properties of aluminium crystals. Proc. roy. Soc. London, Ser. A, **233** (1955) 17—34.
27. C. Crussard, Diffusion et interaction des impuretés et des défauts de structure dans les métaux, Métaux et corrosion **25** (1950) 203—226.
28. C. Crussard, L'interaction élastique d'atoms en solution solide. Acta metallurgica **4** (1956) 555—556.
29. U. Dehlinger, Zur Theorie der Rekristallisation reiner Metalle. Ann. Phys. V. F. **2** (1929) 749—793.
30. U. Dehlinger, Theoretische Metallkunde. Berlin-Göttingen-Heidelberg: Springer 1955.
31. U. Dehlinger, Umwandlungen und Ausscheidungen im kristallinen Zustand. Handbuch der Physik VII/2, im Druck. Berlin-Göttingen-Heidelberg: Springer 1958.
32. W. Dekeyser und S. Amelinckx, Les dislocations et la croissance des cristaux. Paris: Masson 1955.
33. J. M. C. Duhamel, Mémoire sur le calcul des actions moléculaires développées par les changements de température dans les corps solides. Mémoires présentés par divers savants à l'Acad. roy. des sciences de l'Inst. de France, sciences math. et phys. Paris, **5** (1838) 440—498.
34. A. Duschek und A. Hochrainer, Grundzüge der Tensorrechnung in analytischer Darstellung. Bd. 1—3, Wien: Springer 1948—1955.
35. J. D. Eshelby, Dislocations as a cause of mechanical damping in metals. Proc. roy. Soc. London, Ser. A, **197** (1949) 396—416.
36. J. D. Eshelby, Edge dislocations in anisotropic materials. Philos. Mag. VII. Ser. **40** (1949) 903—912.
37. J. D. Eshelby, Uniformly moving dislocations. Proc. phys. Soc. Sect. A, **62** (1949) 307—314.
38. J. D. Eshelby, The force on an elastic singularity. Philos. Trans. roy. Soc. London, Ser. A, **244** (1951) 87—112.
39. J. D. Eshelby, Distortion of a crystal by point imperfections. J. appl. Phys. **25** (1954) 255—261.
40. J. D. Eshelby, The elastic interaction of point defects. Acta metallurgica **3** (1955) 487—490.
41. J. D. Eshelby, The continuum theory of lattice defects. Solid state Physics III, S. 79—144. New York: Acad. press Inc. Publ. 1956.
42. J. D. Eshelby, W. T. Read und W. Shockley, Anisotropic elasticity with applications to dislocation theory. Acta metallurgica **1** (1953) 251—259.

43. B. Finzi, Integratione delle equatione indefinita della meccanica dei systemi continui. Atti Accad. naz. Lincei, Rend., Cl. Sci. fis. mat. natur., VI. Ser. 19 (1934) 578—584.
44. A. Föppl, Vorlesungen über Technische Mechanik. Bd. V, S. 291ff., Leipzig und Berlin: Teubner 1922.
45. F. C. Frank, Sessile dislocations. Proc. phys. Soc. Sect., A, 62 (1949) 202—203.
46. F. C. Frank, The resultant content of dislocations in an arbitrary intercrystalline boundary. A symposium on the plastic deformation of crystalline solids. Mellon Institute Pittsburgh, 1950, S. 150—154.
47. F. C. Frank, Crystal dislocations-Elementary concepts and definitions. Philos. Mag. VII. Ser. 42 (1951) 809—819.
48. F. C. Frank, The growth of carborundum: Dislocations and polytypism. Philos. Mag. VII. Ser. 42 (1951) 1014—1021.
49. F. C. Frank, Cristal growth and dislocations. Adv. in Phys. (Philos. Mag. Supplement) 1 (1952) 91—109.
50. F. C. Frank und J. F. Nicholas, Stable dislocations in the common crystal lattices. Philos. Mag. VII. Ser. 44 (1953) 1213—1235.
51. F. C. Frank und W. T. Read, Multiplication processes for slow moving dislocations. Phys. Review, II. Ser. 79 (1950) 722—723.
52. P. Frank und R. v. Mises, Die Differential- und Integralgleichungen der Mechanik und Physik. Braunschweig: Vieweg und Sohn, 1. Bd. 1930, 2. Bd. 1935.
53. H. Franz und E. Kröner, Zur Stabilität der Guinier-Preston-Zonen in Aluminium-Kupfer-Legierungen. Z. Metallkunde 46 (1955) 639—646.
54. J. Frenkel, Zur Theorie der Elastizitätsgrenze und der Festigkeit kristallinischer Körper. Z. Phys. 37 (1926) 572—609.
55. J. Friedel, Les dislocations. Paris: Gauthier-Villars 1956.
56. J. Friedel, On the linear work hardening rate of face centred cubic single crystals. Philos. Mag. VII. Ser. 46 (1955) 1169—1186.
57. I. Fredholm, Sur les équations de l'équilibre d'un corps solide élastique. Acta math. 23 (1900) 1—42.
58. M. Gebbia, Le deformationi tipiche dei corpi solidi elastiche. Ann. Mat. pura appl. III. Ser. 7 (1902) 141—230.
59. V. Gerold, Über die Struktur der bei der Aushärtung einer Aluminium-Kupferlegierung auftretenden Zustände. Z. Metallkunde 45 (1954) 599—607.
60. R. Grammel, Einführung, Verformung und Fließen des Festkörpers. Kolloquium Madrid 1955, S. 1—2. Berlin-Göttingen-Heidelberg: Springer 1956.
61. W. Günther, Spannungsfunktionen und Verträglichkeitsbedingungen der Kontinuumsmechanik. Abh. Braunschw. Wiss. Ges. 6 (1954) 207—219.
62. P. Haasen und G. Leibfried, Die plastische Verformung von Metallkristallen und ihre physikalischen Grundlagen. Fortschr. der Physik 2 (1954) 73—163.
63. H. K. Hardy und T. J. Heal, Report on precipitation. Progress in Metal Physics V (1954) 143—278. London: Pergamon press.
64. R. D. Heidenreich und W. Shockley, Study of slip in aluminium crystals by electron microscope and electron diffraction methods. Strength of solids-Report of 1947 Bristol conference, S. 57—74. London: The Physical Society 1948.

65. R. Hill, The mathematical theory of plasticity. Oxford: Clarendon press 1950.
66. K. Huang, X-ray reflections from dilute solid solutions. Proc. roy. Soc. London Ser. A, **190** (1947) 102—117.
67. Intern. Union f. Pure and Applied Physics, Symbols and units, Physics today **9** (1956) 23—27.
68. H. Jagodzinski, Kristallographie. Handbuch der Physik VII/1, S. 1—103. Berlin-Göttingen-Heidelberg: Springer 1955.
69. E. Jahnke und F. Emde, Tafeln höherer Funktionen. Leipzig: Teubner 1956.
70. J. M. Keller, Iowa state college, unveröffentlicht, 1957.
71. J. S. Koehler, On the dislocation theory of plastic deformation. Phys. Review, II. Ser. **60** (1941) 397—410.
72. J. S. Koehler, The influence of dislocations and impurities on the damping and the elastic constants of metal single crystals. Imperfections in nearly perfect crystals, S. 197—216. New York: Wiley & sons 1952.
73. K. Kondo, On the geometrical and physical foundations of the theory of yielding. Proc. 2. Japan nat. Congress of appl. Mech. 1952, S. 41—47.
74. K. Kondo, Memoirs of the unifying study of the basic problems in engineering sciences by means of geometry. Vol. I, Tokyo: Gakujutsu Bunken Fukyu-Kai 1955.
75. W. Köster, L. Bangert und R. Hahn, Dämpfungsverhalten von gerecktem technischen Eisen. Archiv f. d. Eisenhüttenwesen **25** (1954) 569—578.
76. E. Kröner, Das Fundamentalintegral der anisotropen elastischen Differentialgleichungen. Z. Phys. **136** (1953) 402—410.
77. E. Kröner, Die Spannungsfunktionen der dreidimensionalen isotropen Elastizitätstheorie. Z. Phys. **139** (1954) 175—188. Berichtigung: Z. Phys. **143** (1955) 374.
78. E. Kröner, Dislocations and the Biot-Savart law. Proc. phys. Soc. Sect. A, **68** (1955) 53—55.
79. E. Kröner, Die inneren Spannungen und der Inkompatibilitätstensor in der Elastizitätstheorie. Z. angew. Phys. **7** (1955) 249—257.
80. E. Kröner, Die Spannungsfunktionen der dreidimensionalen anisotropen Elastizitätstheorie. Z. Phys. **141** (1955) 386—398.
81. E. Kröner, Der fundamentale Zusammenhang zwischen Versetzungsdichte und Spannungsfunktionen. Z. Phys. **142** (1955) 463—475.
82. E. Kröner, Die Versetzung als elementare Eigenspannungsquelle. Z. Naturforsch. **11**a (1956) 969—985.
83. E. Kröner, unveröffentlicht.
84. E. Kröner und G. Rieder, Kontinuumstheorie der Versetzungen. Z. Phys. **145** (1956) 424—429.
85. G. Kurdjumov und E. Kaminsky, Eine röntgenographische Untersuchung der Struktur des gehärteten Kohlenstoffstahls. Z. Phys. **53** (1929) 696—707.
86. M. Lagally, Vorlesungen über Vektorrechnung. Leipzig: Akad. Verlagsges. 1928.
87. M. v. Laue, Über die Eigenspannungen in planparallelen Glasplatten und ihre Änderung beim Zerschneiden. Z. techn. Phys. **11** (1930) 385—394.
88. G. Leibfried, Über die auf eine Versetzung wirkenden Kräfte. Z. Phys. **126** (1949) 781—789.

89. G. Leibfried, Verteilungen von Versetzungen im statischen Gleichgewicht. Z. Phys. **130** (1951) 214—226.

90. G. Leibfried, Versetzungen in anisotropem Material. Z. Phys. **135** (1953) 22—43.

91. G. Leibfried und H.-D. Dietze, Versetzungsstrukturen in kubischflächenzentrierten Kristallen, I. Z. Phys. **131** (1951) 113—129.

92. G. Leibfried und P. Haasen, Zum Mechanismus der plastischen Verformung. Z. Phys. **137** (1954) 67—88.

93. G. Leibfried und K. Lücke, Über das Spannungsfeld einer Versetzung. Z. Phys. **126** (1949) 450—464.

94. W. M. Lomer, A dislocation reaction in the face-centred cubic lattice. Philos. Mag. VII. Ser. **42** (1951) 1327—1331.

95. A. E. H. Love, Math. theory of elasticity. Cambridge: University press. Deutsch von A. Timpe. Berlin: Teubner 1907.

96. S. Mader, Elektronenmikroskopische Untersuchung der Gleitlinienbildung auf Kupfer-Einkristallen. Z. Phys. **149** (1957) 73—102.

97. E. H. Mann, An elastic theory of dislocations. Proc. roy. Soc. London Ser. A, **199** (1949) 376—394.

98. K. Marguerre, Ansätze zur Lösung der Grundgleichungen der Elastizitätstheorie. Z. angew. Math. Mech. **35** (1955) 242—263.

99. J. C. Maxwell, On reciprocal figures, frames and diagrams of forces. Transact. of the Roy. Soc. of Edinburgh **26** (1870) 1—40.

100. J. H. van der Merwe, On the stresses and energies associated with intercrystalline boundaries. Proc. phys. Soc. Sect. A, **63** (1950) 616—637.

101. P. H. Miller jr. und B. R. Russel, Effect of distribution of lattice defects within crystals on linear expansion and X-ray lattice constant. J. appl. Phys. **24** (1953), 1248—1249.

102. G. Morera, Soluzione generale delle equazione indefinite dell'equilibrio di un corpo continuo. Atti Accad. naz. Lincei, Rend., Cl. fis. mat. natur., V. Ser. **1/1** (1892) 141—142.

103. S. Moriguti, Fundamental theory of dislocations of an elastic body. Ōyō Sūgaku Rikigaku (Appl. Math. Mech.) **1** (1947) 29—36 und 87—90 (japanisch).

104. N. F. Mott, A theory of work hardening of metal crystals. Philos. Mag. VII. Ser. **43** (1952) 1151—1178.

105. N. F. Mott und F. R. N. Nabarro, Discolation theory and transient creep. Strength of solids-Report of 1947 Bristol conference, S. 1—19. London: The Physical Society 1948.

106. F. R. N. Nabarro, Dislocations in a simple cubic lattice. Proc. phys. Soc. **59** (1947) 256—272.

107. F. R. N. Nabarro, Mechanical effects of carbon in iron. Strength of solids-Report of 1947 Bristol conference, S. 38—45. London: The physical Society 1948.

108. F. R. N. Nabarro, The law of constant resolved shear stress in crystal plasticity. Philos. Mag. VII. Ser. **42** (1951) 213—214.

109. F. R. N. Nabarro, The synthesis of elastic discolation fields. Philos. Mag. VII. Ser. **42** (1951) 1224—1231.

110. F. R. N. Nabarro, Math. theory of stationary discolations. Adv. in Physics (Philos. Mag. Supplement) **1** (1952) 269—394.

111. P. Nemenyi, Selbstspannungen elastischer Gebilde. Z. angew. Math. Mech. **11** (1931) 59—70.

112. F. Neumann, Die Gesetze der Doppelbrechung des Lichts in comprimirten oder ungleichförmig erwärmten unkristallinischen Körpern. Abh. Königl. Akad. d. Wiss. Berlin 2 (1841) 1—254.

113. J. F. Nye, Some geometrical relations in dislocated crystals. Acta metallurgica 1 (1953) 153—162.

114. E. Orowan, Zur Kristallplastizität. Z. Phys. 89 (1934) 605—659.

115. M. O. Peach und J. S. Koehler, The forces exerted on dislocations and the stress field produced by them. Phys. Review II. Ser. 80 (1950) 436—439.

116. R. E. Peierls, The size of a dislocation. Proc. phys. Soc. 52 (1940) 34—37.

117. H. Pfleiderer, Über die Ausscheidung der metastabilen Θ'-Phase mit der Zusammensetzung $CuAl_2$ aus einer Legierung von Aluminium mit wenig Kupfer. Stuttgart, Diplomarbeit 1956.

118. M. Polanyi, Über eine Art Gitterstörung, die einen Kristall plastisch machen könnte. Z. Phys. 89 (1934) 660—664.

119. W. Prager und P. G. Hodge, Theorie ideal plastischer Körper. Wien: Springer 1954.

120. L. Prandtl, Ein Gedankenmodell zur kinetischen Theorie der festen Körper. Z. angew. Math. Mech. 8 (1928) 85—106.

121. W. T. Read, Dislocations in crystals. New York-London-Toronto: McGraw Hill 1953.

122. H. Reißner, Eigenspannungen und Eigenspannungsquellen. Z. angew. Math. Mech. 11 (1931) 1—8.

123. G. Rieder, Spannungen und Dehnungen im gestörten elastischen Medium. Z Naturforsch. 11a (1956) 171—173.

124. G. Rieder, Plastische Verformung und Magnetostriktion. Z. angew. Phys. 9 (1957) 187—202.

125. G. Rieder, unveröffentlicht.

126. H. Schaefer, Die Spannungsfunktionen einer Dyname. Abh. Braunschw. wiss. Ges. 7 (1955) 107—112.

127. H. Schaefer, Die Spannungsfunktionen des dreidimensionalen Kontinuums und des elastischen Körpers. Z. angew. Phys. 33 (1953) 356—362.

128. W. Schmeidler, Integralgleichungen mit Anwendungen in Physik und Technik, S. 156. Leipzig: Akad. Verlagsges. 1950.

129. E. Schmidt und W. Boas, Kristallplastizität. Berlin: Springer 1935.

130. J. A. Schouten, Ricci-Kalkül. Berlin-Göttingen-Heidelberg: Springer 1954.

131. L. Schwartz, Théorie des distributions. Bd. I, Paris: Herman & Cie 1950.

132. G. Schöck, Beiträge zur Theorie der Versetzungen: Aufspaltung, Linienenergie und Quergleitung von Schraubenversetzungen. Dissertation, Stuttgart 1954.

133. G. Schöck und A. Seeger, Activation energy problems associated with extended dislocations, Defects in crystalline solids-Report of 1954 Bristol conference S. 340—346. London: The physical Society 1955.

134. A. Seeger, Theorie der Gitterfehlstellen. Handbuch der Physik, VII/1, S. 383—665. Berlin-Göttingen-Heidelberg: Springer 1955.

135. A. Seeger, Kristallplastizität. Handbuch der Physik, VII/2, im Druck. Berlin-Göttingen-Heidelberg: Springer 1958.

136. A. Seeger, Stacking faults in close-packed lattices, Defects in crystalline solids-Report of 1954 Bristol conference, S. 328—339. London: The physical Society 1955.

137. A. Seeger, Theorie der Kristallplastizität. Z. Naturforsch. 9a (1954) 758—775, 856—869, 870—881.

138. A. Seeger, Jogs in dislocation lines, Defects in crystalline solids-Report of 1954 Bristol conference, S. 391—401. London: The physical Society 1955.

139. A. Seeger, Neuere mathematische Methoden und physikalische Ergebnisse zur Kristallplastizität, Verformung und Fließen des Festkörpers. Kolloquium Madrid 1955. Berlin-Göttingen-Heidelberg: Springer 1956.

140. A. Seeger, The mechanism of glide and work-hardening in face-centred cubic and hexagonal close packed metals, Dislocations and mechanical properties of crystals-Report of 1956 Lake Placid conference. New York: J. Wiley & sons 1957.

141. A. Seeger und G. Schöck, Die Aufspaltung von Versetzungen in Metallen dichtester Kugelpackung. Acta metallurgica 1 (1953) 519—530.

142. A. Seeger und H. Bross, Elektronentheoretische Untersuchungen über Fehlstellen in Metallen, II. Z. Phys. 145 (1956) 161—183.

143. A. Seeger, J. Diehl, S. Mader und H. Rebstock, Work-hardening and work-softening of face-centred cubic metal crystals. Philos. Mag. VIII. Ser. 2 (1957) 323—350.

144. F. Seitz, J. S. Koehler und E. Orowan, Dislocations in metals. New York: Inst. of metals, division A. I. M. M. E. (Herausgeber: M. Cohen).

145. A. Smekal, Strukturempfindliche Eigenschaften der Kristalle. Handbuch der Physik, 2. Aufl. Bd. XXIV/2, S. 795—922. Berlin: Springer 1933.

146. D. L. Snoek, Effect of small quantities of carbon and nitrogen on the elastic and plastic properties of iron. Physica 8 (1941) 711—733.

147. C. Somigliana, Sulla teoria delle distorsioni elastiche. Atti. Accad. naz. Lincei, Rend. Cl., Sci. fis. mat. natur., V. Ser. 23/1 (1914) 463—472 und 24/1 (1915) 655—666.

148. A. N. Stroh, Constrictions and jogs in extended dislocations. Proc. phys. Soc. Sect. B, 67 (1954) 427—436.

149. G. I. Taylor, The mechanism of plastic deformation of crystals. Proc. roy. Soc. London Ser. A, 145 (1943) 362—415.

150. J. Teltow, Zur Gitteraufweitung von Kristallen durch Zusätze. Ann. Phys, VI. F. 12 (1953) 111—120.

151. J. Teltow, Zum elastischen Störstellenmodell. Ann. Phys. VI. F. 19 (1956) 169—174.

152. N. Thompson, Dislocation nodes in face centred cubic lattices. Proc. phys. Soc. Sect. B, 66 (1953) 481—492.

153. C. Truesdell, The mechanical foundations of elasticity and fluid dynamics. J. rat. Mech. Anal. 1 (1952) 125—300.

154. A. R. Verma, Crystal growth and dislocations. London: Butterworth Scient. Public. 1953.

155. F. Vicena, On the influence of dislocations on the coercive force of ferromagnetics. Czechosl. Journal of physics 5 (1955) 480—501.

156. V. Volterra, L'Équilibre des corps élastiques multiplement connexes. Ann. sci. École. norm. sup., III. Ser. 24 (1907) 401—517.

157. J. Weingarten, Sulle superficie di discontinuità nella teoria della elasticità dei corpi solidi. Atti. Accad. naz. Lincei, Rend., Cl. Sci. fis. mat. natur. V. Ser. 10/1 (1901) 57—60.

158. C. Zener, Elasticity and anelasticity of metals. Chikago: University press 1948.

159. C. Zener, Relation between residual strain energy and elastic moduli. Acta crystallographica 2 (1949) 163—166.

Nachtrag zum Literaturverzeichnis

160. G. Armanni, Sulle deformazioni finite dei solidi elastichi isotropi. Nuovo Cimento VI. Ser., 10 (1915) 427—447.

161. E. Beltrami, Osservazioni sulle nota precedente (Morera). Atti Accad. naz. Lincei, Rend., Cl. Sci. fiz. mat. natur. V. Ser., 1/1 (1892) 141—142.

162. R. Bullough, Deformation twinning in the diamond structure. Proc. roy. Soc. London, Ser. A, 241 (1957) 568—577.

163. H.-D. Dietze, Statische Versetzungstheorie für Körper mit freier Oberfläche. Diplomarbeit, Göttingen 1949.

164. H. Donth, Zur Theorie des Tieftemperaturmaximums der inneren Reibung von Metallen. Z. Phys. 149 (1957) 111—130.

165. J. D. Eshelby, The determination of the elastic field of an ellipsoidal inclusion and related problems. Proc. roy. Soc. London, Ser. A, 241 (1957) 376—396.

166. J. D. Eshelby, F. C. Frank u. F. R. N. Nabarro, The equilibrium of linear arrays of dislocations. Philos. Mag. VII. Ser., 42 (1951) 351—364.

167. J. D. Eshelby and A. N. Stroh, Dislocations in thin plates. Philos. Mag. VII. Ser., 42 (1951) 1401—1405.

168. G. B. Greenough, Residual lattice strains in plastically deformed polycrystalline metal aggregates. Proc. roy. Soc. London, Ser. A, 197 (1949) 556—567.

169. P. Haasen u. G. Leibfried, Die elastischen Spannungen einer verfestigten Gleitebene. Nachr. Akad. Wiss. Göttingen, Math. phys. Kl., Jahrgang 1954, S. 31—49.

170. E. W. Hart, A magnetic analogon for the interactions of dislocation loops. J. appl. phys. 24 (1953) 224—225.

171. G. Leibfried u. H.-D. Dietze, Zur Theorie der Schraubenversetzung. Z. Phys. 126 (1949) 790—808.

172. G. Leibfried, Versetzungsverteilung in kleinen plastisch verformten Bereichen. Z. angew. Phys. 6 (1954) 251—253.

173. A. J. McConnell, Applications of the absolute differential calculus. London: Blackie 1936, S. 154.

174. W. T. Read u. W. Shockley, Dislocation model of crystal grain boundaries. Phys. Review. II. Ser., 78 (1950) 275—289.

175. L. Reimer, Vergleich röntgenographisch und magnetisch ermittelter Eigenspannungen in ferromagnetischen Metallen. Z. angew. Phys. 6 (1954) 489—494.

176. A. Seeger, Nuovo Cimento (Supplement) im Druck.

177. R. V. Southwell, Castigliano's principle of minimum strain energy. Proc. roy. Soc. London, Ser. A, 154 (1936) 4—21.

178. C. Zener, Theory of lattice expansion introduced by cold-work. Trans. Amer. Inst. Min. Metallurg. Eng. **147** (1942) 361—364.

179. G. Albenga, Sul problema delle coazioni elastiche. Atti Accad. Sci., Torino, Cl. Sci. fis. mat. natur. **54** (1918/19) 864—868.

180. I. M. Lifshitz u. L. N. Rosenzweig, Über die Aufstellung des Greenschen Tensors für die Grundgleichung der Elastizitätstheorie im Falle des unbegrenzten elastisch anisotropen Mediums. J. exp. theor. Phys. UdSSR. **17** (1947) 783—791 (russisch).

Sachverzeichnis

Airysche Spannungsfunktion 53,74
Anisotropie, elastische 15, 68
—, geometrische 15

Bildkraft 90
Burgers-Umlauf 25, 97ff., 114, 129, 133
Burgers-Vektor 23, 81, 97, 104

Cartansche Torsion 125ff.
Colonnetti, Energiesatz 62, 87, 90
Colonnetti, Variationsprinzip 64
Colonnetti, Volumensatz 12, 168

De St. Venant, Prinzip von 13, 73
Distorsionstensor 3, 16ff., 100ff.
Dielastizität 155
Dipol, elastischer 69ff., 88ff., 148ff.
Distribution 40
Doppelkraft, s. Dipol, elastischer
Drehmomente, äußere 87
Drehtensor 3, 18, 46, 49, 111

Eindeutigkeitssatz, allgemeiner 5, 35, 45, 63
Eindeutigkeitssatz von Kirchhoff 1, 63
Elastische Polarisierbarkeit 93, 155
Euler-Schoutensche Krümmung 131

Flächeninkompatibilitäten 44, 45, 48, 112
Flächenversetzungen 40, 111ff.
Frank-Read-Quelle 141, 142
Fundamentalintegral der elastischen Differentialgleichungen 69, 70

Gitterfehler 6
Gleiten der Versetzung 10, 14
Gleitvektor 7

Gleitzone 110
Gußspannungen 10

Halbversetzung 116

Idealkristall 7, 97ff., 132ff.
Inkompatibilität 30, 34, 38, 130, 166

Kaltaushärtung 160
Klettern der Versetzung 10, 14
Kompatibilitätsbedingungen 1, 34, 53ff., 166
Konservative Versetzungsbewegung 10, 14
Konzentrationsspannungen 33, 34
Korngrenze 35, 87, 109
Krümmungsfehlstellen 131

Linienenergie der Versetzung 78
Linienspannung der Versetzung 84
Lomer-Cottrell-Versetzung 118, 142

Magnetische Eigenspannungen 4, 39
Maxwellsche Spannungsfunktionen 51, 54, 65
Maxwell-Tensor der Elastizität 91
Morerasche Spannungsfunktionen 51, 54

Nicht-konservative Versetzungsbewegung 10, 14
Nyesche Gleichungen 37, 136

Parelastizität 155
Peach-Koehlersche Formel 86
Phasengrenzen 110, 161

Quasiplastische Verformung 4, 32ff., 152
Quasiversetzungen 4, 32ff., 161
Quergleitung 144

Realkristall 7, 97ff.
Rekristallisation 10
Relaxation der Elastizitätskoeffizienten 155
Riemannsche Krümmung 127ff.

Schraubenversetzung 9, 24, 75, 151ff.
Snoek-Effekt 154
Somigliana-Versetzung 78
Spannungsfunktionstensor 51ff., 156ff.
Spannungstensor, asymmetrischer 87
Stapelfehler 116
Streckgrenze 149, 150
Strukturkrümmung 19, 35ff., 96, 114, 135

Stufenversetzung 7, 24, 74
Summationskonvention 5, 165

Temperaturspannungen 4, 32ff.
Torsionsfehlstellen 131

Verfestigung 3, 140ff.
Versetzung, Spannungsfeld der 72ff., 164
Versetzungsfluß 24, 105
Versetzungs-Gegeninduktivität 79, 80
Versetzungs-Selbstinduktivität 79, 80
Versetzungswanderungstensor 27
Vielkristall 96, 114
Volterrasche Distorsion 11, 39, 40